“十二五”普通高等教育规划教材

数值计算方法复习与实验指导

（第2版）

令锋　傅守忠　陈树敏　曲良辉　编

国防工業出版社

·北京·

内 容 简 介

本书是国防工业出版社出版的教材《数值计算方法(第2版)》的配套用书,内容分为数值计算方法概论、非线性方程的数值解法、线性方程组的直接法、线性方程组的迭代法、插值法与最小二乘拟合法、数值积分与数值微分、常微分方程的数值解法、矩阵特征值与特征向量的计算等8章.每章由内容提要、例题分析、习题选解、综合练习和实验指导5个部分组成,在附录中给出了综合练习题目的解答,并给出了5套模拟试卷及参考答案.

本书可作为普通本科院校理工科专业学生学习数值分析或计算方法课程的参考教材,也可供从事科学与工程计算的科技人员学习,对备考研究生的读者也颇有参考价值.

图书在版编目(CIP)数据

数值计算方法复习与实验指导/令锋等编. —2版. —北京:
国防工业出版社,2017.4 重印
"十二五"普通高等教育规划教材
ISBN 978-7-118-09935-5

Ⅰ.①数... Ⅱ.①令... Ⅲ.①数值计算 – 计算方法 –
高等学校 – 教学参考资料 Ⅳ.①O241

中国版本图书馆 CIP 数据核字(2015)第 047234 号

※

*国防工业出版社*出版发行
(北京市海淀区紫竹院南路23号 邮政编码100048)
三河市众誉天成印务有限公司印刷
新华书店经售
*
开本787×1092 1/16 印张12¾ 字数315千字
2017年4月第2版第2次印刷 印数3001—5000册 定价28.00元

──────────────────────

(本书如有印装错误,我社负责调换)

国防书店:(010)88540777 发行邮购:(010)88540776
发行传真:(010)88540755 发行业务:(010)88540717

第 2 版前言

本书是国防工业出版社出版的《数值计算方法(第 2 版)》的配套用书. 此次修订保持了原来的结构和基本内容,主要修订部分如下:

(1) 纠正了发现的编写错漏、印刷错误和表述不够严谨之处.

(2) 对各章的例题、习题、综合练习题和部分实验题目作了适当删改,力求与教材内容完全对应.

(3) 鉴于文件操作方法在编写实用程序中的重要作用,在给出的一些实验题目的源程序中强调了文件操作方法的使用.

在本书出版的 3 年时间里,编者陆续收到了来自不同高校的一些读者提出的宝贵意见和建议,值此修订再版之际,我们谨向帮助和支持我们提高此配套教材质量的师生表示深深的谢意.

尽管在修订中作了很大努力,但限于编者的水平,书中可能仍有谬误之处,敬请使用本书的师生和广大读者朋友批评指正.

编 者

2014 年 12 月

第1版前言

数值计算方法是一门与计算机使用密切结合的课程，它既有纯数学的高度抽象性与严密科学性的特点，又有实际实验的高度技术性和应用广泛性的特点，内容丰富，理论完整，实用性强．该课程处理问题的方法有别于其它数学课程，学生不易从连续型数学框架步入数值方法．为了帮助读者复习数值分析或计算方法课程的内容，加深对基本理论和基本思想的理解，更好地掌握数值算法的编程实现技能，提高分析问题和解决问题的能力，我们结合多年的教学实践编写了这本与国防工业出版社已出版的《数值计算方法》教材配套的复习参考书．

本书每章由五个部分组成：第一部分为内容提要，归纳总结相应章节的基本内容；第二部分为例题分析，对一些具有示范性的典型例题做了详细的解答，力图帮助读者掌握解题的技巧，触类旁通，提高分析问题和解决问题的能力．同时，选解了部分具有一定难度的题目，为备考研究生的读者提供帮助；第三部分为习题选解，给出了书中全部习题的答案，对部分能引导学生举一反三的习题给出了详细解答；第四部分为综合练习，配备了一定数量的练习题，帮助读者正确理解各种基本概念，并在书末附录中给出了综合练习题目的解答；第五部分为实验指导，给出了书中阐述的典型算法的C语言程序和Matlab程序，帮助读者进一步理解算法的思想，提高编程实现算法的技能．为帮助读者系统复习和掌握数值计算方法的基本内容，本书附录中给出了五套模拟试卷及参考解答，便于读者自测．

本书编写过程中参阅了国内外的相关教材和资料，在此谨向作者致以诚挚的感谢．本书的出版得到了肇庆学院优秀课程教学团队建设基金资助，编者在此表示衷心感谢．

限于编者的学识水平，书中难免有疏漏与欠妥之处，恳请使用本书的师生和其他读者批评指正．

编 者

2012年2月

目　　录

第 1 章　数值计算方法概论

1.1　内 容 提 要

1. 数值计算方法

数值计算方法是研究使用计算机求解各种数学问题的方法、理论及其软件实现的一个数学分支. 其基本内容是构造求解科学与工程领域的各种数学问题的数值算法,研究算法的数学机理,对求得或将要求得的解的精度进行分析和估计,通过编程和上机实现算法求得结果,分析数值结果的误差,并与相应的理论结果和可能的实验数据对比验证.

2. 误差

数值计算通常是近似计算,实际结果与理论结果之间存在误差. 误差按照来源可分为模型误差、观测误差、截断误差和舍入误差.

1）截断误差与舍入误差

数学模型的精确解与数值方法的近似解之间的差异称为**截断误差**,由于截断误差是方法固有的,所以也称为**方法误差**.

由于计算机的字长有限,原始数据以及计算过程中的数据在计算机上都只能按照一定的舍入规则保留有限位,由此产生的误差称为**舍入误差**.

数值计算方法中总是假定数学模型是准确的,因而不考虑模型误差和观测误差,主要研究截断误差和舍入误差对计算结果的影响.

2）绝对误差与绝对误差限

定义 1－1　设 x 为准确值,x^* 为 x 的一个近似值,称

$$E_a(x) = x^* - x$$

为近似值 x^* 的**绝对误差**,简称为误差.

若存在一个正数 ε_a,使得

$$|E_a(x)| = |x^* - x| \leqslant \varepsilon_a$$

则称正数 ε_a 为近似值 x^* 的**绝对误差限.**

3）相对误差与相对误差限

定义 1－2　设 x 为准确值,x^* 为 x 的一个近似值,称

$$E_r(x) = \frac{E_a(x)}{x} = \frac{x^* - x}{x} \qquad (x \neq 0)$$

为近似值 x^* 的**相对误差**,相对误差也常表示为

$$E_r(x) \approx \frac{E_a(x)}{x^*} = \frac{x^* - x}{x^*}$$

若存在正数 ε_r,使得

$$|E_r(x)| = \left|\frac{E_a(x)}{x}\right| \approx \left|\frac{x^* - x}{x^*}\right| \leqslant \varepsilon_r$$

成立,则称正数 ε_r 为近似值 x^* 的**相对误差限.**

3. 有效数字

定义 1-3 设 x 为准确值,x^* 为 x 的一个近似值,如果 x^* 的误差的绝对值不超过它的某一数位的半个单位,并且从 x^* 左起第一个非零数字到该数位共有 n 位,则称这 n 个数字为 **x^* 的有效数字**,也称用 x^* 近似 x 时具有 n 位**有效数字**.

有效数字还有另一种定义方法:

定义 1-4 设准确值 x 的一个近似值 x^* 可以写为

$$x^* = \pm 0.a_1a_2\cdots a_n \times 10^m$$

其中 m 为整数;$a_i(i=1,2,\cdots,n)$ 是 0~9 中的某一数字,且 $a_1 \neq 0$. 如果 x^* 的绝对误差满足

$$|x^* - x| \leqslant \frac{1}{2} \times 10^{m-k} \qquad (1 \leqslant k \leqslant n)$$

则称近似值 x^* 有 k 位**有效数字**,分别为 $a_1, a_2, \cdots, a_k$.

4. 算法的数值稳定性

定义 1-5 由基本运算和运算顺序的规则所构成的完整的解题步骤称为**算法.**

定义 1-6 如果一个算法在执行过程中舍入误差在一定条件下能够得到有效控制,即初始误差和计算过程中的舍入误差不影响产生可靠的结果,则称这个算法是**数值稳定的**;否则,若出现与数值稳定相反的情况,就称此算法是**数值不稳定的**.

5. 数值算法设计的基本原则

(1) 通过简化计算步骤减少运算次数.

(2) 避免两个相近的数相减.

(3) 避免除数绝对值远远小于被除数绝对值的除法.

(4) 防止大数“吃掉”小数.

(5) 尽量采用数值稳定性好的算法.

1.2 例题分析

例 1-1 已知 $e = 2.71828\cdots$,$x^* = 0.027$ 为准确值 $x = e/100$ 的近似值,问 x^* 有哪几位有效数字,绝对误差和相对误差各是多少?

解 按照四舍五入原则,x^* 有 2 位有效数字 2 和 7.

$$E_a(x) = x^* - x = 0.027 - e/100 \approx -0.0001828$$

$$E_r(x) \approx \frac{E_a(x)}{x^*} = \frac{-0.0001828}{0.027} \approx -0.006770 = -0.677\%$$

例 1-2 计算 $f(x) = \dfrac{1 + x - e^x}{x^2}$ 当 $x = 0.001$ 时的值,使其具有 7 位有效数字.

解 对 $x > 0$,由 Taylor 展开式,得

$$f(x)=\frac{1+x-\mathrm{e}^x}{x^2}$$

$$=\frac{1}{x^2}\left[1+x-\left(1+x+\frac{1}{2!}x^2+\cdots+\frac{1}{n!}x^n+\frac{\mathrm{e}^{\xi}}{(n+1)!}x^{n+1}\right)\right]$$

$$=-\left(\frac{1}{2}+\frac{1}{6}x+\cdots+\frac{1}{n!}x^{n-2}+\frac{\mathrm{e}^{\xi}}{(n+1)!}x^{n-1}\right)\qquad(\xi\in(0,x))$$

记$\tilde{f}(x)=-\left(\frac{1}{2}+\frac{1}{6}x+\cdots+\frac{1}{n!}x^{n-2}\right)$为$f(x)$的近似值,则有

$$|\tilde{f}(x)-f(x)|=\frac{\mathrm{e}^{\xi}}{(n+1)!}x^{n-1}\leqslant\frac{\mathrm{e}^{x}}{(n+1)!}x^{n-1}$$

根据题意,有

$$\frac{\mathrm{e}^{0.001}}{(n+1)!}0.001^{n-1}\leqslant\frac{1}{2}\times10^{-7}$$

解之得最小正整数$n=3$. 所以,当$x=0.001$时,$f(x)$具有7位有效数字的近似值为

$$\tilde{f}(0.001)=-\left(\frac{1}{2}+\frac{1}{6}\times0.001\right)\approx-0.5001667$$

例1-3 为减少运算次数,对$y=5+\frac{3}{x-1}+\frac{4}{(x-1)^2}-\frac{5}{(x-1)^3}+\frac{6}{(x-1)^5}$应该怎样做恒等变形?

解 令$u=\frac{1}{x-1}$,则可将y变形为

$$y=(((6u^2-5)u+4)u+3)u+5$$

例1-4 设$y_0=28$,按递推公式

$$y_n=y_{n-1}-\frac{1}{100}\sqrt{783}\qquad(n=1,2,\cdots)$$

若取$\sqrt{783}\approx27.982$(5位有效数字),问计算到y_{100}将有多大误差?

解 $$\begin{cases}y_n=y_{n-1}-\frac{1}{100}\sqrt{783}\qquad(n=1,2,\cdots)\\y_0=28\end{cases}$$

设y_n的近似值为$\tilde{y}_n(n=0,1,2,\cdots)$,则

$$\begin{cases}\tilde{y}_n=\tilde{y}_{n-1}-\frac{1}{100}\times27.982\qquad(n=1,2,\cdots)\\\tilde{y}_0=28\end{cases}$$

于是

$$\begin{cases}y_n-\tilde{y}_n=y_{n-1}-\tilde{y}_{n-1}-\frac{1}{100}(\sqrt{783}-27.982)\qquad(n=1,2,\cdots)\\y_0-\tilde{y}_0=0\end{cases}$$

由此递推公式,得

$$y_n-\tilde{y}_n=-\frac{n}{100}(\sqrt{783}-27.982)\qquad(n=1,2,\cdots)$$

所以

$$|y_{100}-\tilde{y}_{100}|=\left|\frac{100}{100}(\sqrt{783}-27.982)\right|\leqslant\frac{1}{2}\times 10^{-3}$$

例 1-5 在计算机上对 $1+\frac{1}{2}+\frac{1}{3}+\cdots+\frac{1}{n}$ 从左向右求和 S_n，$S_n=\sum_{k=1}^{n}\frac{1}{k}$. 当 n 很大时，S_n 将不随 n 的增大而增大，试说明原因.

解 计算机中的数是用浮点数表示的，做加减法时必须先对阶码，而对阶码过程中可能会出现大数"吃掉"小数现象，导致 n 很大时，S_n 不随 n 的增大而增大.

设计算机中浮点数的尾数位数 $t=8$，则随着 n 的逐渐增大，$\frac{1}{n+1}$ 逐渐减小，最终趋近于零. 因此，必存在某个自然数 N，使得

$$\frac{\frac{1}{N+1}}{S_N}\leqslant\frac{1}{2}\times 10^{-8}$$

因而

$$S_N+\frac{1}{N+1}\leqslant S_N\left(1+\frac{1}{2}\times 10^{-8}\right)=S_N(1+0)=S_N$$

这里小数 $\frac{1}{N+1}$ 在对阶码的过程中被大数 S_N"吃掉"了，于是

$$S_N+\frac{1}{N+1}=S_N$$

同理

$$S_M=S_N+\frac{1}{N+1}+\frac{1}{N+2}+\cdots+\frac{1}{M}=S_N$$

其中 M 为大于 N 的自然数.

例 1-6 设 $x_1,x_2,\cdots,x_n$ 为观测值，利用下面两个在数学上等价的公式求 s^2 时哪个更好?

$$s^2=\frac{1}{n-1}\left(\sum_{i=1}^{n}x_i^2-n\tilde{x}^2\right) \tag{1-1}$$

$$s^2=\frac{1}{n-1}\sum_{i=1}^{n}(x_i-\tilde{x})^2 \tag{1-2}$$

其中 $\tilde{x}=\frac{1}{n}\sum_{i=1}^{n}x_i$.

解 式(1-1)比式(1-2)更好. 这是因为：① $\tilde{x}=\frac{1}{n}\sum_{i=1}^{n}x_i$ 是 $x_1,x_2,\cdots,x_n$ 的平均值，极有可能出现 $\tilde{x}$ 与某个 $x_i(i=1,2,\cdots,n)$ 相近的情形，从而计算 $(x_i-\tilde{x})$ 时出现两个相近的数相减的情形，造成有效数字的损失，而式(1-1)出现此种情形的可能性较小；② 式(1-2)右端将使 $(x_i-\tilde{x})^2$ 产生的误差累计起来，而式(1-1)则无此问题.

例 1-7 当 $n=0,1,2,\cdots,8$ 时，求积分 $y_n=\int_0^1\frac{x^n}{x+5}\mathrm{d}x$ 的近似值，注意设法控制误差的传播.

解

$$y_0=\int_0^1\frac{1}{x+5}\mathrm{d}x=\ln 6-\ln 5\approx 0.1823215568$$

$$y_n + 5y_{n-1} = \int_0^1 \frac{x^n + 5x^{n-1}}{x+5}dx = \int_0^1 x^{n-1}dx = \frac{1}{n}$$

由此可得算法(A)

$$(A)\begin{cases} y_n = \dfrac{1}{n} - 5y_{n-1} \\ y_0 = 0.1823215568 \end{cases}$$

所以

$$y_1 = 1 - 5y_0$$

设 y_n 的近似值为 $\tilde{y}_n$,则

$$y_1 - \tilde{y}_1 = -5(y_0 - \tilde{y}_0)$$

即 $\tilde{y}_0$ 的误差传播到 $\tilde{y}_1$ 时已增加了 5 倍,而

$$y_n - \tilde{y}_n = -5(y_{n-1} - \tilde{y}_{n-1}) = (-5)^n(y_0 - \tilde{y}_0)$$

所以,$\tilde{y}_0$ 的误差传播到 $\tilde{y}_n$ 时已增加了$(-5)^n$ 倍,此算法不稳定,当 n 充分大时计算结果将严重失真.

另一方面,由 $y_n = \dfrac{1}{n} - 5y_{n-1}$,得

$$y_{n-1} = \frac{1}{5n} - \frac{1}{5}y_n$$

$$y_{10} = \int_0^1 \frac{x^{10}}{x+5}dx = \frac{1}{11}\left(\frac{x^{11}}{x+5}\bigg|_0^1 + \int_0^1 \frac{x^{11}}{(x+5)^2}dx\right) = \frac{1}{11}\left[\frac{1}{6} + \frac{1}{12(\xi+5)^2}\right],其中 0 < \xi < 1.$$

因而

$$\frac{1}{11}\left[\frac{1}{6} + \frac{1}{12(1+5)^2}\right] < y_{10} < \frac{1}{11}\left[\frac{1}{6} + \frac{1}{12(0+5)^2}\right]$$

即

$$0.01536 < y_{10} < 0.01545$$

取 $y_{10} = 0.0154$,可得算法(B)

$$(B)\begin{cases} y_{n-1} = \dfrac{1}{5n} - \dfrac{1}{5}y_n \\ y_{10} = 0.0154 \end{cases}$$

仿照分析算法(A)误差传播的方法可得算法(B)的误差传播过程:

$$y_0 - \tilde{y}_0 = -\frac{1}{5}(y_1 - \tilde{y}_1) = \left(-\frac{1}{5}\right)^n(y_n - \tilde{y}_n)$$

即 $\tilde{y}_n$ 的误差传播到 $\tilde{y}_0$ 时已变为原来的$\dfrac{1}{(-5)^n}$倍,此算法是稳定的,误差传播过程中逐步衰减.

由 $y_{10} = 0.0154$ 可得 $y_9 = 0.01692$,从而有

$$y_8 = 0.0188382222,\quad y_7 = 0.0212323556,\quad y_6 = 0.0243249575$$
$$y_5 = 0.0284683418,\quad y_4 = 0.0343063316,\quad y_3 = 0.0431387337$$
$$y_2 = 0.0580389199,\quad y_1 = 0.0883922160,\quad y_0 = 0.1823215568$$

1.3 习题选解

1.1 设 x 为准确值,x^* 为 x 的近似值,计算下列各种情况的绝对误差和相对误差.

(1) $x = \pi$, $x^* = 355/113$; (2) $x = \pi$, $x^* = 3.1416$;

(3) $x = e$, $x^* = 2.7182$; (4) $x = \sqrt{3}$, $x^* = 1.7321$.

参考答案

(1) $E_a(x) = 2.668 \times 10^{-7}$; $E_r(x) \approx 8.493 \times 10^{-8}$.

(2) $E_a(x) = 7.346 \times 10^{-6}$; $E_r(x) = 2.338 \times 10^{-6}$.

(3) $E_a(x) = -8.0 \times 10^{-5}$; $E_r(x) = -2.943 \times 10^{-5}$.

(4) $E_a(x) = 4.919 \times 10^{-5}$; $E_r(x) = 2.840 \times 10^{-5}$.

1.2 设 x 为准确值,x^* 为 x 的一个近似值,若要求相对误差限 $|E_r(x)| \leqslant 0.0001$,对于下列各准确值 x,试求近似值 x^* 的最大范围.

(1) 121; (2) 990; (3) 2005; (4) 1200; (5) 2.5.

解 由 $E_r(x) = \dfrac{E_a(x)}{x}$ 及 $|E_r(x)| \leqslant 0.0001$,得

$$x - 0.0001|x| \leqslant x^* \leqslant x + 0.0001|x|$$

于是

(1) x^* 的最大范围为 [120.9879, 121.0121].

(2) x^* 的最大范围为 [989.901, 990.099].

(3) x^* 的最大范围为 [2004.7995, 2005.2005].

(4) x^* 的最大范围为 [1199.88, 1200.12].

(5) x^* 的最大范围为 [2.49975, 2.50025].

1.3 下列各数都是经过四舍五入得到的近似值,求各数的绝对误差限、相对误差限和有效数字位数.

(1) 3235; (2) 0.0036; (3) 0.3012×10^{-5}; (4) 30.120.

参考答案

(1) 0.5; 0.01546%; 有 4 位有效数字, 即 3,2,3 和 5.

(2) 0.00005; 1.389%; 有 2 位有效数字, 即 3 和 6.

(3) 0.5×10^{-9}; 0.0166%; 有 4 位有效数字, 即 3,0, 1 和 2.

(4) 0.0005; 0.00166%; 有 5 位有效数字, 即 3,0,1,2 和 0.

1.4 已知 e = 2.7182818284590… ,问:

(1) 若其近似值取 6 位有效数字,则该近似值是多少? 其绝对误差限是多少?

(2) 若精确到小数点后 4 位,则该近似值是多少? 其绝对误差限是多少?

(3) 若其近似值的绝对误差限为 $\dfrac{1}{2} \times 10^{-4}$,则该近似值有哪几个有效数字?

参考答案

(1) 2.71828; 0.00000183.

(2) 2.7183; 0.0000182.

(3) 有5位有效数字2,7,1,8和3.

1.5　已知近似值 $x_1=1.420$，$x_2=-0.0142$，$x_3=1.42\times10^{-4}$ 的绝对误差限均为 0.5×10^{-3}，那么它们各有几位有效数字?

参考答案

x_1 有4位有效数字，即1，4，2和0；x_2 有2位有效数字，即1和4；x_3 没有有效数字.

1.6　为了尽量避免有效数字的严重损失，当 $|x|\ll 1$ 时对下列公式应该如何变形?

(1) $\dfrac{1}{1+2x}-\dfrac{1-x}{1+x}$；　(2) $1-\cos x$；　(3) e^x-1.

参考答案

(1) $\dfrac{1}{1+2x}-\dfrac{1-x}{1+x}=\dfrac{2x^2}{(1+x)(1+2x)}$

(2) $1-\cos x=2\sin^2\dfrac{x}{2}$

或

$$1-\cos x\approx 1-\left(1-\frac{x^2}{2}+\frac{x^4}{24}\right)=x^2\left(\frac{1}{2}-\frac{x^2}{24}\right)$$

(3) 利用 Taylor 展开式的前 n 项，得

$$e^x-1\approx x+\frac{x^2}{2!}+\frac{x^3}{3!}+\cdots+\frac{x^n}{n!}$$

1.7　取 $\sqrt{2}\approx1.4$，采用下列各式计算 $a=(\sqrt{2}-1)^6$，哪一个得到的结果最好?

(1) $\dfrac{1}{(\sqrt{2}+1)^6}$；　(2) $99-70\sqrt{2}$；　(3) $(3-2\sqrt{2})^3$；　(4) $\dfrac{1}{(3+2\sqrt{2})^3}$.

解　因为 $70\sqrt{2}\approx99$，$2\sqrt{2}\approx3$，所以为避免两个相近的数相减，[式(2)与式(3)]都不宜采用.

(1)式与(4)式均未出现两个相近的数相减的情形，但(1)式需要依次计算1次加法，5次乘法，1次除法；而(4)式需要先计算1次乘法，再计算1次加法，然后计算2次乘法，最后计算1次除法；(4)式较(1)式运算次数少，因而用(4)式得到的结果最好.

1.8　数列 $\{x_n\}$ 满足递推公式 $x_n=10x_{n-1}-1(n=1,2,\cdots)$. 若取 $x_0=\sqrt{2}\approx1.41$(3位有效数字)，则按该递推公式从 x_0 计算到 x_{10} 时误差有多大? 这个计算过程稳定吗?

解　若取 $x_0=\sqrt{2}\approx1.41$，则 $|x_0^*-x_0|\leqslant0.5\times10^{-2}$.

由递推公式 $x_n=10x_{n-1}-1$，得 $x_n^*=10x_{n-1}^*-1$，从而有

$$|E_n|=|x_n^*-x_n|=|(10x_{n-1}^*-1)-(10x_{n-1}-1)|=10|x_{n-1}^*-x_{n-1}|=10|E_{n-1}|$$

于是有

$$|E_{10}|=10|E_9|=10^2|E_8|=\cdots=10^{10}|E_0|\leqslant10^{10}\times0.5\times10^{-2}=0.5\times10^8$$

所以，按该递推公式从 x_0 计算到 x_{10} 时误差会达到 0.5×10^8，这个计算过程是不稳定的.

1.9　求方程 $x^2-56x+1=0$ 的两个根，使它至少具有4位有效数字($\sqrt{87}\approx9.3274$).

解　若根据求根公式 $x=\dfrac{-b\pm\sqrt{b^2-4ac}}{2a}$ 求解，由于 $\sqrt{b^2-4ac}=\sqrt{56^2-4}\approx56=-b$，所

以公式 $x_2=\dfrac{-b-\sqrt{b^2-4ac}}{2a}$的分子会出现两个相近的数相减的情形. 为避免这种情况发生，可采用以下方法求根：

$$x_1=\frac{-b+\sqrt{b^2-4ac}}{2a}=\frac{56+\sqrt{56^2-4}}{2}=28+\sqrt{28^2-1}=28+\sqrt{783}=55.98$$

由 $x_1\cdot x_2=\dfrac{c}{a}$,得

$$x_2=\frac{c}{ax_1}=\frac{1}{55.982}=0.01786$$

1.10 计算

(1) $1-\cos1^\circ$； (2) $\ln(\sqrt{10^{10}+1}-10^5)$； (3) $\dfrac{1}{759}-\dfrac{1}{760}$.

参考答案

(1) 1.5230×10^{-4}.

(2) $\ln(\sqrt{10^{10}+1}-10^5)=\ln\dfrac{1}{\sqrt{10^{10}+1}+10^5}=-\ln(\sqrt{10^{10}+1}+10^5)\approx-12.2061$.

(3) 1.7336×10^{-6}.

1.11 已知积分 $I_n=\int_0^1\dfrac{x^n}{x+4}\mathrm{d}x$ 具有递推公式

$$I_n=\frac{1}{n}-4I_{n-1}\qquad(n=1,2,\cdots)$$

请在4位十进制数计算机上利用下面两种算法计算积分 $I_0,I_1,\cdots,I_7$：

(1) 算法1:令 $I_0=0.2231(\approx\ln1.25)$,计算 $I_n=\dfrac{1}{n}-4I_{n-1}\qquad(n=1,2,\cdots,7)$；

(2) 算法2:令 $I_7=0$,计算 $I_{n-1}=\dfrac{1}{4n}(1-nI_n)\qquad(n=7,6,\cdots,1)$.

哪种算法准确？为什么？

参考答案(略)

1.4 综合练习

1. 计算过程中数据在计算机上都只能按照一定的舍入规则保留有限位,由此产生的误差称为____________.

2. 设 x 为准确值,x^* 为 x 的一个近似值,如果 x^* 的____________不超过它的某一数位的半个单位,并且从 x^* 左起____________到该数位共有 n 位,则称这 n 个数字为 x^* 的有效数字,也称用 x^* 近似 x 时具有 n 位有效数字.

3. 设准确值 x 的一个近似值 x^* 可以写成 $x^*=\pm0.a_1a_2\cdots a_n\times10^m$,其中 m 为整数,$a_i(i=1,2,\cdots,n)$是 0 ~ 9 中的某一数字,且 $a_1\neq0$. 如果 x^* 的____________满足 $|x^*-x|\leqslant\dfrac{1}{2}\times10^{m-k}(1\leqslant k\leqslant n)$，则称近似值 x^* 有________位有效数字.

4. 如果一个算法在执行过程中__________在一定条件下能够得到有效控制，即初始误差和__________不影响产生可靠的结果，则称这个算法是数值稳定的.

5. 如果标准模具是边长为 100cm 的正方形，一个产品的边长是 101cm，则边长和面积的相对误差分别是__________和__________.

6. 为了减少运算次数，计算$\dfrac{16x^5+17x^4+19x^3-14x^2-13x+1}{x^4+16x^2+8x+1}$的值时应将表达式变形为__________，为了避免舍入误差的影响，应将表达式 $\sqrt{2011}-\sqrt{2009}$ 变形为__________.

7. 设 N 充分大，计算$\int_N^{N+1}\dfrac{1}{1+t^2}\mathrm{d}t$.

8. 已知$\sqrt{7}$可由下述迭代公式计算

$$\begin{cases}x_{k+1}=\dfrac{1}{2}\left(x_k+\dfrac{7}{x_k}\right) & (k=0,1,2,\cdots)\\ x_0=2\end{cases}$$

若 x_k 是$\sqrt{7}$具有 n 位有效数字的近似值，证明 x_{k+1}是$\sqrt{7}$具有 $2n$ 位有效数字的近似值.

9. 设 $\sqrt{399}\approx19.975$ 具有五位有效数字，求方程 $x^2-40x+1=0$ 的两个实根.

10. 估计 Taylor 展开式

$$\mathrm{e}^x=1+x+\frac{1}{2!}x^2+\frac{1}{3!}x^3+O(x^4)$$

与

$$\cos x=1-\frac{x^2}{2!}+\frac{x^4}{4!}+O(x^6)$$

的和以及积的逼近的阶.

1.5 实验指导

1. 计算多项式 $f(x)=a_0+a_1x+\cdots+a_nx^n$ 的值的秦九韶算法为

$$\begin{cases}p_k=xp_{k-1}+a_{n-k} & (k=1,2,\cdots,n)\\ p_0=a_n\end{cases}$$

编写秦九韶算法程序，并用该程序计算多项式

$$f(x)=x^5+3x^3-2x+6$$

在 $x=1.1,1.2$ 和 1.3 的值.

C 语言程序清单：

```
#include "stdio.h"
//* * * * * * * * * * * * * * * * * * * * * * * * * * * * * * * * * * * * * * *
//程序名: qin
//程序功能: 按秦九韶算法计算多项式的值
```

```
//* * * * * * * * * * * * * * * * * * * * * * * * * * * * * * * * * * * * * *
void main()
{
    float a[101],x,p;
    int n, k; char yn;
    printf("\n输入多项式次数n (n< =100) :");
    scanf("%d",&n);
    for(k =n; k > =0; k - -)
    {
        printf("\n第% d次项系数:",k);
        scanf("%f",&(a[k]));
    }
    While(1)
     {
        p =0;
        printf("\nx =");
        scanf("%f",&x);
        for(k =0; k < =n; k + +)
            p =x * p +a[n -k];
        printf("\n p(%f)  = %f \n",x,p);
        printf("继续(y - -是, 其它 - -否)?");
        getchar();  scanf("%c",&yn);
        if (yn!  ='Y' && yn!  ='y')
            break;
    }
}
```

Matlab 程序清单:

```
n =input('\n输入多项式次数n (n< =100) :');
a =zeros(n +1,1); yn ='y';
for k =n: -1: 0
  fprintf('\n第%d次项系数:', k);
  a(k +1) =input('');
end
while 1
    p =0;
    x =input('x =');
    for k =0: n
        p =x * p +a(n -k +1);
    end
    fprintf('\n p(%f)  = %f \n', x, p);
    yn =input('继续(y - -是, 其它 - -否)? ') ;
    if(yn ~ ='y')
        break;
    end
```

```
    end
```

运行结果：

```
输入多项式次数 n (n< =100) :5
第 5 次项系数:1
第 4 次项系数:0
第 3 次项系数:3
第 2 次项系数:0
第 1 次项系数: -2
第 0 次项系数:6
x =1.1
p(1.1) = 9.4035

继续(y - -是，其它 - -否)? y
x =1.2
p(1.2) = 11.2723

继续(y - -是，其它 - -否)? y
x =1.3
p(1.3) = 13.7039

继续(y - -是，其它 - -否)? n
```

2. 序列$\{3^{-n}\}$可由下列三种递推公式生成：

(1) $x_0 = 0.99996, x_n = \frac{1}{3}x_{n-1}, \quad n = 1,2,\cdots;$

(2) $y_0 = 1, y_1 = 0.33332, y_n = \frac{4}{3}y_{n-1} - \frac{1}{3}y_{n-2}, \quad n = 2,3,\cdots;$

(3) $z_0 = 1, z_1 = 0.33332, z_n = \frac{5}{3}z_{n-1} - \frac{4}{9}z_{n-2}, \quad n = 2,3,\cdots.$

编写程序递推计算$\{x_n\}$，$\{y_n\}$和$\{z_n\}$的前 10 个近似值及其误差.

C 语言程序清单：

```
#include "stdio.h"
//* * * * * * * * * * * * * * * * * * * * * * * * * * * * * * * * * * * * * * * * * *
//程序名: sequence
//程序功能: 利用递推公式生成序列的各项
//* * * * * * * * * * * * * * * * * * * * * * * * * * * * * * * * * * * * * * * * * *
void main()
{
    float a[20] = {1.0,1.0/3},
    x[20] = {0.99996},ex[20],y[20] = {1,0.33332},ey[20],z[20] = {1,0.33332},ez[20];
```

```
    //a ---直接计算的结果, x, y, z ---迭代结果, ex, ey, ez ---它们的误差
    int n;
    ex[0]=x[0]-a[0];
    a[1]=a[0]/3;
    x[1]=x[0]/3;          ex[1]=x[1]-a[1];
//为减少循环语句, x[1]独立计算
    ey[0]=y[0]-a[0];    ey[1]=y[1]-a[1];
    ez[0]=z[0]-a[0];    ez[1]=z[1]-a[1];
    for(n=2;n<10;n++)
    {
      a[n]=a[n-1]/3;
      x[n]=x[n-1]/3;
      y[n]=4*y[n-1]/3-y[n-2]/3;
      z[n]=5*z[n-1]/3-4*z[n-2]/9;
      ex[n]=x[n]-a[n];
      ey[n]=y[n]-a[n];
      ez[n]=z[n]-a[n];
    }
    printf("\n k    a_k    x_k    ex_k    y_k    ey_k    z_k    ez_k \n");
    for(n=0; n<10; n++)
       printf("%d %9.6f %9.6f %9.6f %9.6f %9.6f %9.6f %9.6f \n", n, a[n], x[n], ex
[n], y[n], ey[n], z[n], ez[n]);
}
```

Matlab 程序清单:

```
a=zeros(20,1); x=a; y=a; z=a; ex=a; ey=a; ez=a;
a(1)=1;
x(1)=0.99996;
y(1)=1; y(2)=0.33332;
z(1)=1; z(2)=0.33332;
for n=1:10
   a(n+1)=a(n)/3;
   x(n+1)=x(n)/3;
end
for n=2:10
   y(n+1)=4*y(n)/3 - y(n-1)/3;
   z(n+1)=5*z(n)/3 - 4*z(n-1)/9;
end
ex=x-a; ey=y-a; ez=z-a;
fprintf('\n k    a_k    x_k    ex_k    y_k    ey_k    z_k    ez_k \n');
for n=1:10
   fprintf('%d %9.6f %9.6f %9.6f %9.6f %9.6f %9.6f %9.6f \n', n-1, a(n), x(n), ex(n),
```

```
y(n), ey(n), z(n), ez(n));
end
```

运行结果：

k	a_k	x_k	ex_k	y_k	ey_k	z_k	ez_k
0	1.000000	0.999960	-0.000040	1.000000	0.000000	1.000000	0.000000
1	0.333333	0.333320	-0.000013	0.333320	-0.000013	0.333320	-0.000013
2	0.111111	0.111107	-0.000004	0.111093	-0.000018	0.111089	-0.000022
3	0.037037	0.037036	-0.000001	0.037018	-0.000019	0.037006	-0.000031
4	0.012346	0.012345	-0.000000	0.012326	-0.000020	0.012304	-0.000042
5	0.004115	0.004115	-0.000000	0.004095	-0.000020	0.004059	-0.000056
6	0.001372	0.001372	-0.000000	0.001352	-0.000020	0.001297	-0.000075
7	0.000457	0.000457	-0.000000	0.000437	-0.000020	0.000357	-0.000100
8	0.000152	0.000152	-0.000000	0.000132	-0.000020	0.000019	-0.000133
9	0.000051	0.000051	-0.000000	0.000031	-0.000020	-0.000127	-0.000178

第2章　非线性方程的数值解法

2.1　内容提要

本章介绍一元方程(或称一元非线性方程)

$$f(x)=0 \qquad (x\in[a,b])$$

的求根方法. 通常假定$f(x)$在区间$[a,b]$上连续(记为$f(x)\in C[a,b]$),且记方程的根为x^*. 若$f(x)=0$在$[a,b]$内至少有一个实根,则称$[a,b]$为有根区间.

常用求根方法包括:

1. 对分区间法

若$[a,b]$为$f(x)$的有根区间,则可用二分法求得更精确的近似根. 具体过程为:取中点$x_0=\dfrac{a+b}{2}$,将$[a,b]$为分两半,若$f(x_0)$与$f(a)$同号,则说明根x^*在右侧,取$a_1=x_0,b_1=b$;否则取$a_1=a,b_1=x_0$. 这样就得到一个新的有根区间$[a_1,b_1]$,长度仅为原来区间长度的$\dfrac{1}{2}$. 再取$x_1=\dfrac{a_1+b_1}{2}$,将$[a_1,b_1]$再分两半,确定根在x_1的哪一侧,得到新区间$[a_2,b_2]$,其长度为$[a_1,b_1]$的$\dfrac{1}{2}$. 重复以上过程可得一系列有根区间

$$[a,b]\supset[a_1,b_1]\supset[a_2,b_2]\supset\cdots\supset[a_n,b_n]\supset\cdots$$

及序列$\{x_n\}=\left\{\dfrac{a_n+b_n}{2}\right\}$,满足$\lim\limits_{n\to\infty}x_n=x^*$. 当$n$充分大时,取$x_n$为方程的近似解,其误差

$$|x_n-x^*|\leqslant\frac{b_n-a_n}{2}=\frac{b-a}{2^{n+1}}$$

2. 简单迭代法

将方程$f(x)=0$改写成等价方程$x=\varphi(x)$,并构造迭代公式(格式)

$$x_{k+1}=\varphi(x_k) \qquad (k=0,1,\cdots) \tag{2-1}$$

定理2-1(不动点定理)　设迭代公式(2-1)中的迭代函数$\varphi(x)$在区间$[a,b]$上连续,在(a,b)内可导,且满足条件:

(1) (映内性)当$a\leqslant x\leqslant b$时,有

$$a\leqslant\varphi(x)\leqslant b \tag{2-2}$$

(2) (压缩性)存在常数L,$0\leqslant L<1$(L称为压缩系数),使得

$$|\varphi'(x)|\leqslant L, \quad \forall x\in(a,b) \tag{2-3}$$

则

(1) 函数$\varphi(x)$在$[a,b]$上存在唯一不动点x^*;

（2）对任意的初值 $x_0 \in [a,b]$，迭代公式(2－1)都收敛于 x^*；

（3）迭代值有误差估计式

$$|x_k - x^*| \leqslant \frac{L}{1-L}|x_k - x_{k-1}| \tag{2-4}$$

$$|x_k - x^*| \leqslant \frac{L^k}{1-L}|x_1 - x_0| \tag{2-5}$$

定义 2－1 设 $\varphi(x)$ 在某区间有不动点 x^*，若存在 x^* 的一个邻域 $S=\{x \mid |x-x^*|<\delta\} \subset [a,b]$ 使得迭代过程 $x_{k+1}=\varphi(x_k)$ 对于任意初值 $x_0 \in S$ 均收敛，则称迭代过程 $x_{k+1}=\varphi(x_k)$ 局部收敛.

定理 2－2 设 x^* 为 $\varphi(x)$ 的不动点，$\varphi'(x)$ 在 x^* 的某邻域连续，且 $|\varphi'(x^*)|<1$，则迭代过程 $x_{k+1}=\varphi(x_k)$ 局部收敛.

定义 2－2 设迭代过程产生的序列 $\{x_k\}$ 收敛于根 x^*，记迭代误差为 $e_k=x_k-x^*$. 如果存在实数 $p \geqslant 1$ 和非零常数 C，使得

$$\lim_{k\to\infty}\frac{|e_{k+1}|}{|e_k|^p} = C$$

则称迭代过程是 p 阶收敛的，C 称为渐近误差常数.

定理 2－3 如果 x^* 是 $\varphi(x)$ 的不动点，$\varphi'(x)$ 在 x^* 的某邻域连续，$|\varphi'(x^*)|<1$ 且 $\varphi'(x^*) \neq 0$，则迭代过程 $x_{k+1}=\varphi(x_k)$ 在 x^* 的这个邻域是线性收敛的.

定理 2－4 如果 x^* 是 $\varphi(x)$ 的不动点，对整数 $p>1$，迭代函数 $\varphi(x)$ 及其 p 阶导数在 x^* 的某邻域上连续，且满足

$$\varphi'(x^*) = \varphi''(x^*) = \cdots = \varphi^{(p-1)}(x^*) = 0$$
$$\varphi^{(p)}(x^*) \neq 0$$

则迭代过程 $x_{k+1}=\varphi(x_k)$ 在 x^* 的这个邻域是 p 阶收敛的，且有

$$\lim_{k\to\infty}\frac{e_{k+1}}{e_k^p} = \frac{\varphi^{(p)}(x^*)}{p!}$$

3. Aitken－Steffensen 加速法

$$\begin{cases}\text{迭代：} & y_k = \varphi(x_k)\\ \text{再迭代：} & z_k = \varphi(y_k)\\ \text{加速：} & x_{k+1} = x_k - \dfrac{(y_k - x_k)^2}{z_k - 2y_k + x_k}\end{cases}$$

这个迭代过程简记为

$$x_{k+1} = \Phi(x_k)$$

其中

$$\Phi(x) = x - \frac{[\varphi(x) - x]^2}{\varphi(\varphi(x)) - 2\varphi(x) + x}$$

可以证明，只要 $\varphi'(x^*) \neq 1$，不管原迭代法 $x_{k+1}=\varphi(x_k)$ 是线性收敛还是不收敛，由它构造的 Aitken－Steffensen 加速法至少 2 阶收敛.

Aitken－Steffensen 加速法主要用于改善仅线性收敛或者不收敛的迭代.

4. Newton 迭代法

$$x_{k+1} = x_k - \frac{f(x_k)}{f'(x_k)} \quad (k=0,1,\cdots) \tag{2-6}$$

定理 2-5 设 x^* 是 $f(x)=0$ 的一个根，$f(x)$ 在 x^* 附近二阶导数连续，且 $f'(x^*)\neq 0$，则 Newton 迭代法(2-2)至少是二阶收敛的，且

$$\lim_{k\to\infty}\frac{x_{k+1}-x^*}{(x_k-x^*)^2}=\frac{1}{2}\frac{f''(x^*)}{f'(x^*)}$$

5. 正割法

$$x_{k+1}=x_k-\frac{x_k-x_{k-1}}{f(x_k)-f(x_{k-1})}f(x_k)\qquad (k=1,2,\cdots)$$

2.2 例题分析

例 2-1 找出 $x^3-5x-3=0$ 的有根区间.

解 令 $f(x)=x^3-5x-3$，则 $f'(x)=3x^2-5=3(x^2-\frac{5}{3})$，可知：

当 $|x|<\sqrt{\frac{5}{3}}$ 时，$f'(x)<0$，从而 $f(x)$ 单调减；

当 $|x|>\sqrt{\frac{5}{3}}$ 时，$f'(x)>0$，从而 $f(x)$ 单调增.

又可计算得

$$f\left(-\sqrt{\frac{5}{3}}\right)=-\frac{5}{3}\sqrt{\frac{5}{3}}+5\sqrt{\frac{5}{3}}-3>0$$

$$f\left(\sqrt{\frac{5}{3}}\right)=\frac{5}{3}\sqrt{\frac{5}{3}}-5\sqrt{\frac{5}{3}}-3<0$$

$$f(-2)=-1<0,\ f(0)=-3<0,\ f(3)=9>0$$

可知方程 $x^3-5x-3=0$ 有 3 个有根区间：

$$\left(-2,-\sqrt{\frac{5}{3}}\right),\quad \left(-\sqrt{\frac{5}{3}},0\right),\quad \left(\sqrt{\frac{5}{3}},3\right)$$

例 2-2 已知方程 $e^x-4x=0$.

(1) 找出方程的有根区间；

(2) 在有根区间上构造收敛的不动点迭代公式；

(3) 作相应的迭代计算，精确到 3 位有效数字.

提示 根据不动点定理构造迭代公式，并编程计算.

解 (1) 记 $f(x)=e^x-4x$，则由 $f'(x)=e^x-4=0$ 可知 $e^x=4$，即 $x=\ln 4=2\ln 2$. 又 $f(2\ln 2)=4(1-\ln 4)<0$，故方程在 $2\ln 2$ 左右各有一个有根区间. 由 $f(0)=1>0$，$f(1)=e-4<0$，得有根区间[0,1]；由 $f(2)=e^2-8<0$，$f(3)=e^3-12>0$ 得有根区间[2,3].

(2) 在[0,1]上，改写方程为 $x=\frac{e^x}{4}$，即取 $\varphi(x)=\frac{e^x}{4}$. 因为当 $x\in[0,1]$ 时，$\varphi(x)\in[\varphi(0),\varphi(1)]=\left[\frac{1}{4},\frac{e}{4}\right]\subset[0,1]$. 又 $|\varphi'(x)|=\frac{e^x}{4}\leqslant\frac{e}{4}<1$，因此对 $x_0\in[0,1]$ 有收敛的迭代公式

$$x_{k+1}=\frac{e^{x_k}}{4}\qquad (k=0,1,\cdots)$$

在[2,3]上,改写方程为 $x=\ln(4x)$,即取 $\varphi(x)=\ln(4x)$. 因为 $x\in[2,3]$时,$\varphi(x)\in[\varphi(2),\varphi(3)]=[\ln8,\ln12]\subset[2,3]$;又 $|\varphi'(x)|=\frac{1}{x}\leqslant\frac{1}{2}<1$,因此给定 $x_0\in[2,3]$有收敛的迭代公式

$$x_{k+1}=\ln(4x_k)\qquad(k=0,1,\cdots)$$

(3) 对有根区间[0,1],取 $x_0=0.5$,由迭代公式 $x_{k+1}=\frac{e^{x_k}}{4}$进行计算,计算结果如下:

k	1	2	3	4	5	6	7
x_k	0.4122	0.3775	0.3647	0.3600	0.3583	0.3577	0.3575

故 $x^*\approx0.358$. 对有根区间[2,3],取 $x_0=2.5$,由迭代公式 $x_{k+1}=\ln(4x_k)$计算得

k	1	2	3	4	5	6
x_k	2.303	2.220	2.184	2.167	2.156	2.155

故取 $x^*\approx2.16$.

例 2-3 试用迭代的方法证明函数$f(x)=e^{-x}$满足积分方程

$$f(x)=1-\int_0^x f(t)\,dt$$

分析 设 $\varphi[f(x)]=1-\int_0^x f(t)\,dt$, 则积分方程为

$$f(x)=\varphi[f(x)]$$

由此可构造迭代式$f_{n+1}(x)=\varphi[f_n(x)]$.

证 设 $\varphi[f(x)]=1-\int_0^x f(t)\,dt$, 则

$$f(x)=\varphi[f(x)]$$

由此可构造迭代格式

$$f_{k+1}(x)=\varphi[f_k(x)]=1-\int_0^x f_k(t)\,dt$$

取$f_0(x)=0$,则

$$f_1(x)=1$$
$$f_2(x)=1-x$$
$$f_3(x)=1-x+\frac{x^2}{2}$$
$$\vdots$$
$$f_n(x)=1-x+\frac{x^2}{2}-\cdots+(-1)^{n-1}\frac{x^n}{n!}$$

由于$f_n(x)$是 e^{-x}的 Taylor 级数的部分和,所以

$$\lim_{n\to\infty}f_n(x)=e^{-x}$$

于是

$$e^{-x}=1-\int_0^x e^{-t}\,dt$$

证得$f(x)=e^{-x}$是该积分方程的解.

例 2－4 求出$f(x)=3x^2-e^x=0$的根,精确到小数点后第4位.

解 首先,利用 Matlab 的绘图功能估计出方程根的大概位置. 由图 2－1 可知,方程在$x=-0.5$和$x=1$附近分别有一个根. 以下求解方程在$x=1$附近的根.

为此,建立迭代法:

(a) $x_{k+1}=\varphi_1(x_k)=\sqrt{\dfrac{e^{x_k}}{3}}$;

(b) $x_{k+1}=\varphi_2(x_k)=2\ln x_k+\ln 3$;

(c) $x_{k+1}=\varphi_3(x_k)=x_k-\dfrac{3x_k^2-e^{x_k}}{6x_k-e^{x_k}}$.

以下分析三种迭代法在区间[0.5,1]上的收敛性.

(1) $\varphi'_1(x)=\dfrac{1}{2}\sqrt{\dfrac{e^x}{3}}$. 在指定区间上$0<\varphi'_1(x)\leqslant\dfrac{1}{2}\sqrt{\dfrac{e}{3}}<1$,所以$\varphi_1(x)$是单调函数. 直接验证得到$\varphi_1(0.5)\approx0.74$,$\varphi_1(1.0)\approx0.95$. 因此$\varphi_1([0.5,1])\subset[0.5,1]$. 由不动点定理,对于任何$x_0\in[0.5,1]$,该迭代法都收敛,而且收敛的阶数为1.

(2) 对于迭代格式(b),在指定区间上有$\varphi'_2(x)=\dfrac{2}{x}\geqslant2$,所以迭代格式发散.

(3) 迭代格式(c)是由 Newton 迭代法得到的,它是局部收敛的. 由图2－2 也可知,当$x\in[0.5,1]$时,$|\varphi'_3(x)|<1$. 于是$x_0\in[0.5,1]$时迭代收敛.

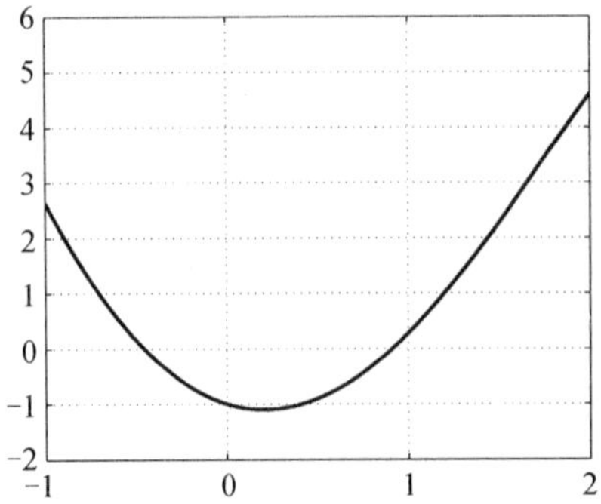

图 2－1 $f(x)=3x^2-e^x$ 的图形

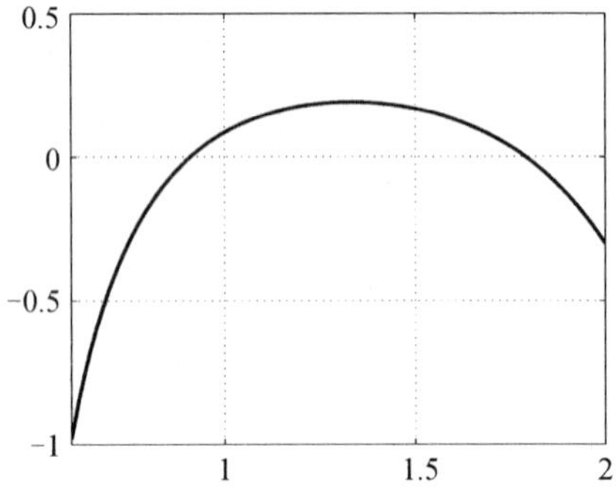

图 2－2 $\varphi'_3(x)$图形

取$x_0=0.75$,三种迭代计算的结果如表 2－1 所列.

表 2－1 计算结果

k	0	1	2	3	4	5	6	7	8	9	10
(a)	0.7500	0.8400	0.8787	0.8959	0.9036	0.9071	0.9087	0.9094	0.9097	0.9099	0.9100
(b)	0.7500	0.5232	−0.1968								
(c)	0.7500	0.9302	0.9102	0.9100	0.9100						

例 2－5 利用 Newton 迭代法计算$\sqrt{a}$($a>0$)相当于解方程$x^2-a=0$. 证明对于任意的$x_0>0$(<0)迭代永远收敛到$\sqrt{a}$(或$-\sqrt{a}$).

证 容易得到这时的 Newton 迭代公式为

$$x_{k+1}=\frac{1}{2}\left(x_k+\frac{a}{x_k}\right),\quad k=1,2,\cdots$$

从而有

$$x_{k+1}-\sqrt{a}=\frac{1}{2x_k}(x_k^2-2x_k\sqrt{a}+a)=\frac{1}{2x_k}(x_k-\sqrt{a})^2$$

由此可知,对于所有 $x_0>0$ 都有 $x_k>\sqrt{a}(k=1,2,\cdots)$. 另外,有

$$x_k-x_{k+1}=\frac{1}{2x_k}(x_k^2-a)>0$$

因此,Newton 法产生一个单调下降且有下界的序列,该序列必然有极限. 令 Newton 迭代公式两边 $k\to\infty$ 可得本题结论($x_0<0$ 的情形完全类似).

例 2-6 考虑迭代法 $x_{k+1}=\varphi(x_k)=x_k+x_k^3$, $k=1,2,\cdots$. $x^*=0$ 是它的一个不动点. 证明 $x_0\neq 0$ 时迭代法不收敛. 但是利用 Aitken - Steffensen 加速公式迭代是收敛的.

证 从迭代公式可以看出当 $x_k>0$ 时,总有 $x_{k+1}>x_k$,这时迭代序列趋向 $+\infty$. 而 $x_k<0$,基于同样的理由迭代序列趋于 $-\infty$,所以迭代不收敛.

相应的 Aitken - Steffensen 迭代公式为

$$x_{k+1}=\Phi(x_k)=x_k-\frac{[\varphi(x_k)-x_k]^2}{\varphi(\varphi(x_k))-2\varphi(x_k)+x_k}=\frac{x_k^5+3x_k^2+2x_k}{x_k^4+3x_k^2+3}$$

直接计算易知

$$\Phi'(x)=\frac{6+21x^2+18x^4+6x^6+x^8}{(3+3x^2+x^4)^2}$$

故 $|\Phi'(0)|=2/3<1$. 因此 Aitken - Steffensen 迭代至少是局部收敛,而且收敛的阶为 1.

利用 Matlab 的绘图功能可以得到 $\Phi'(x)$ 的图形,如图 2-3 所示.

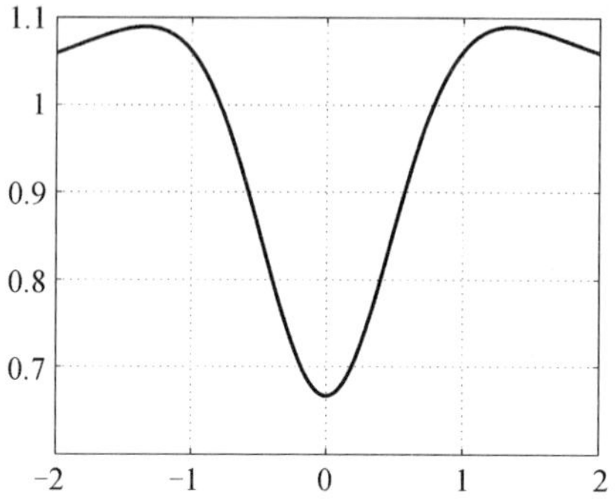

图 2-3 Φ' 的图形

可以看出当 $|x|<0.75$ 时 $|\Phi'(x)|<1$,所以这时迭代收敛.

例 2-7 设 $a>0$, $x_0>0$,证明迭代公式

$$x_{k+1}=x_k(x_k^2+3a)/(3x_k^2+a)$$

是计算 $\sqrt{a}$ 的 3 阶方法,并求

$$\lim_{k\to\infty}(x_{k+1}-\sqrt{a})/(x_k-\sqrt{a})^3$$

证 显然,当 $a>0$, $x_0>0$ 时 $x_k>0(k=1,2,\cdots)$. 令

$$\varphi(x)=x(x^2+3a)/(3x^2+a)$$

则

$$\varphi'(x)=\frac{(3x^2+3a)(3x^2+a)-x(x^2+3a)6x}{(3x^2+a)^2}=\frac{3(x^2-a)^2}{(3x^2+a)^2}$$

对 $\forall x>0$，$|\varphi'(x)|<1$，即迭代收敛．设 $\{x_k\}$ 的极限为 α，则有

$$\alpha=\alpha(\alpha^2+3a)/(3\alpha^2+a)$$

解得 $\alpha=0,\alpha=\pm\sqrt{a}$. 取 $\alpha=\sqrt{a}$，即令 $\lim\limits_{k\to\infty}x_k=\sqrt{a}$，则

$$\begin{aligned}\lim_{k\to\infty}\frac{x_{k+1}-\sqrt{a}}{(x_k-\sqrt{a})^3}&=\lim_{k\to\infty}\frac{(x_k^3+3ax_k)/(3x_k^2+a)-\sqrt{a}}{(x_k-\sqrt{a})^3}\\&=\lim_{k\to\infty}\frac{(x_k-\sqrt{a})^3}{(x_k-\sqrt{a})^3(3x_k^2+a)}\\&=\lim_{k\to\infty}\frac{1}{3x_k^2+a}=\frac{1}{4a}\end{aligned}$$

故迭代序列是 3 阶收敛的．

例 2－8 简单迭代算法若以 $|x_k-x_{k-1}|<\varepsilon$ 作为迭代终止条件，试分析在何种情况下，这个终止条件是可行的；当这个终止条件不可行时，请给出一个可行的迭代终止条件.

解 由误差估计式

$$|x_k-x^*|\leqslant\frac{L}{1-L}|x_k-x_{k-1}|$$

知，当 $0\leqslant L\leqslant\frac{1}{2}$ 时，$0\leqslant\frac{L}{1-L}\leqslant1$，因而

$$|x_k-x^*|\leqslant|x_k-x_{k-1}|$$

所以只要 $|x_k-x_{k-1}|<\varepsilon$，就有 $|x_k-x^*|<\varepsilon$. 此时，迭代终止条件 $|x_k-x_{k-1}|<\varepsilon$ 是可行的.

而当 $\frac{1}{2}<L<1$ 时，$\frac{L}{1-L}>1$，特别当 L 很靠近 1 时，$\frac{L}{1-L}$ 可以很大. 因此，迭代终止条件 $|x_k-x_{k-1}|<\varepsilon$ 是不可行的. 再由误差估计式

$$|x_k-x^*|\leqslant\frac{L^k}{1-L}|x_1-x_0|$$

知，要使 $|x_k-x^*|<\varepsilon$，只需

$$\frac{L^k}{1-L}|x_1-x_0|<\varepsilon$$

即

$$k>\frac{\ln\dfrac{\varepsilon(1-L)}{|x_1-x_0|}}{\ln L}$$

若上式右端记为 K，则当 $k=[K]+1$ 时，必有 $|x_k-x^*|<\varepsilon$. 其中 $[K]$ 表示取 K 的整数部分.

2.3 习题选解

2.1 试证明方程 $1-x-\sin x=0$ 在区间 $[0,1]$ 内有且仅有一个根；若采用对分区间法求误差的绝对值不大于 10^{-4} 的根，问要迭代计算多少次？

解 令 $f(x)=1-x-\sin x$，则

$$f(0)=1>0,\ f(1)=-\sin 1<0$$

又 $f'(x)=-1-\cos x<0$，$\forall x\in[0,1]$，即 $f(x)$ 在 $[0,1]$ 上递减，因此 $f(x)=0$ 在 $[0,1]$ 上有且仅有一根．设用二分法迭代计算 k 次中点 x_k，则有

$$|x_k-x^*|\leqslant\frac{1-0}{2^{k+1}}=\frac{1}{2^{k+1}}$$

依题意应有 $\frac{1}{2^{k+1}}\leqslant 10^{-4}$，即 $2^{k+1}\geqslant 10^4$，$k\geqslant\frac{4\ln 10}{\ln 2}-1\approx 12.2877$，所以需要迭代计算 13 次．

2.2 用对分区间法求方程 $f(x)=\sin x-x^2/2=0$ 在区间 $[1,2]$ 内根的近似值，并指出其误差(要求精确到 10^{-3})．

解 这里 $a=1,b=2$，$f(a)=0.3415>0$，$f(b)=-1.0907<0$．取 $[1,2]$ 中间点 $x_0=1.5$，将区间二等分．由于 $f(1.5)=-0.1275<0$，即 $f(1.5)$ 与 $f(1)$ 异号，故在 $[1,1.5]$ 有方程的一个实根，令 $[a_1,b_1]=[1,1.5]$，继续计算可得如下计算结果：

k	0	1	2	3	4	5	6	7	8	9
x_k	1.50000	1.25000	1.37500	1.43750	1.40625	1.39063	1.39844	1.40234	1.40430	1.40527

其误差为 $\frac{b-a}{2^{10}}=9.7656\times 10^{-4}$．

2.3 证明方程 $x^3+x-4=0$ 在 $[1,3]$ 内有一个根；若采用对分区间法求误差的绝对值不大于 10^{-3} 的近似根，则至少应迭代计算多少次？

参考答案

10 次.

2.4 已知方程 $f(x)=x+2-e^x=0$ 在区间 $[-1.9,-1]$ 和 $[0,2]$ 内各有一个根，方程可变为两种等价形式 $x=\varphi_1(x)=e^x-2$ 和 $x=\varphi_2(x)=\ln(x+2)$．请用不动点定理证明：

(1) 对任意的初值 $x_0\in[-1.9,-1]$，迭代公式 $x_{k+1}=e^{x_k}-2$ 收敛；

(2) 对任意的初值 $x_0\in[0,2]$，迭代公式 $x_{k+1}=\ln(x+2)$ 收敛.

参考答案

证(略)

2.5 取初值 $x_0=1$，用迭代公式

$$x_{k+1}=\frac{20}{x_k^2+2x_k+10}\qquad(k=0,1,2\cdots)$$

求方程 $x^3+2x^2+10x-20=0$ 的根，要求精度到小数点后第 3 位．

参考答案

$x^* \approx x_9 \approx 1.369$.

2.6 已知方程 $x^3 - x^2 - 0.8 = 0$ 在 $x_0 = 1.5$ 附近有一个根，将方程改写为下列等价形式并构造相应的迭代公式：

(1) $x = \sqrt{x^3 - 0.8}$, $x_{k+1}\sqrt{x_k^3 - 0.8}$ $(k = 0,1,\cdots)$;

(2) $x = (x^2 + 0.8)^{1/3}$, $x_{k+1} = (x_k^2 + 0.8)^{1/3}$ $(k = 0,1,\cdots)$.

试判断两个迭代公式是否收敛，并选收敛较快的迭代公式，求出具有 4 位有效数字的根的近似值.

解 (1) 迭代函数 $\varphi(x) = \sqrt{x^3 - 0.8}$, $\varphi'(x) = \dfrac{3x^2}{2\sqrt{x^3 - 0.8}}$，而

$$|\varphi'(1.5)| = \frac{3 \times 1.5^2}{2\sqrt{1.5^3 - 0.8}} \approx 2.103 > 1$$

故迭代公式(1)不收敛.

(2) 迭代函数 $\varphi(x) = \sqrt[3]{x^2 + 0.8}$, $\varphi'(x) = \dfrac{2x}{3(x^2 + 0.8)^{2/3}}$，由

$$|\varphi'(1.5)| = \frac{2 \times 1.5}{3(1.5^2 + 0.8)^{2/3}} \approx 0.4755 < 1$$

可知迭代公式(2)局部收敛. 取 $x_0 = 1.5$，计算可得

k	x_k	k	x_k
1	1.4502	5	1.4075
2	1.4266	6	1.4063
3	1.4153	7	1.4057
4	1.4100	8	1.4054

所以，$x^* \approx x_8 \approx 1.4054$.

2.7 用 Newton 迭代法求解方程 $f(x) = x - \cos x = 0$ 在 $x_0 = 1$ 附近的实根，要求满足精度 $|x_{k+1} - x_k| < 10^{-3}$.

参考答案

$x^* \approx 0.739$.

2.8 用 Newton 迭代法求解方程 $x^3 - 3x - 1 = 0$ 在 $x_0 = 2$ 附近的根，精确到小数点后第 4 位.

参考答案

$x^* \approx 1.8794$.

2.9 公元 1225 年，Leonardo 宣布他求得方程

$$x^3 + 2x^2 + 10x - 20 = 0$$

的一个根 $x^* \approx 1.368808107$. 当时颇为轰动，但无人知道他是用什么方法得到的. 现在，请你用 Newton 迭代法求该解.

解 令$f(x)=x^3+2x^2+10x-20$，则$f'(x)=3x^2+4x+10$. Newton 迭代公式为

$$x_{k+1}=x_k-\frac{x_k^3+2x_k^2+10x_k-20}{3x_k^2+4x_k+10}=\frac{2x_k^3+2x_k^2+20}{3x_k^2+4x_k+10}$$

取$x_0=1$，精确到 10 位有效数字，计算可得

k	1	2	3	4	5
x_k	1.4117647059	1.3693364706	1.3688081886	1.3688081078	1.3688081078

所以方程的近似解$x^*\approx x_5\approx 1.3688081078$.

2.10 求解方程$f(x)=x-1.6-0.96\cos x=0$的根，尽量使用收敛速度快的方法.

解 易知

$$f\left(\frac{\pi}{2}\right)=\frac{\pi}{2}-1.6<0,\ f(\pi)=\pi-1.6-0.96>0$$

又$f'(x)=1+0.96\sin x>0$，可知$f(x)$单调增，因此有唯一根. 原方程改写为等价方程$x=1.6+0.9\cos x$，用 Aitken - Steffensen 加速迭代方案计算，有

$$\begin{cases}y_k=1.6+0.96\cos x_k\\ z_k=1.6+0.96\cos y_k\\ x_{k+1}=x_k-\dfrac{(y_k-x_k)^2}{z_k-2y_k+x_k} & k=0,1,\cdots\end{cases}$$

计算结果如下：

k	0	1	2	3
x_k	1.6	1.585697	1.585696	1.585696

2.11 求方程$f(x)=e^x-3x^2=0$在$[3,4]$中的解，要求误差的绝对值不超过10^{-4}.

(1) 选用简单迭代公式

$$x_{k+1}=\ln(3x_k^2)\qquad (k=0,1,\cdots)$$

即$\varphi(x)=\ln(3x^2)$，证明此迭代公式收敛，并以$x_0=3.5$，迭代计算出满足误差要求的近似值.

(2) 改用 Aitken - Steffensen 加速法，同样以$x_0=3.5$，迭代计算满足误差要求的近似值，并比较(1)和(2)两种迭代法的迭代次数.

解 (1) 迭代函数为$\varphi(x)=\ln(3x^2)$，则当$x\in[3,4]$时满足

$$3<3\ln 3=\varphi(3)<\varphi(x)\leqslant\varphi(4)=\ln 48\approx 3.87<4$$

$$|\varphi'(x)|=\frac{2}{x}\leqslant\frac{2}{3}<1$$

由不动点定理，对任意$x_0\in[3,4]$，迭代公式

$$x_{k+1}=\ln(3x_k^2)\qquad k=0,1,\cdots$$

收敛于方程的根. 取$x_0=3.5$，精度10^{-4}，迭代计算可得

k	x_k	k	x_k
1	3.604148	8	3.73138
2	3.66278	9	3.73717
3	3.69506	10	3.73259
4	3.71260	11	3.73282
5	3.72208	12	3.73294
6	3.72718	13	3.73300
7	3.72991	14	3.73304

因此 $x^* \approx x_{14} \approx 3.7330$.

（2）按 Aitken – Steffensen 加速法

$$\begin{cases} y_k = \ln(3x_k^2) \\ z_k = \ln(3y_k^2) \\ x_{k+1} = x_k - \dfrac{(y_k - x_k)^2}{z_k - 2y_k + x_k} \end{cases}$$

迭代结果如下：

k	x_k	y_k	z_k
0	3.5	3.60414	3.66278
1	3.73835	3.73590	3.73459
2	3.73308	3.73308	3.73308
3	3.73308		

因此 $x^* \approx x_3 \approx [3.7331]$. 迭代(1)与(2)的次数分别为 14 和 3.

显然 Aitken – Steffensen 迭代法收敛速度较快 .

2.12　用正割法求方程 $f(x) = x^3 - 3x - 1 = 0$ 在 $x_0 = 2$ 附近的实根，要求精确到 10^{-4}.

参考答案

$x^* \approx 1.8794$.

2.13　考察求解方程 $12 - 3x + 2\cos x = 0$ 的迭代公式

$$x_{k+1} = 4 + \frac{2}{3}\cos x_k$$

（1）证明：它对于任意的初值均收敛；

（2）它具有线性收敛性；

（3）取 $x_0 = 0.4$，求误差的绝对值不超过 10^{-3} 的近似根 .

解　（1）由中值定理，知

$$|x_{k+1} - x_k| = \frac{2}{3}|\cos x_k - \cos x_{k-1}| = \frac{2}{3}|\sin\xi_k \cdot (x_k - x_{k-1})| \leqslant \frac{2}{3}|x_k - x_{k-1}|$$

其中 ξ_k 介于 x_k 和 x_{k+1} 之间 . 因此对任意初始值 x_0，有

$$|x_{k+1}-x_k| \leqslant \frac{2^k}{3^k}|x_1-x_0| \to 0 \qquad (k\to\infty)$$

即迭代序列$\{x_k\}$收敛.

(2) 迭代函数$\varphi(x)=4+\frac{2}{3}\cos x$. 直接观察易知$x=i\pi(i=\cdots,-1,0,1,\cdots)$不是非线性方程的根,因此$\varphi'(x^*)=-\frac{2}{3}\sin x^*\neq 0$,迭代过程是线性收敛的.

(3) 取$x_0=0.4$,迭代结果如下:

k	1	2	3	4	5	6	7
x_k	4.614	3.935	3.532	3.384	3.353	3.348	3.348

*2.14 设$f(x)=0$在区间$[a,b]$上有一个根x^*,并且$0<m\leqslant f'(x)\leqslant M$,证明:对于任意$x_0\in[a,b]$,迭代法

$$x_{k+1}=x_k-\lambda f(x_k) \qquad (k=0,1,2,\cdots)$$

当$0<\lambda<\frac{2}{M}$时都收敛,并求出最好的λ.

证 迭代算法相应的迭代函数$\varphi(x)=x-\lambda f(x)$. 根据局部收敛定理(定理2-2),要使得迭代法收敛,只需

$$|\varphi'(x)|=|1-\lambda f'(x)|<1$$

即$0<\frac{\lambda f'(x)}{2}<1$. 显然当$0<\lambda<\frac{2}{M}$时不等式成立,因此迭代收敛.

为使收敛尽可能快,可令$|\varphi'(x)|=0$,即$\lambda=\frac{1}{f'(x)}$,则可得2阶收敛性的迭代公式:

$$x_{k+1}=x_k-\frac{f(x_k)}{f'(x_k)} \qquad (k=0,1,\cdots)$$

这正是Newton迭代公式.

2.4 综合练习

1. 设$f(x)=(x+2)(x+1)^2x(x-1)^3(x-2)$. 当应用到下面的区间时,对分区间法收敛到$f(x)$的哪个零点?

A. $[-1.5,2.5]$

B. $[-0.5,2.4]$

C. $[-0.5,3]$

D. $[-3,-0.5]$

2. 求方程$x=\cos(x)$根的Newton迭代格式是__________.

3. 求$x^3-x^2-1=0$在$[1.3,1.6]$内的根时,迭代法$x_{n+1}=\sqrt[3]{1+x_n^2}$和$x_{n+1}=1+\frac{1}{x_n^2}$,______(前者或后者)收敛较快.

4. 对于$f(x)=\sqrt{x}-\cos(x)$在区间$[0,1]$上利用对分区间法计算精确到10^{-3}的解.

5. 对于 $x^3-x-1=0$ 在区间[1,2]上,使用简单迭代法来确定精确到 10^{-3} 的解. 取 $x_0=1$.

6. 用简单迭代法求 Kepler 方程 $x=0.5\sin x+1$ 的近似根,精确到 10^{-5}.

7. 用简单迭代法求方程 $x^2+10x-18=0$ 在(1,2)内的根,取初始值 $x_0=1.5$,要求

(1) 任意构造迭代格式,并验证所得格式是收敛的;

(2) 用 Aitken - Steffensen 迭代过程加速一次,以求得更精确的近似值;

(3) 计算过程和结果保留 4 位有效数字.

8. 证明 $\varphi(x)=2^{-x}$ 在 $\left[\frac{1}{3},1\right]$ 上有唯一的不动点. 并使用简单迭代法求解,要求准确到 10^{-4}.

9. 设 $a>1$

$$I=\cfrac{a}{a+\cfrac{a}{a+\cfrac{a}{a+\cdots}}}$$

(1) 构造计算 I 的迭代公式:

(2) 讨论迭代过程的收敛性;

(3) 求 I 的精确值.

10. 已知 $x=\varphi(x)$ 的 $\varphi'(x)$ 满足 $|\varphi'(x)-3|<1$,试问:如何利用 $\varphi(x)$ 构造一个收敛的简单迭代函数?

2.5 实验指导

1. 用对分区间法求 $f(x)=0$ 在区间 $[a,b]$ 上的根,取 $f(x)=(x+1)^2-\sin x-3$.

C 语言程序清单:

```
#include "stdio.h"
#include "math.h"
float f(float x)
{    return (x+1)*(x+1)-sin(x)-3;  }

float Bisection(float a, float b, float epsilon, int N)
//* * * * * * * * * * * * * * * * * * * * * * * * * * * * * * * * *
// 程序名:Bisection
// 程序功能:实现使用二分法求解非线性方程
// 输入:    初始区间[a,b],误差精度 tepsilon 和最大迭代次数 N
// 输出:    方程的近似解
//* * * * * * * * * * * * * * * * * * * * * * * * * * * * * * * * *
{  int n=1;
   float p,fa,fp;
   printf("\n  k     a(k)          b(k)          ");
   printf("\n %2d    %f    %f",0,a,b);
   fa=f(a);
```

```
    if(fa * f(b) >0) {printf("无法求解 ."); exit(0);}
    while(n <N)
    {       p =(a +b)/2;       fp =f(p);
            printf("\n %2d    %f    %f    %f",n,a,b,p);
            if(fp = =0 || fabs(b -a) <epsilon)
            return p;
            n + +;
            if(fa * fp >0)
            {    a =p;     fa =fp;}
            else
                b =p;
    }
    printf("\n \n"%d 次迭代后未达到精度要求 . \n",N);
    exit(0);
}
void main()
{
     int N;
     float a,b,abtol;
     printf("\na =");            scanf("%f",&a);
     printf("\nb =");            scanf("%f",&b);
     printf("\nabtol =");        scanf("%f",&abtol);
     printf("\nN =");            scanf("%d",&N);
     printf("\n 结果:%f \n",Bisection(a,b,abtol,N));
}
```

Matlab 程序清单:

```
%  * * * * * * fun.m
function [y] = fun(x)
y =(x +1)^2 -sin(x) -3;

%  * * * * * * Bisection.m
function [y] =Bisection(a,b,abtol,N)
n =1; fa =fun(a);
if ya * fun(b) >0
   disp('无法求解.'),return
end
fprintf('\n    k        a(k)        b(k)          p');
fprintf('\n %2d      %f        %f',0,a,b);
while  n <N
   p =(a +b)/2;      fp =fun(p);
   fprintf('\n %2d      %f      %f      %f',n,a,b,p);
   if ((fp = =0) |(abs(b -a) <abtol))
```

```
        y = p;     return;
    end
    n = n + 1;
    if fa * fp > 0
        a = p;   fa = fp;
    else
        b = p;
    end
end
fprintf(' \n \n%d 次迭代后未达到精度要求 . \n',N);return

% * * * * * *   test.m
a = input('a = ');            b = input('b = ');
abtol = input('abtol = ');   N = input('N = ');
fprintf(' \n 结果: %f',Bisection(a,b,abtol,N));
```

运行结果：

```
a = 0
b = 1
abtol = 0.01
N = 100
        k          a(k)       b(k)        p
        0      0.000000   1.000000
        1      0.000000   1.000000   0.500000
        2      0.500000   1.000000   0.750000
        3      0.750000   1.000000   0.875000
        4      0.875000   1.000000   0.937500
        5      0.937500   1.000000   0.968750
        6      0.937500   0.968750   0.953125
        7      0.953125   0.968750   0.960938
        8      0.953125   0.960938   0.957031
结果: 0.957031
```

2. 用简单迭代法求解非线性方程 $(x+1)^2-\sin x-3=0$ 的根．取迭代函数 $\varphi(x)=0.5*(3+\sin x-1-x^2)$，精度取 1×10^{-2}.

C 语言程序清单：

```
#include "stdio.h"
#include "math.h"
//* * * * * * * * * * * * * * * * * * * * * * * * * * * * * * * * * * * * * * * * *
//  程序数名:Iteration
```

```
//  程序功能:实现使用简单迭代法求解非线性方程
//* * * * * * * * * * * * * * * * * * * * * * * * * * * * * * * * * * * * * * * * *
#define phi(x) 0.5*(3+sin((x))-1-(x)*(x))      //迭代函数
void main()
{ int n=1,N;
  float x,x0,del;
  printf("x0 =");          scanf("%f",&x0);
  printf("\ndel=:");       scanf("%f",&del);
  printf("\nN=");          scanf("%d",&N);
  printf("\n k      x(k) ");
  printf("\n %2d     %f ",0,x0);
  while(n<N)
  {   x=phi(x0);
      printf("\n %2d     %f",n,x);
      if(fabs(x-x0)<del)
      {  printf("\n\n 近似解 = %f\n",x);
         return ;
      }
      n=n+1;     x0=x;
  }
  printf("\n\n%d 次迭代后未达到精度要求.\n",N);
}
```

Matlab 程序清单:

```
phi=inline('0.5*(3+sin(x)-1-x^2)');      % 迭代函数
x0=input('x0=');   del=input('del=');
N=input('N=');     n=1;
fprintf('\n k        x(k)   ');
fprintf('\n %2d       %f   ',0,x0);
while n<N
    x=phi(x0);
    fprintf('\n %2d      %f   ',n,x);
    if abs(x-x0)<del
        fprintf('\n\n 近似解 = %f\n',x);
        return ;
    end
    n=n+1;     x0=x;
end
fprintf('\n\n%d 次迭代后未达到精度要求.\n',N);
```

运行结果:

```
x0 = 1
del = 0.01
N =100
k      x(k)
0  1.000000
1  0.920735
2  0.974147
3  0.939131
4  0.962539
5  0.947082
6  0.957375
7  0.950558
近似解 = 0.950558
```

3. 用 Newton 迭代法求解非线性方程 $xe^x-1=0$ 的根,精度取 1×10^{-5}.

C 语言程序清单:

```
#include "stdio.h"
#include "math.h"
//*****************************************
/*  程序名:NewtonIteration
/*  程序功能:实现使用 Newton 迭代法求解非线性方程
//*****************************************
#define f(x) (x)*exp((x))-1              //f(x)
#define df(x) exp((x))*(1+(x))               //f'(x)
void main()
{   int n=1,N;
    float x0,x1,F0,dF0,F1,dF1,del;
    printf("x0 =");            scanf("%f",&x0);
    printf("\ndel =:");        scanf("%f",&del);
    printf("\nN =");           scanf("%d",&N);
    printf("\n    k          x(k)");
    printf("\n %2d     %f   ",0,x0);
    F0 = f(x0);                dF0 = df(x0);
    while(n<N)
    {
        if(dF0 ==0)
        {     printf("导数为0,迭代无法继续进行.");
```

```
            return ;
        }
        x1 = x0 - F0 /dF0;
        F1 = f(x1);          dF1 = df(x1);
        printf("\n %2d    %f   ",n,x1);
        if((fabs(x1 - x0) < del) || fabs(F1) < del)
        {   printf("\n \n 结果:%f \n",x1);
            return ;
        }
        n = n + 1;      x0 = x1;
        F0 = F1;     dF0 = dF1;
    }
    printf("\n \n%d 次迭代后未达到精度要求. \n",N);
}
```

Matlab 程序清单:

```
f = inline('(x) * exp((x)) -1');            %f(x)
df = inline('exp(x) * (1 + x)') ;           %f'(x)
n = 1;
x0 = input('x0  = ');
del = input('del = ');
N = input('N = ');
fprintf(' \n k     x(k)');
fprintf(' \n %2d       %f   ',0,x0);
F0 = f(x0);               dF0 = df(x0);
while n < N
    if dF0 = = 0
        fprintf('导数为 0,迭代无法继续进行 .');
        return ;
    end
    x1 = x0 - F0 /dF0;
    F1 = f(x1);       dF1 = df(x1);
    fprintf(' \n %2d  %f   ',n,x1);
    if ((abs(x1 - x0) < del)  | abs(F1) < del)
        fprintf(' \n \n 结果: %f \n',x1);
        return ;
    end
    n = n + 1;      x0 = x1;
    F0 = F1;     dF0 = dF1;
end
fprintf(' \n \n%d 次迭代后未达到精度要求. \n',N);
```

运行结果：

```
x0 = 1
del = 0.00001
N = 100
k       x(k)
0   1.000000
1   0.683940
2   0.577454
3   0.567230
4   0.567143
近似解 = 0.567143
```

第3章　线性方程组的直接法

3.1　内容提要

求解线性方程组

$$\begin{cases} a_{11}x_1 + a_{12}x_2 + \cdots + a_{1n}x_n = b_1 \\ a_{21}x_1 + a_{22}x_2 + \cdots + a_{2n}x_n = b_2 \\ \qquad\qquad\vdots \\ a_{n1}x_1 + a_{n2}x_2 + \cdots + a_{nn}x_n = b_n \end{cases}$$

或写为矩阵形式

$$\boldsymbol{Ax} = \boldsymbol{b}$$

其中

$$\boldsymbol{A} = \begin{pmatrix} a_{11} & a_{12} & \cdots & a_{1n} \\ a_{21} & a_{22} & \cdots & a_{2n} \\ \vdots & \vdots & \ddots & \vdots \\ a_{n1} & a_{n2} & \cdots & a_{nn} \end{pmatrix},\quad \boldsymbol{x} = \begin{pmatrix} x_1 \\ x_2 \\ \vdots \\ x_n \end{pmatrix},\quad \boldsymbol{b} = \begin{pmatrix} b_1 \\ b_2 \\ \vdots \\ b_n \end{pmatrix}$$

线性方程组的数值解法一般有两类：直接法与迭代法．直接法的基本思想是通过等价变换将线性方程组化为结构简单且易于求解的形式．这类方法虽然效率很高，但往往只适用于中低阶或高阶带状的线性方程组．

1. Gauss 消去法与 Gauss 列主元消去法

Gauss 消去法是通过消元的方法，把方程组的系数矩阵约化为上三角矩阵，从而将原方程组等价变形为容易求解的三角方程组，然后进行回代求解的过程．算法过程如下：

第一步：若 $a_{11} \neq 0$，则将第一行的 $m_{i1} = -\dfrac{a_{i1}}{a_{11}}$倍加到第 $i(i=2,\cdots,n)$行，得

$$\boldsymbol{A}^{(1)}\boldsymbol{x} = \boldsymbol{b}^{(1)},\quad \boldsymbol{A}^{(1)} = \begin{pmatrix} a_{11} & a_{12} & a_{13} & \cdots & a_{1n} \\ & a_{22}^{(1)} & a_{23}^{(1)} & \cdots & a_{2n}^{(1)} \\ & a_{32}^{(1)} & a_{33}^{(1)} & \cdots & a_{3n}^{(1)} \\ & \vdots & \vdots & \ddots & \vdots \\ & a_{n2}^{(1)} & a_{n3}^{(1)} & \cdots & a_{nn}^{(1)} \end{pmatrix},\ \boldsymbol{b}^{(1)} = \begin{pmatrix} b_1 \\ b_2^{(1)} \\ b_3^{(1)} \\ \vdots \\ b_n^{(1)} \end{pmatrix}$$

第 k 步：设经过$(k-1)$步后得到的等价方程组为 $\boldsymbol{A}^{(k-1)}\boldsymbol{x} = \boldsymbol{b}^{(k-1)}$，其中

$$
\boldsymbol{A}^{(k-1)}=\begin{pmatrix} a_{11} & a_{12} & \cdots & a_{1k} & \cdots & a_{1n} \\ & a_{22}^{(1)} & & a_{2k}^{(1)} & \cdots & a_{2n}^{(1)} \\ & & \ddots & \vdots & \ddots & \vdots \\ & & & a_{kk}^{(k-1)} & \cdots & a_{kn}^{(k-1)} \\ & & & \vdots & \ddots & \vdots \\ & & & a_{nk}^{(k-1)} & \cdots & a_{nn}^{(k-1)} \end{pmatrix}, \quad \boldsymbol{b}^{(k-1)}=\begin{pmatrix} b_1 \\ b_2^{(1)} \\ \vdots \\ b_k^{(k-1)} \\ \vdots \\ b_n^{(k-1)} \end{pmatrix}
$$

若 $a_{kk}^{(k-1)}\neq 0$,则将第 k 行的 $m_{ik}=-\dfrac{a_{ik}^{(k-1)}}{a_{kk}^{(k-1)}}$倍加到第 $i(i=k+1,\cdots,n)$行,得

$$
\boldsymbol{A}^{(k)}\boldsymbol{x}=\boldsymbol{b}^{(k)},\quad \boldsymbol{A}^{(k)}=\begin{pmatrix} a_{11} & \cdots & a_{1k} & a_{1,k+1} & \cdots & a_{1n} \\ & \ddots & \vdots & \vdots & \ddots & \vdots \\ & & a_{kk}^{(k-1)} & a_{k,k+1}^{(k-1)} & \cdots & a_{kn}^{(k-1)} \\ & & & a_{k+1,k+1}^{(k)} & \cdots & a_{k+1,n}^{(k)} \\ & & & \vdots & \ddots & \vdots \\ & & & a_{n,k+1}^{(k)} & \cdots & a_{n,n}^{(k)} \end{pmatrix}, \quad \boldsymbol{b}^{(1)}=\begin{pmatrix} b_1 \\ \vdots \\ b_k^{(k-1)} \\ b_{k+1}^{(k)} \\ \vdots \\ b_n^{(k)} \end{pmatrix}
$$

按照上述方法,经过$(n-1)$步后就可以得到原线性方程组等价的上三角方程组:

$$
\boldsymbol{A}^{(n-1)}\boldsymbol{x}=\boldsymbol{b}^{(n-1)},\ \boldsymbol{A}^{(n-1)}=\begin{pmatrix} a_{11} & a_{12} & \cdots & a_{1n} \\ & a_{22}^{(1)} & \cdots & a_{2n}^{(1)} \\ & & \ddots & \vdots \\ & & & a_{nn}^{(n-1)} \end{pmatrix}, \quad \boldsymbol{b}^{(n-1)}=\begin{pmatrix} b_1 \\ b_2^{(1)} \\ \vdots \\ b_n^{(n-1)} \end{pmatrix}
$$

最后,由以下回代过程按照未知量从后向前的顺序就可以求得原线性方程组的解

$$
\begin{cases} x_n = b_n^{(n-1)}/a_{nn}^{(n-1)} \\ x_i = \left(b_i^{(i-1)} - \sum\limits_{j=i+1}^{n} a_{ij}^{(i-1)} x_j\right)/a_{ii}^{(i-1)} \end{cases} \qquad (i=n-1,n-2,\cdots,1)
$$

其中 $b_1^{(0)}=b_1, a_{1i}^{(0)}=a_{1i}(i=1,2,\cdots,n)$.

以上过程中 $a_{kk}^{(k-1)}(k=1,2,\cdots,n)$通常称为主元素或约化主元素.

定理 3-1 主元素 $a_{kk}^{(k-1)}\neq 0(k=1,2,\cdots,n)$的充要条件是矩阵 $\boldsymbol{A}$ 的顺序主子式 $D_i\neq 0$ $(i=1,2,\cdots,n)$, 即

$$
D_1 = a_{11}\neq 0
$$

$$
D_i=\begin{vmatrix} a_{11} & \cdots & a_{1i} \\ \vdots & \ddots & \vdots \\ a_{i1} & \cdots & a_{ii} \end{vmatrix}\neq 0, \quad i=2,3,\cdots,n
$$

推论 如果矩阵 $\boldsymbol{A}$ 的顺序主子式 $D_i\neq 0(i=1,2,\cdots,n-1)$,则

$$
\begin{cases} a_{11}^{(0)} = D_1 \\ a_{ii}^{(i-1)} = \dfrac{D_i}{D_{i-1}}, \quad i=2,3,\cdots,n \end{cases}
$$

为了有效控制误差的传播，避免很小的数作为除数，可以应用列主元消去法求解线性方程组．列主元消去法要求在每一步消元前都要进行约化主元素的选取．具体算法如下：经过$(k-1)$步消元后得到等价方程组$\boldsymbol{A}^{(k-1)}\boldsymbol{x}=\boldsymbol{b}^{(k-1)}$，记$|a_{lk}|=\max\limits_{k\leqslant i\leqslant n}|a_{ik}|$，若$l=k$，则直接选取$a_{kk}^{(k-1)}$作为约化主元素进行消元；若$l\neq k$，则首先进行换行，即方程组$\boldsymbol{A}^{(k-1)}\boldsymbol{x}=\boldsymbol{b}^{(k-1)}$的第$k$行和第$l$行互换，然后再进行消元．

Gauss－Jordan 消去法在消元过程中不仅要消去对角线下方的元素，而且还要消去对角线上方的元素，最终可以得到一个与原系数矩阵等价的对角阵．因此，Gauss－Jordan 消去法不仅可以用来求解线性方程组，而且还能用来求逆矩阵．

2. LU 分解法

定义 3－1 若n阶矩阵$\boldsymbol{A}$可分解为一个下三角矩阵$\boldsymbol{L}$和一个上三角矩阵$\boldsymbol{U}$的乘积，即

$$\boldsymbol{A}=\boldsymbol{LU}$$

则称这种分解为方阵A的一种LU**分解**，通常也称为方阵$\boldsymbol{A}$的**三解分解法**. 若$\boldsymbol{L}$为单位下三角矩阵，则称这种分解为方阵$\boldsymbol{A}$的 Doolittle 分解；若$\boldsymbol{U}$为单位上三角矩阵，则称这种分解为方阵A的 Crout 分解.

定理 3－2（矩阵的 LU 分解定理） 设$\boldsymbol{A}$为n阶矩阵，如果$\boldsymbol{A}$的顺序主子式$D_k\neq0(k=1,2,\cdots,n-1)$，则$\boldsymbol{A}$可分解为一个单位下三角矩阵$\boldsymbol{L}$和一个上三角矩阵$\boldsymbol{U}$的乘积，且这种分解是唯一的.

1）Doolittle 分解法

将矩阵$\boldsymbol{A}$分解为一个单位下三角矩阵$\boldsymbol{L}$和一个三角矩阵$\boldsymbol{U}$的乘积

$$\boldsymbol{A}=\boldsymbol{LU}=\begin{pmatrix}1&&&\\l_{21}&1&&\\\vdots&\vdots&\ddots&\\l_{n1}&l_{n2}&\cdots&1\end{pmatrix}\begin{pmatrix}u_{11}&u_{12}&\cdots&u_{1n}\\&u_{22}&\cdots&u_{2n}\\&&\ddots&\vdots\\&&&u_{nn}\end{pmatrix}$$

这样的分解就称为矩阵的 Doolittle 分解．通过分析比较，得

（1）$u_{1j}=a_{1j}(j=1,2,\cdots,n)$，$l_{i1}=a_{i1}/u_{11}(i=2,\cdots,n)$；

（2）对于$k=2,3,\cdots,n-1$，有

$$u_{kj}=a_{kj}-\sum_{r=1}^{k-1}l_{kr}u_{rj}\qquad(j=k,k+1,\cdots,n)$$

$$l_{ik}=(a_{ik}-\sum_{s=1}^{k-1}l_{is}u_{sk})/u_{kk}\qquad(i=k+1,k+2,\cdots,n)$$

（3）$u_{nn}=a_{nn}-\sum\limits_{r=1}^{n-1}l_{nr}u_{rn}$.

2）Crout 分解法

如果$\boldsymbol{A}=\tilde{\boldsymbol{L}}\tilde{\boldsymbol{U}}$，其中$\tilde{\boldsymbol{L}}$是下三角矩阵，$\tilde{\boldsymbol{U}}$是单位上三角矩阵，那么这种分解方式通常称为矩阵的 Crout 分解．

效仿 Doolittle 分解，得如下计算公式：

（1）$\tilde{l}_{i1}=a_{i1}(i=1,2,\cdots,n)$，$\tilde{u}_{1j}=a_{1j}/\tilde{l}_{11}(j=2,3,\cdots,n)$；

（2）对于$k=2,3,\cdots,n-1$，有

$$\tilde{l}_{ik}=a_{ik}-\sum_{r=1}^{k-1}\tilde{l}_{ir}\tilde{u}_{rk}\qquad(i=k,k+1,\cdots,n)$$

$$\tilde{u}_{kj} = (a_{kj} - \sum_{s=1}^{k-1} \tilde{l}_{ks}\tilde{u}_{sj})/\tilde{l}_{kk} \qquad (j = k+1, k+2, \cdots, n)$$

(3) $\tilde{l}_{nn} = a_{nn} - \sum_{r=1}^{n-1} \tilde{l}_{nr}\tilde{u}_{rn}$.

3) Cholesky 分解法

Cholesky 分解法也称为平方根法，是针对系数矩阵为对称正定矩阵的方程组求解的一种方法.

定义 3-2 若矩阵 $\boldsymbol{A} \in \mathbf{R}^{n\times n}$满足：

(1) $\boldsymbol{A}^{\mathrm{T}} = \boldsymbol{A}$;

(2) 对于任意非零向量 $\boldsymbol{x} \in \mathbf{R}^n$，恒有 $\boldsymbol{x}^{\mathrm{T}}\boldsymbol{A}\boldsymbol{x} > 0$,

则称 $\boldsymbol{A}$ 为对称正定矩阵.

若 $\boldsymbol{A}$ 为对称正定矩阵，则有 Cholesky 分解

$$\boldsymbol{A} = \hat{\boldsymbol{L}}\hat{\boldsymbol{L}}^{\mathrm{T}} = \begin{pmatrix} \hat{l}_{11} & & & \\ \hat{l}_{21} & \hat{l}_{22} & & \\ \vdots & \vdots & \ddots & \\ \hat{l}_{n1} & \hat{l}_{n2} & \cdots & \hat{l}_{nn} \end{pmatrix} \begin{pmatrix} \hat{l}_{11} & \hat{l}_{21} & \cdots & \hat{l}_{n1} \\ & \hat{l}_{22} & \cdots & \hat{l}_{n2} \\ & & \ddots & \vdots \\ & & & \hat{l}_{nn} \end{pmatrix}$$

其中

(1) $\hat{l}_{11} = \sqrt{a_{11}}$, $\hat{l}_{i1} = a_{i1}/\hat{l}_{11} \quad (i = 2, 3, \cdots, n)$;

(2) 对于 $k = 2, 3, \cdots, n-1$，有

$$\hat{l}_{kk} = \sqrt{a_{kk} - \sum_{r=1}^{k-1} \hat{l}_{kr}^2}$$

$$\hat{l}_{ik} = \left(a_{ik} - \sum_{r=1}^{k-1} \hat{l}_{ir}\hat{l}_{kr}\right)/\hat{l}_{kk} \qquad (i = k+1, k+2, \cdots, n)$$

(3) $\hat{l}_{nn} = \sqrt{a_{nn} - \sum_{r=1}^{n-1} \hat{l}_{nr}^2}$.

3. 改进的 Cholesky 分解法

在 Cholesky 分解法计算过程中，在计算下三角阵$\hat{\boldsymbol{L}}$对角线上的元素$\hat{l}_{kk}$时，需要进行开方运算. 为避免此运算，对矩阵 $\boldsymbol{A}$ 可以采用如下形式的分解

$$\boldsymbol{A} = \begin{pmatrix} l & & & \\ l_{21} & 1 & & \\ \vdots & \vdots & \ddots & \vdots \\ l_{n1} & l_{n2} & \cdots & 1 \end{pmatrix} \begin{pmatrix} d_1 & & & \\ & d_2 & & \\ & & \ddots & \\ & & & d_n \end{pmatrix} \begin{pmatrix} 1 & l_{21} & \cdots & l_{n1} \\ & 1 & \cdots & l_{n2} \\ & & \ddots & \vdots \\ & & & 1 \end{pmatrix}$$

直接计算可得分解公式

(1) $d_1 = a_{11}$

$l_{i1} = a_{i1}/d_1, \quad i = 2, 3, \cdots, n$

(2) 对 $k = 2, 3, \cdots, n$

$$d_k = a_{kk} - \sum_{r=1}^{k-1} d_r l_{kr}^2 \quad i = 2,3,\cdots,n$$

$$l_{ik} = \left(a_{ik} - \sum_{r=1}^{k-1} d_r l_{ir} l_{kr}\right) \Big/ d_k, \quad i = k+1,\cdots,n$$

运用这种矩阵分解方法,求解方程组 $\boldsymbol{Ax}=\boldsymbol{b}$ 可归结为求解两个三角方程组

$$\boldsymbol{Ly} = \boldsymbol{b}$$

和

$$\boldsymbol{L}^{\mathrm{T}}\boldsymbol{x} = \boldsymbol{D}^{-1}\boldsymbol{y}$$

计算公式分别为

$$y_i = b_i - \sum_{r=1}^{i-1} l_{ir} y_r, i = 1,2,\cdots,n$$

和

$$x_i = y_i/d_i - \sum_{r=i+1}^{n} l_{ri} x_r, \quad i = n,n-1,\cdots,1$$

上述算法称为改进的平方根法,也称为改进的 Cholesky 分解法.

4. 追赶法

在科学与工程计算中常常会遇到求解三对角方程组:

$$\boldsymbol{Ax} = \boldsymbol{f}$$

其中

$$\boldsymbol{A} = \begin{pmatrix} b_1 & c_1 & & & \\ a_2 & b_2 & c_2 & & \\ & \ddots & \ddots & \ddots & \\ & & a_{n-1} & b_{n-1} & c_{n-1} \\ & & & a_n & b_n \end{pmatrix}, \boldsymbol{x} = \begin{pmatrix} x_1 \\ x_2 \\ \vdots \\ x_{n-1} \\ x_n \end{pmatrix}, \boldsymbol{f} = \begin{pmatrix} f_1 \\ f_2 \\ \vdots \\ f_{n-1} \\ f_n \end{pmatrix}$$

这里要求系数矩阵 $\boldsymbol{A}$ 满足

(1) $a_i \neq 0 (i=2,3,\cdots,n)$, $c_i \neq 0 \quad (i=1,2,\cdots,n-1)$;

(2) $|b_1| > |c_1|, |b_i| > |a_i| + |c_i| \quad (i=2,3,\cdots,n-1), |b_n| > |a_n|$.

条件(1)表明方程组 $\boldsymbol{Ax}=\boldsymbol{f}$ 不能降阶,若某个 a_i 或 c_i 为 0,则该方程组能够分解为两个低阶的方程组;条件(2)表明系数矩阵是一个对角占优的三对角阵,能够进行三角分解.

由 $\boldsymbol{LU}$ 分解法,三对角矩阵 $\boldsymbol{A}$ 可分解为

$$\begin{pmatrix} b_1 & c_1 & & & \\ a_2 & b_2 & c_2 & & \\ & \ddots & \ddots & \ddots & \\ & & a_{n-1} & b_{n-1} & c_{n-1} \\ & & & a_n & b_n \end{pmatrix} = \begin{pmatrix} s_1 & & & & \\ r_2 & s_2 & & & \\ & \ddots & \ddots & & \\ & & r_{n-1} & s_{n-1} & \\ & & & r_n & s_n \end{pmatrix} \begin{pmatrix} 1 & t_1 & & & \\ & 1 & t_2 & & \\ & & \ddots & \ddots & \\ & & & 1 & t_{n-1} \\ & & & & 1 \end{pmatrix}$$

其中

$$s_1 = b_1, \quad t_1 = c_1/s_1$$

$$r_k = a_k,\quad s_k = b_k - r_k t_{k-1},\quad t_k = c_k/s_k \qquad (k = 2,3,\cdots,n-1)$$

$$r_n = a_n,\quad s_n = b_n - r_n t_{n-1}$$

这样,求解三对角阵方程组 $\boldsymbol{Ax}=\boldsymbol{b}$ 就等价于求解两个三角形方程组:

$$\begin{cases}\boldsymbol{Ly}=\boldsymbol{f}\\ \boldsymbol{Ux}=\boldsymbol{y}\end{cases}$$

从而得到公式

(1) 计算 $\{s_k\}$ 和 $\{t_k\}$ 的公式:

$$t_1 = c_1/b_1$$

$$s_k = b_k - a_k t_{k-1},\quad t_k = c_k/s_k \qquad (k = 2,3,\cdots,n-1)$$

$$s_n = b_n - a_n t_{n-1}$$

(2) 求解 $\boldsymbol{Ly}=\boldsymbol{f}$:

$$y_1 = f_1/b_1$$

$$y_k = (f_k - a_k y_{k-1})/s_k \qquad (k = 2,3,\cdots,n)$$

(3) 求解 $\boldsymbol{Ux}=\boldsymbol{y}$:

$$x_n = y_n$$

$$x_k = y_k - t_k x_{k+1} \qquad (k = n-1,n-2,\cdots,1)$$

3.2 例题分析

例 3-1 用 Gauss 消去法求解方程组

$$\begin{cases}x_1 + x_2 + x_3 + x_4 = 5\\ x_1 + 2x_2 - x_3 + 4x_4 = -2\\ 2x_1 - 3x_2 - x_3 - 5x_4 = -2\\ 3x_1 + x_2 + 2x_3 + 11x_4 = 0\end{cases}$$

解 对增广矩阵进行消元,得

$$\begin{pmatrix}1 & 1 & 1 & 1 & 5\\ 1 & 2 & -1 & 4 & -2\\ 2 & -3 & -1 & -5 & -2\\ 3 & 1 & 2 & 11 & 0\end{pmatrix}\xrightarrow[r_4-3r_1]{r_2-r_1,r_3-2r_1}\begin{pmatrix}1 & 1 & 1 & 1 & 5\\ 0 & 1 & -2 & 3 & -7\\ 0 & -5 & -3 & -7 & -12\\ 0 & -2 & -1 & 8 & -15\end{pmatrix}$$

$$\xrightarrow[r_4+2r_2]{r_3+5r_2}\begin{pmatrix}1 & 1 & 1 & 1 & 5\\ 0 & 1 & -2 & 3 & -7\\ 0 & 0 & -13 & 8 & -47\\ 0 & 0 & -5 & 14 & -29\end{pmatrix}\xrightarrow{r_4-\frac{5}{13}r_3}\begin{pmatrix}1 & 1 & 1 & 1 & 5\\ 0 & 1 & -2 & 3 & -7\\ 0 & 0 & -13 & 8 & -47\\ 0 & 0 & 0 & \frac{142}{13} & -\frac{142}{13}\end{pmatrix}$$

故原方程组等价于

$$\begin{cases} x_1 + x_2 + x_3 + x_4 = 5 \\ x_2 - 2x_3 + 3x_4 = -7 \\ -13x_3 + 8x_4 = -47 \\ \dfrac{142}{13}x_4 = -\dfrac{142}{13} \end{cases}$$

回代求解得$(x_1, x_2, x_3, x_4)^T = (1,2,3,-1)^T$.

例 3-2 用 Gauss 列主元消元法求解线性方程组

$$\begin{cases} -3x_1 + 2x_2 + 6x_3 = 4 \\ 10x_1 - 7x_2 = 7 \\ 5x_1 - x_2 + 5x_3 = 6 \end{cases}$$

解 对增广矩阵进行列选主元后消元,得

$$\begin{pmatrix} -3 & 2 & 6 & 4 \\ 10 & -7 & 0 & 7 \\ 5 & -1 & 5 & 6 \end{pmatrix} \xrightarrow{r_1 \leftrightarrow r_2} \begin{pmatrix} 10 & -7 & 0 & 7 \\ -3 & 2 & 6 & 4 \\ 5 & -1 & 5 & 6 \end{pmatrix} \xrightarrow[r_3 - \frac{1}{2}r_1]{r_2 + \frac{3}{10}r_1} \begin{pmatrix} 10 & -7 & 0 & 7 \\ 0 & -\dfrac{1}{10} & 6 & \dfrac{61}{10} \\ 0 & \dfrac{5}{2} & 5 & \dfrac{5}{2} \end{pmatrix}$$

$$\xrightarrow{r_2 \leftrightarrow r_3} \begin{pmatrix} 10 & -7 & 0 & 7 \\ 0 & \dfrac{5}{2} & 5 & \dfrac{5}{2} \\ 0 & -\dfrac{1}{10} & 6 & \dfrac{61}{10} \end{pmatrix} \xrightarrow{r_3 + \frac{1}{25}r_2} \begin{pmatrix} 10 & -7 & 0 & 7 \\ 0 & \dfrac{5}{2} & 5 & \dfrac{5}{2} \\ 0 & 0 & \dfrac{31}{5} & \dfrac{31}{5} \end{pmatrix}$$

故原方程组等价于

$$\begin{cases} 10x_1 + 7x_2 = 7 \\ \dfrac{5}{2}x_2 + 5x_3 = \dfrac{5}{2} \\ \dfrac{31}{5}x_3 = \dfrac{31}{5} \end{cases}$$

回代求解得$(x_1, x_2, x_3)^T = (0, -1, 1)^T$.

例 3-3 对于线性方程组

$$\begin{cases} (2-a)x_1 + 2x_2 - 2x_3 = 1 \\ 2x_1 + (5-a)x_2 - 4x_3 = 2 \\ -2x_1 - 4x_2 + (5-a)x_3 = -a-1 \end{cases}$$

试确定 a 的取值,使得方程组有唯一解、无解或有无穷多个解.

解 对增广矩阵进行消元,得

$$\begin{pmatrix} 2-a & 2 & -2 & 1 \\ 2 & 5-a & -4 & 2 \\ -2 & -4 & 5-a & -a-1 \end{pmatrix} \xrightarrow{r_1 \leftrightarrow r_2} \begin{pmatrix} 2 & 5-a & -4 & 2 \\ 2-a & 2 & -2 & 1 \\ -2 & -4 & 5-a & -a-1 \end{pmatrix}$$

$$\xrightarrow[r_3+r_1]{r_2-\frac{2-a}{2}r_1}\begin{pmatrix}2 & 5-a & -4 & 2\\ 0 & -\dfrac{(a-1)(a-6)}{2} & 2-2a & a-1\\ 0 & 1-a & 1-a & 1-a\end{pmatrix}$$

$$\xrightarrow{r_2\leftrightarrow r_3}\begin{pmatrix}2 & 5-a & -4 & 2\\ 0 & 1-a & 1-a & 1-a\\ 0 & -\dfrac{(a-1)(a-6)}{2} & 2-2a & a-1\end{pmatrix}$$

$$\xrightarrow{r_3-\frac{a-6}{2}r_2}\begin{pmatrix}2 & 5-a & -4 & 2\\ 0 & 1-a & 1-a & 1-a\\ 0 & 0 & \dfrac{(a-1)(a-10)}{2} & \dfrac{(a-1)(a-4)}{2}\end{pmatrix}$$

故当 $a\neq1$ 且 $a\neq10$ 时有唯一解；当 $a=10$ 时无解；当 $a=1$ 时原方程有无穷多解.

例 3-4 用消元法求

$$A=\begin{pmatrix}1 & 2 & -1\\ 3 & 4 & -2\\ 5 & -4 & 1\end{pmatrix}$$

的逆矩阵.

解 对 (A,I) 实行消元法，得

$$(A\quad I)\xrightarrow[r_3-5r_1]{r_2-3r_1}\begin{pmatrix}1 & 2 & -1 & 1 & 0 & 0\\ 0 & -2 & 1 & -3 & 1 & 0\\ 0 & -14 & 6 & -5 & 0 & 1\end{pmatrix}\xrightarrow[r_3-7r_2]{r_1+r_2}\begin{pmatrix}1 & 0 & 0 & -2 & 1 & 0\\ 0 & -2 & 1 & -3 & 1 & 0\\ 0 & 0 & -1 & 16 & -7 & 1\end{pmatrix}$$

$$\xrightarrow{r_2\times(-\frac{1}{2})}\begin{pmatrix}1 & 0 & 0 & -2 & 1 & 0\\ 0 & 1 & -\dfrac{1}{2} & \dfrac{3}{2} & -\dfrac{1}{2} & 0\\ 0 & 0 & -1 & 16 & -7 & 1\end{pmatrix}\xrightarrow{r_2-\frac{1}{2}r_3}\begin{pmatrix}1 & 0 & 0 & -2 & 1 & 0\\ 0 & 1 & 0 & -\dfrac{13}{2} & 3 & -\dfrac{1}{2}\\ 0 & 0 & -1 & 16 & -7 & 1\end{pmatrix}$$

$$\xrightarrow{r_3\times(-1)}\begin{pmatrix}1 & 0 & 0 & -2 & 1 & 0\\ 0 & 1 & 0 & -\dfrac{13}{2} & 3 & -\dfrac{1}{2}\\ 0 & 0 & 1 & -16 & 7 & -1\end{pmatrix}$$

故所求逆矩阵为

$$A^{-1}=\begin{pmatrix}-2 & 1 & 0\\ -\dfrac{13}{2} & 3 & -\dfrac{1}{2}\\ -16 & 7 & -1\end{pmatrix}$$

例 3-5 用 Doolittle 分解法求解方程组

$$\begin{cases}2x_1+x_2+x_3=4\\ x_1+3x_2+2x_3=6\\ x_1+2x_2+2x_3=5\end{cases}$$

解 先求系数矩阵 $\boldsymbol{A}$ 的 $\boldsymbol{LU}$ 分解.

$$\boldsymbol{A}=\begin{pmatrix}2&1&1\\1&3&2\\1&2&2\end{pmatrix}=\begin{pmatrix}1&&\\l_{21}&1&\\l_{31}&l_{32}&1\end{pmatrix}\begin{pmatrix}u_{11}&u_{12}&u_{13}\\&u_{22}&u_{23}\\&&u_{33}\end{pmatrix}$$

对 $k=1$,有

$$u_{11}=a_{11}=2,\quad u_{12}=a_{12}=1,\quad u_{13}=a_{13}=1$$

$$l_{21}=a_{21}/u_{11}=\frac{1}{2},\quad l_{31}=a_{31}/u_{11}=\frac{1}{2}$$

对 $k=2$,有

$$u_{22}=a_{22}-l_{21}u_{12}=\frac{5}{2},\quad u_{23}=a_{23}-l_{21}u_{13}=\frac{3}{2}$$

$$l_{32}=\frac{a_{32}-l_{31}u_{12}}{u_{22}}=\frac{3}{5}$$

对 $k=3$,有 $u_{33}=a_{33}-l_{31}u_{13}-l_{32}u_{23}=\frac{3}{5}$,因此

$$\boldsymbol{L}=\begin{pmatrix}1&&\\\frac{1}{2}&1&\\\frac{1}{2}&\frac{3}{5}&1\end{pmatrix},\quad \boldsymbol{U}=\begin{pmatrix}2&1&1\\&\frac{5}{2}&\frac{3}{2}\\&&\frac{3}{5}\end{pmatrix}$$

由于 $\boldsymbol{b}=(4,6,5)^{\mathrm{T}}$,回代得

$$y_1=4,\quad y_2=4,\quad y_3=\frac{3}{5}$$

$$x_1=x_2=x_3=1$$

例 3-6 用平方根法解方程组

$$\begin{cases}4x_1-x_2+x_3=6\\-x_1+4.25x_2+2.75x_3=-0.5\\x_1+2.75x_2+3.5x_3=1.25\end{cases}$$

解 该方程组的系数矩阵正定对称,由平方根法计算公式,对 $j=1$,有

$$l_{11}=(a_{11})^{1/2}=\sqrt{4}=2$$

$$l_{21}=a_{21}/l_{11}=-0.5$$

$$l_{31}=a_{31}/l_{11}=0.5$$

对 $j=2$,有

$$l_{22}=(a_{22}-l_{21}^2)^{1/2}=2$$

$$l_{32}=(a_{32}-l_{31}l_{21})/l_{22}=1.5$$

对 $j=3$, $l_{33}=(a_{33}-l_{31}^2-l_{32}^2)^{1/2}=1.$

解 $\boldsymbol{Ly}=\boldsymbol{b}$,有

$$y_1 = b_1/l_{11} = 6/2 = 3$$
$$y_2 = (b_2 - l_{21}y_1)/l_{22} = (-0.5-(-0.5)\times 3)/2 = 0.5$$
$$y_3 = (b_3 - l_{31}y_1 - l_{32}y_2)/l_{33} = (1.25 - 0.5\times 3 - 1.5\times 0.5)/1 = -1$$

解 $\boldsymbol{L}^{\mathrm{T}}\boldsymbol{x}=\boldsymbol{y}$,有

$$x_3 = y_3/l_{33} = -1$$
$$x_2 = (y_2 - l_{32}x_3)/l_{22} = (0.5 - 1.5\times(-1))/2 = 1$$
$$x_1 = (3-(-0.5)\times 1 - 0.5\times(-1))/2 = 2$$

方程组的解为 $\boldsymbol{x}=(2,1,-1)^{\mathrm{T}}$.

例 3－7 用追赶法解三对角方程组

$$\begin{pmatrix} 2 & -1 & & \\ -1 & 3 & -2 & \\ & -2 & 4 & -2 \\ & & -3 & 5 \end{pmatrix}\begin{pmatrix} x_1 \\ x_2 \\ x_3 \\ x_4 \end{pmatrix}=\begin{pmatrix} 6 \\ 1 \\ 0 \\ 1 \end{pmatrix}$$

解 由追赶法

$$s_1 = b_1 = 2,\quad t_1 = c_1/s_1 = -\frac{1}{2}$$
$$r_2 = a_2 = -1,\quad s_2 = b_2 - r_2t_1 = \frac{5}{2},\quad t_2 = c_2/s_2 = -\frac{4}{5}$$
$$r_3 = a_3 = -2,\quad s_3 = b_3 - r_3t_2 = \frac{12}{5},\quad t_3 = c_3/s_3 = -\frac{5}{6}$$
$$r_4 = a_4 = -3,\quad s_4 = b_4 - r_4t_3 = \frac{5}{2}$$

故

$$\begin{pmatrix} 2 & -1 & & \\ -1 & 3 & -2 & \\ & -2 & 4 & -2 \\ & & -3 & 5 \end{pmatrix}=\begin{pmatrix} 2 & & & \\ -1 & \frac{5}{2} & & \\ & -2 & \frac{12}{5} & \\ & & -3 & \frac{5}{2} \end{pmatrix}\begin{pmatrix} 1 & -\frac{1}{2} & & \\ & 1 & -\frac{4}{5} & \\ & & 1 & -\frac{5}{6} \\ & & & 1 \end{pmatrix}$$

进而可求得

$$\begin{cases} y_1 = f_1/s_1 = 3 \\ y_2 = (f_2 - r_2y_1)/s_2 = 8/5 \\ y_3 = (f_3 - r_3y_2)/s_3 = 4/3 \\ y_4 = (f_4 - r_4y_3)/s_4 = 2 \end{cases}\qquad\begin{cases} x_4 = y_4 = 2 \\ x_3 = y_3 - t_3x_4 = 3 \\ x_2 = y_2 - t_2x_3 = 4 \\ x_1 = y_1 - t_1x_2 = 5 \end{cases}$$

故方程的解为 $\boldsymbol{x}=(5,4,3,2)^{\mathrm{T}}$.

例 3－8 设 $\boldsymbol{A}=(a_{ij})\in\mathbf{R}^{n\times n}$ 对称,顺序主子式 $\Delta_i\neq 0(i=1,2,\cdots,n)$,则 $\boldsymbol{A}=\boldsymbol{LDL}^{\mathrm{T}}$ 分解存在,其中 $\boldsymbol{L}$ 为单位下三角矩阵,$\boldsymbol{D}$ 为对角阵,试写出用该分解求方程组 $\boldsymbol{Ax}=\boldsymbol{b}$ 解的计算步骤

(用矩阵表示),此法称为改进平方根法. 并用它求解方程组

$$\begin{pmatrix}16 & 4 & 8\\ 4 & 5 & -4\\ 8 & -4 & 22\end{pmatrix}\begin{pmatrix}x_1\\ x_2\\ x_3\end{pmatrix}=\begin{pmatrix}-4\\ 3\\ 10\end{pmatrix}$$

解 由 $\boldsymbol{A}=\boldsymbol{L}\boldsymbol{D}\boldsymbol{L}^{\mathrm{T}}$ 可得 $\boldsymbol{A}\boldsymbol{x}=\boldsymbol{b}$ 的方程为

$$\boldsymbol{L}\boldsymbol{D}\boldsymbol{L}^{\mathrm{T}}\boldsymbol{x}=\boldsymbol{b}$$

令 $\boldsymbol{D}\boldsymbol{L}^{\mathrm{T}}\boldsymbol{x}=\boldsymbol{y}$,则 $\boldsymbol{L}\boldsymbol{y}=\boldsymbol{b}$. 计算步骤如下:

(1) 将 $\boldsymbol{A}$ 分解为 $\boldsymbol{A}=\boldsymbol{L}\boldsymbol{D}\boldsymbol{L}^{\mathrm{T}}$,求出 $\boldsymbol{L},\boldsymbol{D}$;

(2) 求解方程 $\boldsymbol{L}\boldsymbol{y}=\boldsymbol{b}$;

(3) 求解方程 $\boldsymbol{L}^{\mathrm{T}}\boldsymbol{x}=\boldsymbol{D}^{-1}\boldsymbol{y}$.

现有

$$\boldsymbol{A}=\begin{pmatrix}16 & 4 & 8\\ 4 & 5 & -4\\ 8 & -4 & 22\end{pmatrix}=\begin{pmatrix}1 & & \\ l_{21} & 1 & \\ l_{31} & l_{32} & 1\end{pmatrix}\begin{pmatrix}d_1 & & \\ & d_2 & \\ & & d_3\end{pmatrix}\begin{pmatrix}1 & l_{21} & l_{31}\\ & 1 & l_{32}\\ & & 1\end{pmatrix}$$

可得

$$d_1=16,\quad d_1l_{21}=4,\quad l_{21}=\frac{1}{4},\quad d_1l_{31}=8,\quad l_{31}=\frac{1}{2}$$

$$d_2=5-d_1l_{21}^2=4,\quad d_2l_{32}=-4-d_1l_{21}l_{31},\quad l_{32}=-\frac{3}{2},\quad d_3=9$$

即

$$\boldsymbol{L}=\begin{pmatrix}1 & & \\ \frac{1}{4} & 1 & \\ \frac{1}{2} & -\frac{3}{2} & 1\end{pmatrix},\ \boldsymbol{D}=\begin{pmatrix}16 & & \\ & 4 & \\ & & 9\end{pmatrix}$$

由 $\boldsymbol{L}\boldsymbol{y}=\boldsymbol{b}$,可得

$$\begin{pmatrix}1 & & \\ \frac{1}{4} & 1 & \\ \frac{1}{2} & -\frac{3}{2} & 1\end{pmatrix}\begin{pmatrix}y_1\\ y_2\\ y_3\end{pmatrix}=\begin{pmatrix}-4\\ 3\\ 10\end{pmatrix},\quad 解得\begin{pmatrix}y_1\\ y_2\\ y_3\end{pmatrix}=\begin{pmatrix}-4\\ 4\\ 18\end{pmatrix}$$

由 $\boldsymbol{L}^{\mathrm{T}}\boldsymbol{x}=\boldsymbol{D}^{-1}\boldsymbol{y}$,得

$$\begin{pmatrix}1 & \frac{1}{4} & \frac{1}{2}\\ & 1 & -\frac{3}{2}\\ & & 1\end{pmatrix}\begin{pmatrix}y_1\\ y_2\\ y_3\end{pmatrix}=\begin{pmatrix}-\frac{1}{4}\\ 1\\ 2\end{pmatrix},\quad 解得\ \boldsymbol{x}=\left(-\frac{9}{4},4,2\right)^{\mathrm{T}}$$

例 3-9 设 $\boldsymbol{A}=(a_{ij})$,$a_{11}\neq 0$,经过一步 Gauss 消元法,得

$$A^{(1)}=\begin{pmatrix} a_{11} & \boldsymbol{a}_1^{\mathrm{T}} \\ & A_2 \end{pmatrix}$$

其中

$$A_2=\begin{pmatrix} a_{22}^{(1)} & \cdots & a_{2n}^{(1)} \\ \vdots & \ddots & \vdots \\ a_{n2}^{(1)} & \cdots & a_{nn}^{(1)} \end{pmatrix}$$

试证:

(1) 若 $\boldsymbol{A}$ 对称,则 $\boldsymbol{A}_2$ 也对称;

(2) 若 $\boldsymbol{A}$ 严格对角占优,则 $\boldsymbol{A}_2$ 也严格对角占优.

证 (1)由消元公式及 $\boldsymbol{A}$ 的对称性,得

$$a_{ij}^{(1)}=a_{ij}-\frac{a_{i1}}{a_{11}}a_{1j}=a_{ji}-\frac{a_{j1}}{a_{11}}a_{1i}=a_{ji}^{(1)}\quad (i,j=2,\cdots,n)$$

故 $\boldsymbol{A}_2$对称.

(2) 由 $\boldsymbol{A}$ 的严格对角占优,故 $\sum\limits_{\substack{j=1\\ j\neq i}}^{n}|a_{ij}|<|a_{ii}|(i=1,2,\cdots,n)$, 而

$$a_{ij}^{(1)}=a_{ij}-\frac{a_{i1}}{a_{11}}a_{1j}$$

故

$$\begin{aligned}
\sum_{\substack{j=2\\ j\neq i}}^{n}|a_{ij}^{(1)}| &= \sum_{\substack{j=2\\ j\neq i}}^{n}\left|a_{ij}-\frac{a_{i1}}{a_{11}}a_{1j}\right| \leqslant \sum_{\substack{j=2\\ j\neq i}}^{n}|a_{ij}|+\sum_{\substack{j=2\\ j\neq i}}^{n}\frac{|a_{i1}|}{|a_{11}|}|a_{1j}| \\
&= \sum_{\substack{j=1\\ j\neq i}}^{n}|a_{ij}|-|a_{i1}|+\frac{|a_{i1}|}{|a_{11}|}\sum_{\substack{j=2\\ j\neq i}}^{n}|a_{1j}| < |a_{ii}|-\frac{|a_{i1}|}{|a_{11}|}\left(|a_{11}|-\sum_{\substack{j=2\\ j\neq i}}^{n}|a_{1j}|\right) \\
&= |a_{ii}|-\frac{|a_{i1}|}{|a_{11}|}\left(|a_{11}|-\sum_{\substack{j=1\\ j\neq i}}^{n}|a_{1j}|+|a_{1i}|\right) \\
&< |a_{ii}|-\frac{|a_{i1}|}{|a_{11}|}|a_{1i}| \\
&\leqslant \left|a_{ii}-\frac{a_{i1}}{a_{11}}a_{1i}\right|=|a_{ii}^{(1)}|\qquad (i=2,\cdots,n)
\end{aligned}$$

故 $\boldsymbol{A}_2$ 是严格对角占优的.

例 3-10 设 $\boldsymbol{A}=(a_{ij})\in\mathbf{R}^{n\times n}$是对称正定矩阵,经过 Gauss 消去法一步后 $\boldsymbol{A}$ 约化为

$$\begin{pmatrix} a_{11} & \boldsymbol{\alpha}_1^{\mathrm{T}} \\ 0 & A_2 \end{pmatrix}$$

其中 $\boldsymbol{A}_2=(a_{ij}^{(1)})\in\mathbf{R}^{(n-1)\times(n-1)}$,证明

(1) $\boldsymbol{A}$ 的对角元素 $a_{ii}>0(i=1,\cdots,n)$;

(2) $\boldsymbol{A}_2$ 也对称正定;

(3) $a_{ii}^{(1)}\leqslant a_{ii}(i=2,3,\cdots,n)$;

(4) $\max\limits_{2\leqslant i,j\leqslant n}|a_{ij}^{(1)}|\leqslant \max\limits_{2\leqslant i,j\leqslant n}|a_{ij}|$.

解 本题用对称正定矩阵性质及消元公式即可证明.

(1) 因 $\boldsymbol{A}$ 对称正定,所以有

$$a_{ii} = \boldsymbol{e}_i^{\mathrm{T}}\boldsymbol{A}\boldsymbol{e}_i > 0 \qquad (i = 1,2,\cdots,n)$$

其中 $\boldsymbol{e}_i=(0,\cdots,1,0,\cdots,0)^{\mathrm{T}}$ 为第 i 个坐标向量.

(2) $\boldsymbol{A}_2$ 的对称性已在例 3-9 中证明,故只需要证明 $\boldsymbol{A}_2$ 正定. 先证 $\boldsymbol{A}$ 对称正定且 $\boldsymbol{L}$ 非奇异,则 $\boldsymbol{LAL}^{\mathrm{T}}$ 也对称正定. 事实上对称显然. 因 $\forall \boldsymbol{x}\neq 0, \boldsymbol{L}^{\mathrm{T}}\boldsymbol{x}\neq 0, \boldsymbol{x}^{\mathrm{T}}\boldsymbol{LAL}^{\mathrm{T}}\boldsymbol{x}=(\boldsymbol{L}^{\mathrm{T}}\boldsymbol{x})^{\mathrm{T}}\boldsymbol{A}(\boldsymbol{L}^{\mathrm{T}}\boldsymbol{x})>0$ (因 $\boldsymbol{A}$ 正定),故 $\boldsymbol{LAL}^{\mathrm{T}}$ 正定. 又因

$$\boldsymbol{A}^{(1)} = \begin{pmatrix} a_{11} & \boldsymbol{a}_1^{\mathrm{T}} \\ \boldsymbol{O} & \boldsymbol{A}_2 \end{pmatrix} = \boldsymbol{L}_1\boldsymbol{A}, \text{其中 } \boldsymbol{L}_1 = \begin{pmatrix} 1 & & & \\ -\dfrac{a_{21}}{a_{11}} & 1 & & \\ \vdots & & \ddots & \\ -\dfrac{a_{n1}}{a_{11}} & 0 & \cdots & 1 \end{pmatrix}$$

显然 $\boldsymbol{L}_1$ 非奇异,故 $\boldsymbol{L}_1\boldsymbol{A}\boldsymbol{L}_1^{\mathrm{T}}=\begin{pmatrix} a_{11} & \boldsymbol{O} \\ \boldsymbol{O} & \boldsymbol{A}_2 \end{pmatrix}$正定,而 $a_{11}>0$,故 $\boldsymbol{A}_2$ 也正定.

(3) 因 $\boldsymbol{A}$ 正定,故 $a_{11}>0$,又 $\boldsymbol{A}$ 对称,于是

$$a_{ii}^{(1)} = a_{ii} - \frac{a_{i1}}{a_{11}}a_{1i} = a_{ii} - \frac{a_{i1}^2}{a_{11}} \leqslant a_{ii} \qquad (i = 2,\cdots,n)$$

(4) 先设 $|a_{i_0,j_0}^{(1)}| = \max\limits_{2\leqslant i,j\leqslant n}|a_{ij}^{(1)}|, i_0\neq j_0$,取

$$\boldsymbol{x} = (0,\cdots,0,-1,0,\cdots,0,\mathrm{sign}(a_{i_0,j_0}^{(1)}),0,\cdots,0)^{\mathrm{T}}$$

其中 -1 是 i_0 分量,$\mathrm{sign}(a_{i_0,j_0}^{(1)})$是 j_0 分量. 则

$$\boldsymbol{x}^{\mathrm{T}}\boldsymbol{A}_2\boldsymbol{x} = a_{i_0,i_0}^{(1)} - 2|a_{i_0,j_0}^{(1)}| + a_{j_0,j_0}^{(1)} \leqslant 0$$

与 $\boldsymbol{A}_2$ 正定矛盾. 这表明 $\max\limits_{2\leqslant i,j\leqslant n}|a_{ij}^{(1)}| = |a_{i_0,i_0}^{(1)}|$. 由(1)、(3),有

$$|a_{i_0,i_0}^{(1)}| = \max_{2\leqslant i\leqslant n}|a_{ii}^{(1)}| \leqslant \max_{2\leqslant i\leqslant n} a_{ii} = \max_{2\leqslant i\leqslant n}|a_{ii}| \leqslant \max_{2\leqslant i,j\leqslant n}|a_{ij}|$$

3.3 习题选解

3.1 用 Gauss 消去法求解线性方程组

$$\begin{cases} 3x_1 + 2x_2 - 5x_3 = 4 \\ 2x_1 - 3x_2 - x_3 = 8 \\ x_1 + 4x_2 - x_3 = -3 \end{cases}$$

参考答案

$(x_1,x_2,x_3)^{\mathrm{T}}=(2.03,-1.28,-0.09)^{\mathrm{T}}$.

3.2 用 Gauss 列主元消去法求解线性方程组

$$\begin{cases}x_1+2x_2+3x_3=14\\ \qquad\ \ x_2+2x_3=8\\ 2x_1+4x_2+x_3=13\end{cases}$$

参考答案

$(x_1,x_2,x_3)^{\mathrm{T}}=(1,2,3)^{\mathrm{T}}$.

3.3　分别用 Doolittle 分解法和 Crout 分解法求解线性方程组

$$\begin{cases}x_1+2x_2+3x_3=14\\ \qquad\ \ x_2+2x_3=8\\ 2x_1+4x_2+x_3=13\end{cases}$$

解　(1) 采用 Doolittle 分解法,则系数矩阵可分解为

$$\begin{pmatrix}1&2&3\\0&1&2\\2&4&1\end{pmatrix}=\begin{pmatrix}1&&\\0&1&\\2&0&1\end{pmatrix}\begin{pmatrix}1&2&3\\&1&2\\&&-5\end{pmatrix}$$

求解方程组

$$\begin{pmatrix}1&&\\0&1&\\2&0&1\end{pmatrix}\begin{pmatrix}y_1\\y_2\\y_3\end{pmatrix}=\begin{pmatrix}14\\8\\13\end{pmatrix}\quad 得\quad \begin{pmatrix}y_1\\y_2\\y_3\end{pmatrix}=\begin{pmatrix}14\\8\\-15\end{pmatrix}$$

再求解方程组

$$\begin{pmatrix}1&2&3\\&1&2\\&&-5\end{pmatrix}\begin{pmatrix}x_1\\x_2\\x_3\end{pmatrix}=\begin{pmatrix}14\\8\\-15\end{pmatrix}\quad 得\quad \begin{pmatrix}x_1\\x_2\\x_3\end{pmatrix}=\begin{pmatrix}1\\2\\3\end{pmatrix}$$

(2) 采用 Crout 分解法,则系数矩阵可分解为

$$\begin{pmatrix}1&2&3\\0&1&2\\2&4&1\end{pmatrix}=\begin{pmatrix}1&&\\0&1&\\2&0&-5\end{pmatrix}\begin{pmatrix}1&2&3\\&1&2\\&&1\end{pmatrix}$$

求解方程组

$$\begin{pmatrix}1&&\\0&1&\\2&0&-5\end{pmatrix}\begin{pmatrix}y_1\\y_2\\y_3\end{pmatrix}=\begin{pmatrix}14\\8\\13\end{pmatrix}\quad 得\quad \begin{pmatrix}y_1\\y_2\\y_3\end{pmatrix}=\begin{pmatrix}14\\8\\3\end{pmatrix}$$

再求解方程组

$$\begin{pmatrix}1&2&3\\&1&2\\&&1\end{pmatrix}\begin{pmatrix}x_1\\x_2\\x_3\end{pmatrix}=\begin{pmatrix}14\\8\\3\end{pmatrix}\quad 得\quad \begin{pmatrix}x_1\\x_2\\x_3\end{pmatrix}=\begin{pmatrix}1\\2\\3\end{pmatrix}$$

3.4　将下列三对角矩阵 $\boldsymbol{A}$ 分解为 $\boldsymbol{LDL}^{\mathrm{T}}$ 的形式,其中 $\boldsymbol{L}$ 为单位下三角矩阵,$\boldsymbol{D}$ 为对角矩阵.

则

$$A=\begin{pmatrix}1&1&0&0&0\\1&2&1&0&0\\0&1&3&1&0\\0&0&1&4&1\\0&0&0&1&5\end{pmatrix}$$

解 采用改进的平方根法,有

$$d_1=a_{11}=1,\quad l_{21}=a_{21}/d_1=1,\quad l_{31}=l_{41}=l_{51}=0$$

$$d_2=a_{22}-d_1l_{21}^2=1$$

$$l_{32}=[a_{32}-d_1l_{31}l_{21}]/d_2=1$$

$$d_3=a_{33}-(d_1l_{31}^2+d_2l_{32}^2)=2$$

$$l_{42}=(a_{42}-d_1l_{41}l_{21})/d_2=0,\quad l_{43}=[a_{43}-(d_1l_{41}l_{31}+d_2l_{42}l_{32})]/d_3=1/2$$

$$d_4=a_{44}-(d_1l_{41}^2+d_2l_{42}^2+d_3l_{43}^2)=7/2$$

$$l_{52}=(a_{52}-d_1l_{51}l_{21})/d_2=0,\quad l_{53}=0$$

$$l_{54}=[a_{54}-(d_1l_{51}l_{41}+d_2l_{52}l_{42}+d_3l_{53}l_{43})]/d_4=2/7$$

$$d_5=a_{55}-(d_1l_{51}^2+d_2l_{52}^2+d_3l_{53}^2+d_4l_{54}^2)=33/7$$

因此

$$L=\begin{pmatrix}1&&&&\\1&1&&&\\0&1&1&&\\0&0&1/2&1&\\0&0&0&2/7&1\end{pmatrix},\ D=\begin{pmatrix}1&&&&\\&1&&&\\&&2&&\\&&&7/2&\\&&&&33/7\end{pmatrix}$$

3.5 对于矩阵

$$A=\begin{pmatrix}-3&0&3\\0&-1&3\\-1&3&0\end{pmatrix}$$

(1) 确定一个单位下三角阵 $\boldsymbol{M}$ 和一个上三角阵 $\boldsymbol{U}$,使得 $\boldsymbol{MA}=\boldsymbol{U}$;

(2) 确定一个单位下三角阵 $\boldsymbol{L}$ 和一个上三角阵 $\boldsymbol{U}$,使得 $\boldsymbol{A}=\boldsymbol{LU}$. 并证明 $\boldsymbol{L}=\boldsymbol{M}^{-1}$.

解 (1) 假设

$$M=\begin{pmatrix}1&&\\m_{21}&1&\\m_{31}&m_{32}&1\end{pmatrix},\ U=\begin{pmatrix}u_{11}&u_{12}&u_{13}\\&u_{22}&u_{23}\\&&u_{33}\end{pmatrix}$$

则

$$\begin{pmatrix}1&&\\m_{21}&1&\\m_{31}&m_{32}&1\end{pmatrix}\begin{pmatrix}-3&0&3\\0&-1&3\\-1&3&0\end{pmatrix}=\begin{pmatrix}u_{11}&u_{12}&u_{13}\\&u_{22}&u_{23}\\&&u_{33}\end{pmatrix}$$

由矩阵乘法,得

$$M = \begin{pmatrix} 1 & & \\ 0 & 1 & \\ -\frac{1}{3} & 3 & 1 \end{pmatrix},\quad U = \begin{pmatrix} -3 & 0 & 3 \\ & -1 & 3 \\ & & 8 \end{pmatrix}$$

(2) 设

$$LU = \begin{pmatrix} 1 & & \\ l_{21} & 1 & \\ l_{31} & l_{32} & 1 \end{pmatrix}\begin{pmatrix} u_{11} & u_{12} & u_{13} \\ & u_{22} & u_{23} \\ & & u_{33} \end{pmatrix} = \begin{pmatrix} -3 & 0 & 3 \\ 0 & -1 & 3 \\ -1 & 3 & 0 \end{pmatrix}$$

由矩阵乘法,得

$$L = \begin{pmatrix} 1 & & \\ 0 & 1 & \\ \frac{1}{3} & -3 & 1 \end{pmatrix},\quad U = \begin{pmatrix} -3 & 0 & 3 \\ & -1 & 3 \\ & & 8 \end{pmatrix}$$

由于

$$ML = \begin{pmatrix} 1 & & \\ 0 & 1 & \\ -\frac{1}{3} & 3 & 1 \end{pmatrix}\begin{pmatrix} 1 & & \\ 0 & 1 & \\ \frac{1}{3} & -3 & 1 \end{pmatrix} = \begin{pmatrix} 1 & & \\ & 1 & \\ & & 1 \end{pmatrix} = I$$

故 M 和 L 互为逆矩阵,即 $L = M^{-1}$.

3.6 用追赶法求解线性方程组

$$\begin{pmatrix} 5 & -1 & & \\ -1 & 5 & -1 & \\ & -1 & 5 & -1 \\ & & -1 & 5 \end{pmatrix}\begin{pmatrix} x_1 \\ x_2 \\ x_3 \\ x_4 \end{pmatrix} = \begin{pmatrix} 1 \\ 2 \\ 3 \\ 4 \end{pmatrix}$$

解 由追赶法

$$s_1 = b_1 = 5,\quad t_1 = \frac{c_1}{s_1} = -\frac{1}{5}$$

$$r_2 = a_2 = -1,\quad s_2 = b_2 - r_2 t_1 = 5 - (-1)\left(-\frac{1}{5}\right) = \frac{24}{5},\quad t_2 = \frac{c_2}{s_2} = -\frac{5}{24}$$

$$r_3 = a_3 = -1,\quad s_3 = b_3 - r_3 t_2 = \frac{115}{24},\quad t_3 = \frac{c_3}{s_3} = -\frac{24}{115}$$

$$r_4 = a_4 = -1,\quad s_4 = b_4 - r_4 t_3 = \frac{551}{115}$$

故

$$\begin{pmatrix} 5 & -1 & & \\ -1 & 5 & -1 & \\ & -1 & 5 & -1 \\ & & -1 & 5 \end{pmatrix} = \begin{pmatrix} 5 & & & \\ -1 & \frac{24}{5} & & \\ & -1 & \frac{115}{24} & \\ & & -1 & \frac{551}{115} \end{pmatrix} \begin{pmatrix} 1 & -\frac{1}{5} & & \\ & 1 & -\frac{5}{24} & \\ & & 1 & -\frac{24}{115} \\ & & & 1 \end{pmatrix}$$

进而可求得

$$\begin{cases} y_1 = f_1/b_1 = \frac{1}{5} \\ y_2 = (f_2 - a_2 y_1)/s_2 = \frac{11}{24} \\ y_3 = (f_3 - a_3 y_2)/s_3 = \frac{83}{115} \\ y_4 = (f_4 - a_4 y_3)/s_4 = \frac{543}{551} \end{cases} \qquad \begin{cases} x_4 = y_4 = \frac{543}{551} \\ x_3 = y_3 - t_3 x_4 = \frac{511}{551} \\ x_2 = y_2 - t_2 x_3 = \frac{359}{551} \\ x_1 = y_1 - t_1 x_2 = \frac{182}{551} \end{cases}$$

故方程的解为 $\boldsymbol{x} = \frac{1}{551}(182,359,511,543)^{\mathrm{T}}$.

3.7 用改进的平方根法求解方程组

$$\begin{pmatrix} 4 & -1 & -1 \\ -1 & 4 & 0 \\ -1 & 0 & 4 \end{pmatrix} \begin{pmatrix} x_1 \\ x_2 \\ x_3 \end{pmatrix} = \begin{pmatrix} 1 \\ 0 \\ 2 \end{pmatrix}$$

解 易证系数矩阵为对称正定阵,对其进行 $\boldsymbol{LDL}^{\mathrm{T}}$ 分解,得

$$\boldsymbol{L} = \begin{pmatrix} 1 & & \\ -\frac{1}{4} & 1 & \\ -\frac{1}{4} & -\frac{1}{15} & 1 \end{pmatrix}, \quad \boldsymbol{D} = \begin{pmatrix} 4 & & \\ & \frac{15}{4} & \\ & & \frac{56}{15} \end{pmatrix}$$

由 $\boldsymbol{Ly} = (1,0,2)^{\mathrm{T}}$ 得 $\boldsymbol{y} = \left(1,\frac{1}{4},\frac{34}{15}\right)^{\mathrm{T}}$;由 $\boldsymbol{DL}^{\mathrm{T}}\boldsymbol{x} = \left(1,\frac{1}{4},\frac{34}{15}\right)^{\mathrm{T}}$,得 $\boldsymbol{x} = \left(\frac{3}{7},\frac{3}{28},\frac{17}{28}\right)^{\mathrm{T}}$.

3.8 证明:对于 Gauss 消去法,约化的主元素 $a_{ii}^{(i-1)} \neq 0\ (i=1,2,\cdots,k)$ 的充分必要条件是系数矩阵 $\boldsymbol{A}$ 的顺序主子式

$$D_i = \begin{vmatrix} a_{11} & a_{12} & \cdots & a_{1i} \\ a_{21} & a_{22} & \cdots & a_{2i} \\ \vdots & \vdots & \ddots & \vdots \\ a_{i1} & a_{i2} & \cdots & a_{ii} \end{vmatrix} \neq 0 \qquad (i = 1,2,\cdots,k)$$

解 首先利用归纳法证明充分性. 当 $k=1$ 时,结论显然成立. 假设命题的充分性对 $k-1$ 是成立的,现证命题的充分性对 k 亦成立. 设 $D_i \neq 0\ (i=1,2,\cdots,k)$,于是由假设知 $a_{ii}^{(i-1)} \neq 0\ (i=1,2,\cdots,k-1)$,此时可用消去法将矩阵 $\boldsymbol{A}$ 约化到 $\boldsymbol{A}^{(k-1)}$,即

$$A \to A^{(k-1)} = \begin{pmatrix} a_{11} & a_{12} & \cdots & a_{1k} & \cdots & a_{1n} \\ & a_{22}^{(1)} & \cdots & a_{2k}^{(1)} & \cdots & a_{2n}^{(1)} \\ & & \ddots & \vdots & \ddots & \vdots \\ & & & a_{kk}^{(k-1)} & \cdots & a_{kn}^{(k-1)} \\ & & & \vdots & \ddots & \vdots \\ & & & a_{nk}^{(k-1)} & \cdots & a_{nn}^{(k-1)} \end{pmatrix}$$

由于变换过程都是把一行的倍数加到另一行，所以

$$D_k = \begin{vmatrix} a_{11} & a_{12} & \cdots & a_{1k} \\ & a_{22}^{(1)} & \cdots & a_{2k}^{(1)} \\ & & \ddots & \vdots \\ & & & a_{kk}^{(k-1)} \end{vmatrix} = a_{11}a_{22}^{(1)}\cdots a_{kk}^{(k-1)}$$

故 $D_k \neq 0$ 时必有 $a_{kk}^{(k-1)} \neq 0$，即证命题的充分性对 k 亦成立．

对于必要性，若已知 $a_{ii}^{(i-1)} \neq 0(i=1,2,\cdots,k)$，由上式易得 $D_i \neq 0(i=1,2,\cdots,k)$，必要性得证．

3.9　举例说明一个非奇异矩阵可能不存在 **LU** 分解．

解　取定 $A = \begin{pmatrix} 0 & 1 \\ 1 & 0 \end{pmatrix}$，显然 A 是非奇异矩阵．若有 **LU** 分解，则有

$$A = \begin{pmatrix} 0 & 1 \\ 1 & 0 \end{pmatrix} = \begin{pmatrix} 1 & 0 \\ a & 1 \end{pmatrix}\begin{pmatrix} b & c \\ 0 & d \end{pmatrix} = \begin{pmatrix} b & c \\ ab & ac+d \end{pmatrix}$$

从而 $b=0, ab=1$，显然矛盾．故该非奇异矩阵 A 不存在 **LU** 分解．

3.10　试推导用 Cholesky 分解法求解对称正定的三对角方程组（即系数矩阵是对称正定的三对角矩阵）的计算公式．

解　设 $Ax=f$，其中

$$A = \begin{pmatrix} b_1 & a_2 & & & \\ a_2 & b_2 & a_3 & & \\ & \ddots & \ddots & \ddots & \\ & & a_{n-1} & b_{n-1} & a_n \\ & & & a_n & b_n \end{pmatrix}, \quad f = \begin{pmatrix} f_1 \\ f_2 \\ \vdots \\ f_{n-1} \\ f_n \end{pmatrix}$$

且 A 对称正定．根据 Cholesky 分解，可设

$$A = \begin{pmatrix} s_1 & & & & & \\ t_2 & s_2 & & & & \\ & t_3 & s_3 & & & \\ & & \ddots & \ddots & & \\ & & & t_{n-1} & s_{n-1} & \\ & & & & t_n & s_n \end{pmatrix}\begin{pmatrix} s_1 & t_2 & & & & \\ & s_2 & t_3 & & & \\ & & s_3 & t_4 & & \\ & & & \ddots & \ddots & \\ & & & & s_{n-1} & t_n \\ & & & & & s_n \end{pmatrix}$$

由矩阵的乘法，得

$$s_1^2 = b_1, \qquad s_1 t_2 = a_2$$
$$t_k^2 + s_k^2 = b_k, \quad s_k t_{k+1} = a_{k+1} \qquad (k = 2,3,\cdots,n-1)$$
$$t_n^2 + s_n^2 = b_n$$

解得

$$s_1 = \sqrt{b_1}, \qquad t_2 = a_2/s_1$$
$$s_k = \sqrt{b_k - t_k^2}, \quad t_{k+1} = a_{k+1}/s_k \qquad (k = 2,3,\cdots,n-1)$$
$$s_n = \sqrt{b_n - t_n^2}$$

故用 Cholesky 分解法求解方程组 $\boldsymbol{Ax}=\boldsymbol{f}$ 的计算公式如下：

（1）计算 $\{s_k\}$ 和 $\{t_k\}$ 的递推公式：

$$s_1 = \sqrt{b_1}, \quad t_2 = a_2/s_1$$
$$s_k = \sqrt{b_k - t_k^2}, \quad t_{k+1} = a_{k+1}/s_k \qquad (k = 2,3,\cdots,n-1)$$
$$s_n = \sqrt{b_n - t_n^2}$$

（2）求解 $\boldsymbol{Ly}=\boldsymbol{f}$：

$$y_1 = f_1/s_1$$
$$y_k = (f_k - t_k y_{k-1})/s_k \qquad (k = 2,3,\cdots,n)$$

（3）求解 $\boldsymbol{Ux}=\boldsymbol{y}$：

$$x_n = y_n/s_n$$
$$x_k = (y_k - t_{k+1}x_{k+1})/s_k \qquad (k = n-1,n-2,\cdots,1)$$

3.4 综合练习

1. 设 $\boldsymbol{A}=\begin{pmatrix}2&1&0\\1&2&a\\0&a&2\end{pmatrix}$,为使 $\boldsymbol{A}$ 可分解为 $\boldsymbol{A}=\boldsymbol{LL}^{\mathrm{T}}$,其中 $\boldsymbol{L}$ 为对角线元素为正的下三角形矩阵,a 的取值范围是________,取 $a=1$,则 $\boldsymbol{L}=$________.

2. 设 $\boldsymbol{A}\in\mathbf{R}^{n\times n}$,$\boldsymbol{b}\in\mathbf{R}^n$,用列主元消去法求解 n 元线性方程组 $\boldsymbol{Ax}=\boldsymbol{b}$ 时,其列主元素 $a_{kk}^{(k)}$ $(k=1,2,\cdots,n)$ 均不为零的充分必要条件是(　　)

A. $\boldsymbol{A}$ 是非奇异矩阵

B. $\boldsymbol{A}$ 的对角线按行(或者列)严格占优

C. $\boldsymbol{A}$ 的主对角线元素都不为零

D. $\boldsymbol{A}$ 的 $n-1$ 阶主子式不为零

3. 下述矩阵能否作 Doolittle 分解,若能分解,分解式是否唯一?

$$\boldsymbol{A}=\begin{pmatrix}1&2&3\\2&4&1\\4&6&7\end{pmatrix},\quad \boldsymbol{B}=\begin{pmatrix}1&1&1\\2&2&1\\3&3&1\end{pmatrix},\quad \boldsymbol{C}=\begin{pmatrix}1&2&6\\2&5&15\\6&15&46\end{pmatrix}$$

4. 用 Gauss 消去法求解方程组

$$\begin{cases}\frac{1}{4}x_1+\frac{1}{5}x_2+\frac{1}{6}x_3=9\\ \frac{1}{3}x_1+\frac{1}{4}x_2+\frac{1}{5}x_3=8\\ \frac{1}{2}x_1+x_2+2x_3=8\end{cases}$$

5. 用平方根法求解线性方程组

$$\begin{pmatrix}16&4&8\\4&5&-4\\8&-4&22\end{pmatrix}\begin{pmatrix}x_1\\x_2\\x_3\end{pmatrix}=\begin{pmatrix}-4\\3\\10\end{pmatrix}$$

6. 应用 Doolittle 分解求解线性方程组

$$\begin{cases}x_1+2x_3=5\\ x_2+x_4=3\\ x_1+2x_2+4x_3+3x_4=17\\ x_2+3x_4=7\end{cases}$$

7. 用追赶法求解线性方程组

$$\begin{pmatrix}-2&-1&&\\1&2&1&\\&3&7&4\\&&-2&5\end{pmatrix}\begin{pmatrix}x_1\\x_2\\x_3\\x_4\end{pmatrix}=\begin{pmatrix}-3\\1\\4\\-2\end{pmatrix}$$

8. 分别用 Doolittle 三角分解和 Crout 三角分解方法求解线性方程组

$$\begin{pmatrix}2&2&2\\3&2&4\\1&3&9\end{pmatrix}\boldsymbol{x}=\begin{pmatrix}2\\3/2\\-1\end{pmatrix}$$

3.5 实验指导

1. 用 Gauss 列主元消元法求解线性方程组

$$\begin{cases}10x_1-2x_2-2x_3=1\\ -2x_1+10x_2-x_3=0.5\\ -x_1-2x_2+3x_3=1\end{cases}$$

注：本例对数组采用了直接赋值，这个方法较简单，但用同一个方法求解其他方程组时，需要修改源程序中的赋值语句，并重新编译、链接. 比较好的方法是从数据文件中读取数据，这样只需要修改数据文件中的数据，而不需要再修改源程序. 具体的操作可参考教材中的附录 B 和附录 C，以及本书第 4 章实验指导中的程序.

C 语言程序清单：

```
#include "stdio.h"
#include "math.h"
#define n 3
//n 是方程组的阶数，本例将其固定为常量

/* * * * * * * * * * * * * * * * * * * * * * * * * * * * * * * * * * * * * * * * * * * * * * */
/* 程序名:GaussPPE.C                                                              */
/* 程序功能:用 Gauss 列主元消元法求解线性方程组.                                        */
/* * * * * * * * * * * * * * * * * * * * * * * * * * * * * * * * * * * * * * * * * * * * * * */

void main()
{ float A[n][n+1]={{10,-2, -2,1},{-2,10, -1,0.5},{-1 , -2,3,1}};
float temp, m, x[n];
    int  i,j,k,p;
    //A 存放方程组的增广矩阵;  temp 是比较和交换所用临时变量;   m 是消元所乘倍数;
    //x 存放解向量;    i,j,k 消元时对行和列的循环变量;   p 主元所在行

    for(i=0;  i<n;  i++)
    {   //选主元
        temp = fabs(A[i][i]);       p=i;          //求最大值及其下标的常规方法
        for(k=i+1;  k<n;  k++)
            if(fabs(A[k][i]) > temp)              //在第 i 行到第 n 行的第 i 列找主元
            { temp=fabs(A[k][i]);    p=k;    }

        if(temp == 0)                             //当前主元为 0,则不能消元.
        {   printf("\n 无法求解 .");    return;  }

        if(p != i)                                //若主元不在最前面一行,则换到最前面一行
            for(j=0;  j<n+1;  j++)
            {   temp=A[i][j];
                A[i][j]=A[p][j];
                A[p][j]=temp;
            }
        //消元
        for(k=i+1;  k<n;  k++)
        {   m = A[k][i] /A[i][i];                 //消元时,第 k 行加第 i 行的倍数
            for(j=i+1;  j<=n;  j++)
                A[k][j] = A[k][j] - m*A[i][j];//下三角部分必为 0 且不再用,故不需要处理
        }
    }

    //回代
```

```
    for(i=n-1; i>=0; i--)
    {   x[i]=A[i][n];
        for(j=i+1; j<n; j++)
            x[i]=x[i]-A[i][j]*x[j];
        x[i]=x[i]/A[i][i];
    }

    printf("\nx = \n");                    //输出结果
    for(i=0; i<n; i++)
        printf("  %f\n", x[i]);
}
```

Matlab 程序清单：

```
% ========================================
% 程序名: GaussPPE.m
% 程序功能：用 Gauss 列主元消元法求解线性方程组.
% ========================================

clear all;             % 清除其他程序定义的所有内存变量
clc;                   % 清屏

n=3;                   % 方程组的阶数
A=[10, -2, -2, 1;  -2,10, -1, 0.5;  -1, -2, 3, 1];    % 方程组的增广矩阵
x =zeros(n,1);         % 定义方程组的解向量定义为n行1列的数组，现初值全为0

for i=1:n
    % 选主元
    temp = abs(A(i,i));     p=i;      % 求最大值及其下标的常规方法
    for k=i+1:n
        if (abs(A(k,i)) > temp)       % 在第i行到第n行的第i列找主元
            temp=abs(A(k, i));      p=k;
        end
    end

    if(temp == 0)                     % 当前主元为0，则不能消元.
      fprintf('\n无法求解 .');
      return;
    end

    if(p ~= i)            % 若主元不在最前面一行，则换到最前面一行
        for j=1:n+1
            temp=A(i, j);
            A(i, j)=A(p, j);
            A(p, j)=temp;
```

```
        end
    end

    % 消元
    for k = i +1:n
        m = A(k,i) /A(i,i);        % 消元时，第 k 行加第 i 行的倍数
        for j = i +1:n +1
            A(k,j) = A(k,j) - m*A(i,j);     % 下三角部分必为 0 且不再用，故不需要处理
        end
    end
end

% 回代
for  i =n: -1:1
    x(i) =A(i, n +1);
    for j = i +1:n
        x(i) =x(i) -A(i, j) *x(j);
    end
    x(i) =x(i)/A(i, i);
end

fprintf('\nx = \n');          % 输出结果，fprintf 是 Matlab 的格式化输出方式，
                              % 与标准 C 语言中的 printf 函数极其相似

for  i =1:n
    fprintf(' %f \n', x(i));
end
```

运行结果：

```
x =
0.231092
0.147059
0.508403
```

2. 用追赶法求解线性方程组

$$\begin{pmatrix} 5 & -1 & & \\ -1 & 5 & -1 & \\ & -1 & 5 & -1 \\ & & -1 & 5 \end{pmatrix}\begin{pmatrix} x_1 \\ x_2 \\ x_3 \\ x_4 \end{pmatrix}=\begin{pmatrix} 1 \\ 2 \\ 3 \\ 4 \end{pmatrix}$$

C 语言程序清单：

```
#include "stdio.h"
```

```
#include "math.h"
//* * * * * * * * * * * * * * * * * * * * * * * * * * * * * * * * * * * * * * * * * *
// 程序名: ChaseAfter
// 程序功能:用追赶法求解三对角线性方程组
//* * * * * * * * * * * * * * * * * * * * * * * * * * * * * * * * * * * * * * * * * *
#define  n  4
void  main()
{   float a[n] = {0, -1, -1, -1}, b[n] = {5, 5, 5, 5}, c[n] = { -1, -1, -1},
        s[n],t[n],temp = 0,x[n] = {1,2,3,4};       //x[n]存放着常数项
    int k;
    for(k = 0;  k < n;  k + +)
    {
        s[k] = b[k] - a[k] * temp;                 //temp 相对于 t[k - 1], t[ - 1]看做 0
        t[k] = c[k]/s[k];  temp = t[k];
    }
    temp = 0;
    for(k = 0;  k < n;  k + +)
    {          x[k] = (x[k] - a[k] * temp)/s[k];    //x[k]中暂时存放的是 y[k]
               temp = x[k];                          //temp 相对于 y[k - 1], y[ - 1]看做 0
    }
    for(k = n - 2;  k > = 0;  k - -)
        x[k] = x[k] - t[k] * x[k + 1];
    printf("\nx = \n");
for(k = 0;k < n;k + +)
        printf("  %f \n",x[k]);
}
```

Matlab 程序清单:

```
n = 4;
a = [0, -1, -1, -1]; b = [5, 5, 5, 5]; c = [ -1, -1, -1,0]; %a(1) = c(n) = 0
x = [1,2,3,4]      %存放着常数项
s = zeros(n,1);   t = s;
temp = 0;
for k = 1:n
    s(k) = b(k) - a(k) * temp;      % temp 相对于 t[k - 1], t[ - 1]看做 0
    t(k) = c(k)/s(k);   temp = t(k);
end
temp = 0;
for k = 1:n
    x(k) = (x(k) - a(k) * temp)/s(k);          % x[k]中暂时存放的是 y[k]
    temp = x(k);                                % temp 相对于 y[k - 1], y[ - 1]看做 0
end
for k = n - 1: - 1:1
```

```
    x(k) =x(k) -t(k) * x(k +1);
end
fprintf('\nx = \n');
for k =1:n
    fprintf('    %f \n',x(k));
end
```

运行结果：

```
x =
0.330309
0.651543
0.927405
0.985481
```

第4章 线性方程组的迭代法

4.1 内容提要

1. 向量范数与矩阵范数

定义4-1 $\mathbf{R}^n$ 上的向量范数 $\|\cdot\|$ 是一个从 $\mathbf{R}^n$ 到 $\mathbf{R}$ 的函数,它满足以下性质:

(1)(正定性)$\|\boldsymbol{x}\| \geqslant 0$,且 $\|\boldsymbol{x}\| = 0$ 当且仅当 $\boldsymbol{x} = 0$;

(2)(齐次性)$\|\alpha\boldsymbol{x}\| = |\alpha| \cdot \|\boldsymbol{x}\|\ (\alpha \in \mathbf{R})$;

(3)(三角不等式)$\|\boldsymbol{x}+\boldsymbol{y}\| \leqslant \|\boldsymbol{x}\| + \|\boldsymbol{y}\|$.

定义4-2 设向量 $\boldsymbol{x} = (x_1, x_2, \cdots, x_n)^{\mathrm{T}}$,定义

(1)1-范数:$\|\boldsymbol{x}\|_1 = \sum_{i=1}^{n} |x_i|$;

(2)∞-范数:$\|\boldsymbol{x}\|_\infty = \max_{1 \leqslant i \leqslant n} |x_i|$;

(3)2-范数:$\|\boldsymbol{x}\|_2 = \sqrt{\sum_{i=1}^{n} x_i^2}$;

(4)p-范数:$\|\boldsymbol{x}\|_p = \sqrt[p]{\sum_{i=1}^{n} |x_i|^p}$.

定义4-3 设有 n 维向量序列 $\boldsymbol{x}_k = (x_1^{(k)}, x_2^{(k)}, \cdots, x_n^{(k)})^{\mathrm{T}}$ 及 n 维向量 $\boldsymbol{x} = (x_1, x_2, \cdots, x_n)^{\mathrm{T}}$,如果

$$\lim_{k\to\infty} x_i^{(k)} = x_i \qquad (i = 1,2,\cdots,n)$$

成立,则称 $\{\boldsymbol{x}_k\}$ 收敛于 $\boldsymbol{x}$,记为 $\lim\limits_{k\to\infty}\boldsymbol{x}_k = \boldsymbol{x}$.

定理4-1 对任意向量 $\boldsymbol{x} \in \mathbf{R}^n$,有:

(1)$\boldsymbol{x}$ 的范数 $\|\boldsymbol{x}\|$ 是各分量 $x_1, x_2, \cdots, x_n$ 的 n 元连续函数;

(2)$\boldsymbol{x}$ 的任意两种范数均等价,即设 $\|\boldsymbol{x}\|_r$ 和 $\|\boldsymbol{x}\|_s$ 为 $\mathbf{R}^n$ 上任意两种范数,则存在常数 $m, M > 0$,使得

$$m\|\boldsymbol{x}\|_r \leqslant \|\boldsymbol{x}\|_s \leqslant M\|\boldsymbol{x}\|_r, \quad \forall \boldsymbol{x} \in \mathbf{R}^n$$

(3)向量序列 $\{\boldsymbol{x}^{(k)}\}$ 收敛于向量 $\boldsymbol{x}$ 等价于 $\{\boldsymbol{x}^{(k)}\}$ 依范数收敛于 $\boldsymbol{x}$,即

$$\lim_{k\to\infty} \|\boldsymbol{x}^{(k)} - \boldsymbol{x}\| = 0$$

其中 $\|\cdot\|$ 为向量的任一范数.

定义4-4 若 $\mathbf{R}^{n\times n}$ 上的某个实值函数 $\|\cdot\|$ 满足:

(1)(正定性)$\|\boldsymbol{A}\| \geqslant 0$,且 $\|\boldsymbol{A}\| = 0$ 当且仅当 $\boldsymbol{A} = 0$;

(2)(齐次性)$\|\alpha\boldsymbol{A}\| = |\alpha| \cdot \|\boldsymbol{A}\|, \forall \alpha \in \mathbf{R}$;

(3)(三角不等式)$\|\boldsymbol{A}+\boldsymbol{B}\| \leqslant \|\boldsymbol{A}\| + \|\boldsymbol{B}\|, \forall \boldsymbol{A}, \boldsymbol{B} \in \mathbf{R}^{n\times n}$;

(4)(相容性)$\|\boldsymbol{AB}\| \leqslant \|\boldsymbol{A}\| \cdot \|\boldsymbol{B}\|, \forall \boldsymbol{A}, \boldsymbol{B} \in \mathbf{R}^{n\times n}$.

则称 $\|\cdot\|$ 为 $\mathbf{R}^{n\times n}$ 上的一个矩阵范数.

定义 4-5 对于给定的向量范数和矩阵范数,如果对任意一个向量 $\boldsymbol{x}\in\mathbf{R}^n$ 和任意一个矩阵 $\boldsymbol{A}\in\mathbf{R}^{n\times n}$ 都有不等式 $\|\boldsymbol{Ax}\|\leqslant\|\boldsymbol{A}\|\cdot\|\boldsymbol{x}\|$ 成立,则称所给的矩阵范数和向量范数是相容的.

定义 4-6 设向量 $\boldsymbol{x}\in\mathbf{R}^n$,矩阵 $\boldsymbol{A}\in\mathbf{R}^{n\times n}$,且给定一种向量范数 $\|\boldsymbol{x}\|$,定义矩阵 $\boldsymbol{A}$ 的一个实值函数

$$\|\boldsymbol{A}\| = \max_{\boldsymbol{x}\neq 0}\frac{\|\boldsymbol{Ax}\|}{\|\boldsymbol{x}\|} = \max_{\|\boldsymbol{x}\|=1}\|\boldsymbol{Ax}\|$$

则称 $\|\boldsymbol{A}\|$ 是通过向量范数 $\|\cdot\|$ 导出的矩阵范数或向量范数 $\|\cdot\|$ 的从属范数.

定理 4-2 设 $A\in\mathbf{R}^{n\times n}$,则有

(1) $\|\boldsymbol{A}\|_1=\max\limits_{1\leqslant j\leqslant n}\sum\limits_{i=1}^{n}|a_{ij}|$ (称为 $\boldsymbol{A}$ 的 1 范数或列范数);

(2) $\|\boldsymbol{A}\|_2=\sqrt{\lambda_{\max}(\boldsymbol{A}^{\mathrm{T}}\boldsymbol{A})}$ (称为 $\boldsymbol{A}$ 的 2 范数),其中$\lambda_{\max}(\boldsymbol{A}^{\mathrm{T}}\boldsymbol{A})$是矩阵 $\boldsymbol{A}^{\mathrm{T}}\boldsymbol{A}$ 的最大特征值;

(3) $\|\boldsymbol{A}\|_\infty=\max\limits_{1\leqslant i\leqslant n}\sum\limits_{j=1}^{n}|a_{ij}|$ (称为 $\boldsymbol{A}$ 的无穷范数或行范数).

定义 4-7 设 $\boldsymbol{A}\in\mathbf{R}^{n\times n}$ 的特征值为 $\lambda_1,\lambda_2,\cdots,\lambda_n$,则称 $\max\limits_{1\leqslant i\leqslant n}|\lambda_i|$ 为 $\boldsymbol{A}$ 的谱半径,记为 $\rho(\boldsymbol{A})$, 即

$$\rho(\boldsymbol{A}) = \max_{1\leqslant i\leqslant n}|\lambda_i|$$

定理 4-3 设 $\boldsymbol{A}\in\mathbf{R}^{n\times n}$,则对任一种矩阵矩阵 $\|\boldsymbol{A}\|$,均有

$$\rho(\boldsymbol{A})\leqslant\|\boldsymbol{A}\|$$

定理 4-4 设 $\boldsymbol{A}\in\mathbf{R}^{n\times n}$,则 $\boldsymbol{A}^k\to 0(k\to\infty)$的充分必要条件是 $\boldsymbol{A}$ 的谱半径 $\rho(\boldsymbol{A})<1$.

2. Jacobi 迭代法

迭代法求解线性方程组 $\boldsymbol{Ax}=\boldsymbol{b}$ 的一般做法是先把方程组 $\boldsymbol{Ax}=\boldsymbol{b}$ 转化成具有 $\boldsymbol{x}=\boldsymbol{Bx}+\boldsymbol{f}$ 形式的等价方程组. 然后,取定初值 $\boldsymbol{x}^{(0)}$,由

$$\boldsymbol{x}^{(k+1)} = \boldsymbol{Bx}^{(k)}+\boldsymbol{f}\qquad (k=0,1,2,\cdots)\tag{4-1}$$

可以得到一系列近似解向量 $\{\boldsymbol{x}^{(k)}\}_{k=0}^{\infty}$. 如果$\lim\limits_{k\to\infty}\boldsymbol{x}^{(k)}$存在(记为 $\boldsymbol{x}^*$),则称此迭代法收敛,显然 $\boldsymbol{x}^*$ 就是方程组的解,否则称此迭代法发散.

从 $\boldsymbol{Ax}=\boldsymbol{b}$ 中的第 i 个方程求解第 i 个分量

$$x_i = \sum_{\substack{j=1\\ j\neq 1}}^{n}\left(-\frac{a_{ij}x_j}{a_{ii}}\right)+\frac{b_i}{a_{ii}}\qquad (i=1,2,\cdots,n)\tag{4-2}$$

对式(4-2)应用迭代法,即得求解线性方程组 $\boldsymbol{Ax}=\boldsymbol{b}$ 的 Jacobi 迭代法

$$x_i^{(k+1)} = \frac{\sum\limits_{\substack{j=1\\ j\neq i}}^{n}(-a_{ij}x_j^{(k)})+b_i}{a_{ii}}\qquad (i=1,2,\cdots,n)\tag{4-3}$$

Jacobi 迭代法也可写成矩阵形式,即

$$\boldsymbol{x}^{(k+1)} = \boldsymbol{B}_J\boldsymbol{x}^{(k)}+\boldsymbol{f}\qquad (k=0,1,\cdots)\tag{4-4}$$

其中 $\boldsymbol{B}_J=\boldsymbol{D}^{-1}(\boldsymbol{L}+\boldsymbol{U})$，$\boldsymbol{f}=\boldsymbol{D}^{-1}\boldsymbol{b}$. 在实际中，式(4-3)用于计算，而式(4-4)常用于理论研究.

3. Gauss-Seidel 迭代法

对于式(4-3)注意到对于 $i>1$，此时 $x_1^{(k+1)},\cdots,x_{i-1}^{(k+1)}$ 已经计算出来，并且可能比 $x_1^{(k)},\cdots,x_{i-1}^{(k)}$ 更接近于实际解 $x_1,\cdots,x_{i-1}$，因此使用那些新计算出来的值来计算 $x_i^{(k)}$ 更为合理. 于是得到

$$x_i^{(k+1)}=\frac{1}{a_{ii}}\left[-\sum_{j=1}^{i-1}a_{ij}x_j^{(k+1)}-\sum_{j=i+1}^{n}a_{ij}x_j^{(k)}+b_i\right]\quad(i=1,2,\cdots,n)\tag{4-5}$$

这种改进得到的方法称为 Gauss-Seidel 迭代法. Gauss-Seidel 迭代法也可表示为

$$\boldsymbol{x}^{(k+1)}=\boldsymbol{B}_G\boldsymbol{x}^{(k)}+\boldsymbol{f}\qquad(k=0,1,\cdots)\tag{4-6}$$

其中，$\boldsymbol{B}_G=(\boldsymbol{D}-\boldsymbol{L})^{-1}\boldsymbol{U}$，$\boldsymbol{f}=(\boldsymbol{D}-\boldsymbol{L})^{-1}\boldsymbol{b}$.

4. 迭代法的收敛性

定理 4-5(迭代收敛性基本定理) 对任意初始向量 $\boldsymbol{x}^{(0)}$，求解方程组 $\boldsymbol{x}=\boldsymbol{Bx}+\boldsymbol{f}$ 的迭代方法

$$\boldsymbol{x}^{(k+1)}=\boldsymbol{Bx}^{(k)}+\boldsymbol{f}\quad(k=0,1,\cdots)$$

收敛当且仅当迭代矩阵 $\boldsymbol{B}$ 的谱半径 $\rho(\boldsymbol{B})<1$.

定理 4-6(迭代法收敛的充分条件) 如果迭代法 $\boldsymbol{x}^{(k+1)}=\boldsymbol{Bx}^{(k)}+\boldsymbol{f}$ 的迭代矩阵 $\boldsymbol{B}$ 的某一种范数 $\|\boldsymbol{B}\|<1$，则

(1) 对任意初始向量 $\boldsymbol{x}^{(0)}$，迭代法收敛；

(2) 迭代误差满足

$$\|\boldsymbol{x}^{(k)}-\boldsymbol{x}^*\|\leqslant\frac{\|\boldsymbol{B}\|}{1-\|\boldsymbol{B}\|}\|\boldsymbol{x}^{(k)}-\boldsymbol{x}^{(k-1)}\|$$

$$\|\boldsymbol{x}^{(k)}-\boldsymbol{x}^*\|\leqslant\frac{\|\boldsymbol{B}\|^k}{1-\|\boldsymbol{B}\|}\|\boldsymbol{x}^{(1)}-\boldsymbol{x}^{(0)}\|$$

定义 4-8 若 $\boldsymbol{A}=(a_{ij})\in\mathbf{R}^{n\times n}$ 满足

$$|a_{ii}|>\sum_{\substack{j=1\\j\neq i}}^{n}|a_{ij}|\qquad(i=1,2,\cdots,n)\tag{4-7}$$

则称 $\boldsymbol{A}$ 为严格对角占优矩阵.

定理 4-7 若 $\boldsymbol{A}=(a_{ij})\in\mathbf{R}^{n\times n}$ 为严格对角占优矩阵，则 $a_{ii}\neq0(i=1,2,\cdots,n)$，且 $\boldsymbol{A}$ 非奇异.

定理 4-8 设 $\boldsymbol{A}\in\mathbf{R}^{n\times n}$ 为严格对角占优矩阵，则解方程组 $\boldsymbol{Ax}=\boldsymbol{b}$ 的 Jacobi 迭代法及 Gauss-Seidel 迭代法均收敛.

定理 4-9 设 $\boldsymbol{A}\in\mathbf{R}^{n\times n}$ 为对称正定矩阵，则解方程组 $\boldsymbol{Ax}=\boldsymbol{b}$ 的 Gauss-Seidel 迭代法收敛.

5. 逐次超松弛迭代法

逐次超松弛迭代法(简称 SOR 方法)是 Gauss-Seidel 方法的一种加速方法，是求解大型稀疏矩阵方程组的有效方法之一.

SOR 方法的分量形式为

$$x_i^{(k+1)} = x_i^{(k)} + \frac{\omega}{a_{ii}}\left(b_i - \sum_{j=1}^{i-1} a_{ij}x_j^{(k+1)} - \sum_{j=i}^{n} a_{ij}x_j^{(k)}\right)$$

其中 ω 称为松弛因子. 矩阵形式为

$$\begin{cases} \boldsymbol{x}^{(k+1)} = \boldsymbol{B}_\omega \boldsymbol{x}^{(k)} + \boldsymbol{f} \\ \boldsymbol{B}_\omega = (\boldsymbol{D} - \omega \boldsymbol{L})^{-1}[(1-\omega)D + \omega \boldsymbol{U}] \\ \boldsymbol{f} = \omega(\boldsymbol{D} - \omega \boldsymbol{L})^{-1}\boldsymbol{b} \end{cases}$$

定理 4-10 设线性方程组 $\boldsymbol{Ax}=\boldsymbol{b}$ 满足 $a_{ii}\neq 0(i=1,2,\cdots,n)$,则解方程组的 SOR 方法收敛的充要条件为

$$\rho(\boldsymbol{B}_\omega) < 1$$

定理 4-11 若解方程组 $\boldsymbol{Ax}=\boldsymbol{b}$ 的 SOR 方法收敛,则有 $0<\omega<2$.

定理 4-12 如果 $\boldsymbol{A}$ 为对称正定矩阵,且 $0<\omega<2$,则解方程组 $\boldsymbol{Ax}=\boldsymbol{b}$ 的 SOR 方法收敛.

4.2 例题分析

例 4-1 已知

$$\boldsymbol{x} = \begin{pmatrix} -2 \\ 1 \\ -4 \end{pmatrix}, \boldsymbol{A} = \begin{pmatrix} 0 & 2 & 0 \\ 1 & 0 & 1 \\ 0 & 1 & 0 \end{pmatrix}$$

求 $\|\boldsymbol{x}\|_\infty, \|\boldsymbol{A}\|_1, \|\boldsymbol{A}\|_2, \|\boldsymbol{Ax}\|_1$.

解 $\|\boldsymbol{x}\|_\infty = \max\limits_{1\leqslant i\leqslant n}|x_i| = \max\{|-2|,1,|-4|\} = 4$

$$\|\boldsymbol{A}\|_1 = \max_{1\leqslant j\leqslant n}\sum_{i=1}^{n}|a_{ij}| = \max\{0+1+0,2+0+1,0+1+0\} = 3$$

因为

$$\boldsymbol{A}^{\mathrm{T}}\boldsymbol{A} = \begin{pmatrix} 0 & 1 & 0 \\ 2 & 0 & 1 \\ 0 & 1 & 0 \end{pmatrix}\begin{pmatrix} 0 & 2 & 0 \\ 1 & 0 & 1 \\ 0 & 1 & 0 \end{pmatrix} = \begin{pmatrix} 1 & 0 & 1 \\ 0 & 5 & 0 \\ 1 & 0 & 1 \end{pmatrix}$$

而由 $|\lambda I-\boldsymbol{A}^{\mathrm{T}}\boldsymbol{A}| = \lambda(\lambda-2)(\lambda-5)=0$ 得 $\lambda_1=0,\lambda_2=2,\lambda_3=5$,所以

$$\|\boldsymbol{A}\|_2 = \sqrt{\lambda_{\max}(\boldsymbol{A}^{\mathrm{T}}\boldsymbol{A})} = \sqrt{5}$$

由于 $\boldsymbol{Ax}=(2,-6,1)^{\mathrm{T}}$,故

$$\|\boldsymbol{Ax}\|_1 = 2+|-6|+1 = 9$$

例 4-2 设 $\boldsymbol{A}=(a_{ij})_{n\times n}$,试说明 $\|\boldsymbol{A}\|_{(\infty)} = \max\limits_{1\leqslant i,j\leqslant n}|a_{ij}|$ 不满足矩阵范数的定义.

解 容易验证 $\|\boldsymbol{A}\|_{(\infty)} = \max\limits_{1\leqslant i,j\leqslant n}|a_{ij}|$ 满足正定性、齐次性及三角不等式,然而 $\|\cdot\|_{(\infty)}$ 不满足相容性. 例如,令

$$\boldsymbol{A} = \begin{pmatrix} 1 & 1 \\ 0 & 1 \end{pmatrix}, \boldsymbol{B} = \begin{pmatrix} 3 & 0 \\ 2 & 1 \end{pmatrix}$$

则有

$$AB = \begin{pmatrix} 5 & 1 \\ 2 & 1 \end{pmatrix}$$

于是 $\|A\|_{(\infty)} = 1$, $\|B\|_{(\infty)} = 3$, $\|AB\|_{(\infty)} = 5$,不满足 $\|AB\|_{(\infty)} \leqslant \|A\|_{(\infty)} \cdot \|B\|_{(\infty)}$,因此不是矩阵范数.

例 4-3 证明:$\|x\|_1$, $\|x\|_2$, $\|x\|_\infty$ 是相互等价的.

证 对任意 $x \in \mathbf{R}^n$,由

$$\|x\|_1 = \sum_{i=1}^{n} |x_i| \geqslant \max_{1 \leqslant i \leqslant n} |x_i| = \|x\|_\infty$$

$$\|x\|_1 = \sum_{i=1}^{n} |x_i| \leqslant n \max_{1 \leqslant i \leqslant n} |x_i| = n\|x\|_\infty$$

因此 $\|\cdot\|_1$ 和 $\|\cdot\|_\infty$ 等价.

而

$$\|x\|_2 = \sqrt{\sum_{i=1}^{n} x_i^2} \leqslant \sqrt{\sum_{i=1}^{n} (\max_{1 \leqslant i \leqslant n} |x_i|)^2} \leqslant \sqrt{n}\,\|x\|_\infty$$

$$\|x\|_2 = \sqrt{\sum_{i=1}^{n} x_i^2} \geqslant \sqrt{\max_{1 \leqslant i \leqslant n} |x_i|^2} = \max_{1 \leqslant i \leqslant n} |x_i| = \|X\|_\infty$$

因此 $\|\cdot\|_2$ 和 $\|\cdot\|_\infty$ 等价. 由向量范数等价关系的传递性可知因此 $\|\cdot\|_1$ 和 $\|\cdot\|_2$ 也是等价的.

例 4-4 已知方程组为

$$\begin{pmatrix} 2 & -1 & 1 \\ 2 & 2 & 2 \\ -1 & -1 & 2 \end{pmatrix}\begin{pmatrix} x_1 \\ x_2 \\ x_3 \end{pmatrix} = \begin{pmatrix} 1 \\ 2 \\ 3 \end{pmatrix}$$

分别考察用 Jacobi 迭代法和 Gauss - Seidel 迭代法求解此方程组的收敛性.

解 把系数矩阵 A 分裂为

$$A = \begin{pmatrix} 2 & & \\ & 2 & \\ & & 2 \end{pmatrix} - \begin{pmatrix} 0 & & \\ -2 & 0 & \\ 1 & 1 & 0 \end{pmatrix} - \begin{pmatrix} 0 & 1 & -1 \\ & 0 & -2 \\ & & 0 \end{pmatrix} = D - L - U$$

则 Jacobi 迭代法的迭代矩阵为

$$B_J = D^{-1}(L + U) = \begin{pmatrix} 0 & 0.5 & -0.5 \\ -1 & 0 & -1 \\ 0.5 & 0.5 & 0 \end{pmatrix}$$

由

$$|\lambda I - B_J| = \lambda^3 + \frac{5}{4}\lambda = 0$$

得 $\lambda_1 = 0$, $\lambda_{2,3} = \pm\frac{\sqrt{5}}{2}$,于是 $\rho(B_J) = \frac{\sqrt{5}}{2} > 1$,因此用 Jacobi 迭代法求解此方程组的迭代发散.

而 Gauss - Seidel 迭代法的迭代矩阵为

$$\boldsymbol{B}_G=(\boldsymbol{D}-\boldsymbol{L})^{-1}\boldsymbol{U}=\begin{pmatrix}0.5&0&0\\-0.5&0.5&0\\0&0.25&0.5\end{pmatrix}\begin{pmatrix}0&1&-1\\0&0&-2\\0&0&0\end{pmatrix}=\begin{pmatrix}0&0.5&-0.5\\0&-0.5&-0.5\\0&0&-0.5\end{pmatrix}$$

由

$$|\lambda\boldsymbol{I}-\boldsymbol{B}_G|=\lambda(\lambda+0.5)^2=0$$

得 $\boldsymbol{B}_G$ 的特征值 $\lambda_1=0,\lambda_{2,3}=-0.5$，于是 $\rho(\boldsymbol{B}_G)=0.5<1$. 故用 Gauss - Seidel 迭代法求解此方程组时迭代算法收敛.

例 4 - 5 已知线性方程组

$$\begin{pmatrix}10&0&1&-5\\1&8&-3&0\\3&2&-8&1\\1&-2&2&7\end{pmatrix}\begin{pmatrix}x_1\\x_2\\x_3\\x_4\end{pmatrix}=\begin{pmatrix}-7\\11\\23\\17\end{pmatrix}$$

（1）给出求解该方程组的 Jacobi 迭代格式和 Gauss - Seidel 迭代格式；

（2）讨论给定的 Jacobi 迭代格式和 Gauss - Seidel 迭代格式的敛散性.

解 （1）所求的 Jacobi 迭代格式为

$$\begin{cases}x_1^{(k+1)}=(-7-x_3^{(k)}+5x_4^{(k)})/10\\x_2^{(k+1)}=(11-x_1^{(k)}+3x_3^{(k)})/8\\x_3^{(k+1)}=-(23-3x_1^{(k)}-2x_2^{(k)}-x_4^{(k)})/8\\x_4^{(k+1)}=(17-x_1^{(k)}+2x_2^{(k)}-2x_3^{(k)})/7\end{cases}$$

而所求的 Gauss - Seidel 迭代格式为

$$\begin{cases}x_1^{(k+1)}=(-7-x_3^{(k)}+5x_4^{(k)})/10\\x_2^{(k+1)}=(11-x_1^{(k+1)}+3x_3^{(k)})/8\\x_3^{(k+1)}=-(23-3x_1^{(k+1)}-2x_2^{(k+1)}-x_4^{(k)})/(-8)\\x_4^{(k+1)}=(17-x_1^{(k+1)}+2x_2^{(k+1)}-2x_3^{(k+1)})/7\end{cases}$$

（2）由于线性方程组系数矩阵是严格对角占优矩阵，故上述给定的 Jacobi 迭代格式和 Gauss - Seidel 迭代格式都是收敛的.

例 4 - 6 分别用 Jacobi 迭代法和 Gauss - Seidel 迭代法求解方程组

$$\begin{cases}5x_1+2x_2+x_3=-12\\-x_1+4x_2+2x_3=20\\3x_1-3x_2+10x_3=-1\end{cases}$$

要求 $\|\boldsymbol{x}^{(k)}-\boldsymbol{x}^{(k-1)}\|_\infty<1.0\times10^{-6}$.

解 用 Jacobi 迭代法求解时，其迭代公式为

$$
\begin{cases}
x_1^{(k+1)} = \dfrac{1}{5}(-12 \qquad\qquad - 2x_2^{(k)} - x_3^{(k)}) \\
x_2^{(k+1)} = \dfrac{1}{4}(20 \quad + x_1^{(k)} \qquad\qquad - 2x_3^{(k)}) \\
x_3^{(k+1)} = \dfrac{1}{10}(-1 - 3x_1^{(k)} + 3x_2^{(k)})
\end{cases}
$$

若取 $\boldsymbol{x}^{(0)} = (0,0,0)^{\mathrm{T}}$，则 Jacobi 迭代法的数值结果为

k	$x_1^{(k)}$	$x_2^{(k)}$	$x_3^{(k)}$	$\Vert \boldsymbol{x}^{(k)} - \boldsymbol{x}^{(k-1)} \Vert_\infty$
1	-2.40000000	5.00000000	-0.10000000	5.00000000
2	-4.38000000	4.45000000	2.12000000	2.22000000
3	-4.60400000	2.84500000	2.54900000	1.60500000
4	-4.04780000	2.57450000	2.13470000	0.55620000
5	-3.85674000	2.92070000	1.88669000	0.34620000
⋮	⋮	⋮	⋮	
24	-3.99999964	2.99999938	1.99999981	0.00000108
25	-3.99999971	3.00000019	1.99999971	0.00000080

用 Gauss - Seidel 迭代法求解时，其迭代公式为

$$
\begin{cases}
x_1^{(k+1)} = \dfrac{1}{5}(-12 - 2x_2^{(k)} - x_3^{(k)}) \\
x_2^{(k+1)} = \dfrac{1}{4}(20 + x_1^{(k+1)} - 2x_3^{(k)}) \\
x_3^{(k+1)} = \dfrac{1}{10}(-1 - 3x_1^{(k+1)} + 3x_2^{(k+1)})
\end{cases}
$$

若取 $\boldsymbol{x}^{(0)} = (0,0,0)^{\mathrm{T}}$，则 Gauss - Seidel 迭代法的数值结果为

k	$x_1^{(k)}$	$x_2^{(k)}$	$x_3^{(k)}$	$\Vert \boldsymbol{x}^{(k)} - \boldsymbol{x}^{(k-1)} \Vert_\infty$
1	-2.40000000	4.40000000	1.94000000	5.00000000
2	-4.54800000	2.89300000	2.13230000	2.14800000
3	-3.98366000	2.93793500	1.97647850	0.56434000
4	-3.97046970	3.01914333	1.99688391	0.08120833
5	-4.00703411	2.99979952	2.00205009	0.03656441
⋮	⋮	⋮	⋮	
11	-4.00000076	3.00000054	2.00000039	0.00000823
12	-4.00000029	2.99999973	2.00000001	0.00000080

例 4-7 用 SOR 方法求解方程组

$$\begin{cases}5x_1+2x_2\ \ +x_3=12\\2x_1+7x_2-2x_3=10\\\ \ x_1-3x_2+6x_3=13\end{cases}$$

要求分别选取不同的松弛因子 0.5、1.0、1.5 和 2.0 进行计算，当 $\|\boldsymbol{x}^{(k)}-\boldsymbol{x}^{(k-1)}\|_\infty<1.0\times10^{-6}$时终止计算.

解 用松弛法求解给定方程组的计算公式为

$$\begin{cases}x_1^{(k+1)}=(1-\omega)x_1^{(k)}+\dfrac{\omega}{5}(12-2x_2^{(k)}-x_3^{(k)})\\x_2^{(k+1)}=(1-\omega)x_2^{(k)}+\dfrac{\omega}{7}(10-2x_1^{(k+1)}+2x_3^{(k)})\\x_3^{(k+1)}=(1-\omega)x_3^{(k)}+\dfrac{\omega}{6}(13-x_1^{(k+1)}+3x_2^{(k+1)})\end{cases}$$

这里取定初值为 $\boldsymbol{x}^{(0)}=(0,0,0)^{\mathrm{T}}$，分别选取 $\omega=0.5$、1.0、1.5 和 2.0 四个不同的松弛因子进行计算.

选取 $\omega=0.5$ 时，其数值结果为

k	$x_1^{(k)}$	$x_2^{(k)}$	$x_3^{(k)}$	$\|\boldsymbol{x}^{(k)}-\boldsymbol{x}^{(k-1)}\|_\infty$
1	1.20000000	0.54285714	1.11904762	1.20000000
2	1.57952381	0.91993197	1.74121315	0.62216553
3	1.63165420	1.18990298	2.11544447	0.37423132
4	1.56630205	1.38768612	2.35745193	0.24200746
5	1.46986861	1.53492639	2.52330184	0.16584992
⋮	⋮	⋮	⋮	
49	1.00000399	1.99999646	2.99999649	0.00000122
50	1.00000305	1.99999729	2.99999731	0.00000094

选取 $\omega=1.0$ 时，其数值结果为

k	$x_1^{(k)}$	$x_2^{(k)}$	$x_3^{(k)}$	$\|\boldsymbol{x}^{(k)}-\boldsymbol{x}^{(k-1)}\|_\infty$
1	2.40000000	0.74285714	2.13809524	2.40000000
2	1.67523810	1.56081633	2.66786848	0.81795918
3	1.24209977	1.83593392	2.87761700	0.43313832
4	1.09010303	1.93928970	2.95462768	0.15199674
5	1.03335858	1.97750546	2.98319296	0.05674445
⋮	⋮	⋮	⋮	
16	1.00000060	1.99999959	2.99999970	0.00000102
17	1.00000022	1.99999985	2.99999989	0.00000038

选取 $\omega=1.5$ 时，其数值结果为

k	$x_1^{(k)}$	$x_2^{(k)}$	$x_3^{(k)}$	$\Vert x^{(k)}-x^{(k-1)}\Vert_\infty$
1	3.60000000	0.60000000	2.80000000	3.60000000
2	0.60000000	2.78571429	3.78928571	3.00000000
3	0.49178571	2.16321429	2.85482143	0.93446429
4	1.19973214	1.77057398	2.85058673	0.70794643
5	1.08261352	2.01527296	3.06550797	0.24469898
⋮	⋮	⋮	⋮	
22	1.00000068	1.99999965	3.00000010	0.00000116
23	0.99999984	2.00000029	3.00000020	0.00000084

选取 $\omega=2.0$ 时，其数值结果为

k	$x_1^{(k)}$	$x_2^{(k)}$	$x_3^{(k)}$	$\Vert x^{(k)}-x^{(k-1)}\Vert_\infty$
1	4.80000000	0.11428571	2.84761905	4.80000000
2	−1.23047619	5.07319728	6.96907029	6.03047619
3	−0.81570975	2.23239132	−0.13144239	7.10051269
4	3.88237365	−1.66885763	1.50179354	4.69808340
5	1.65199503	4.44017107	6.72104584	6.10902870
⋮	⋮	⋮	⋮	
100	53.11411281	−46.82003811	−17.38266515	80.19602405
⋮	⋮	⋮	⋮	
200	305.34811199	317.68254928	904.13550320	1588.03782780

例 4－8　证明：若 $\boldsymbol{A}$ 为严格对角占优矩阵，则求解方程组 $\boldsymbol{Ax}=\boldsymbol{b}$ 的 Jacobi 迭代法和 Gauss－Seidel迭代法均收敛.

证　这里只给出系数矩阵 $\boldsymbol{A}$ 为严格对角占优矩阵时 Gauss－Seidel 迭代法的收敛性证明. 只需证明 $\rho(\boldsymbol{B}_G)<1$ 即可，其中 $\boldsymbol{B}_G=(\boldsymbol{D}-\boldsymbol{L})^{-1}\boldsymbol{U}$. 用反证法，假设 $\boldsymbol{B}_G$ 有一个特征值 λ 满足 $|\lambda|\geqslant 1$，则有

$$|\lambda\boldsymbol{I}-\boldsymbol{B}_G|=|\lambda\boldsymbol{I}-(\boldsymbol{D}-\boldsymbol{L})^{-1}\boldsymbol{U}|=0$$

从而可得

$$|(\boldsymbol{D}-\boldsymbol{L})^{-1}|\,|\lambda(\boldsymbol{D}-\boldsymbol{L})-\boldsymbol{U}|=0$$

当 $\boldsymbol{A}$ 为严格对角占优矩阵时，必有 $a_{ii}\neq 0(i=1,2,\cdots,n)$，因而 $|(\boldsymbol{D}-\boldsymbol{L})^{-1}|\neq 0$，故必有

$$|\lambda(\boldsymbol{D}-\boldsymbol{L})-\boldsymbol{U}|=0$$

另一方面，考虑矩阵

$$\lambda(\boldsymbol{D}-\boldsymbol{L})-\boldsymbol{U}=\begin{pmatrix}\lambda a_{11} & a_{12} & \cdots & a_{1n}\\ \lambda a_{21} & \lambda a_{22} & \cdots & a_{2n}\\ \vdots & \vdots & \ddots & \vdots\\ \lambda a_{n1} & \lambda a_{n2} & \cdots & \lambda a_{nn}\end{pmatrix}$$

由假设$|\lambda|\geqslant 1$,得

$$|\lambda|\cdot|a_{ii}|>|\lambda|\left(\sum_{j=1}^{i-1}|a_{ij}|+\sum_{j=i+1}^{n}|a_{ij}|\right)\geqslant\sum_{j=1}^{i-1}|\lambda a_{ij}|+\sum_{j=i+1}^{n}|a_{ij}|,\ i=1,2,\cdots,n$$

这说明$\lambda(\boldsymbol{D}-\boldsymbol{L})-\boldsymbol{U}$仍为严格对角占优矩阵,从而$|\lambda(\boldsymbol{U}-L)-\boldsymbol{U}|\neq 0$,与前面所得结论矛盾,因此$\rho(\boldsymbol{B}_G)<1$.

例 4-9 证明逐次超松弛迭代法收敛的必要条件是$0<\omega<2$.

证 由于 SOR 方法收敛,故有$\rho(\boldsymbol{B}_\omega)<1$,因而

$$|\det(\boldsymbol{B}_\omega)|=|\lambda_1\cdot\lambda_2\cdot\cdots\cdot\lambda_n|<1$$

其中,$\lambda_1,\lambda_2,\cdots,\lambda_n$是$\boldsymbol{B}_\omega$的$n$个特征值. 又由于

$$\begin{aligned}\boldsymbol{B}_\omega&=(\boldsymbol{D}-\omega\boldsymbol{L})^{-1}((1-\omega)\boldsymbol{D}+\omega\boldsymbol{U})\\&=(\boldsymbol{I}-\omega\boldsymbol{D}^{-1}\boldsymbol{L})^{-1}((1-\omega)\boldsymbol{I}+\omega\boldsymbol{D}^{-1}\boldsymbol{U})\end{aligned}$$

故

$$|\det(\boldsymbol{B}_\omega)|=|\det((\boldsymbol{I}-\omega\boldsymbol{D}^{-1}\boldsymbol{L})^{-1})|\cdot|\det((1-\omega)\boldsymbol{I}+\omega\boldsymbol{D}^{-1}\boldsymbol{U})|=|(1-\omega)^n|$$

进而可得$|(1-\omega)^n|=|\lambda_1\cdot\lambda_2\cdot\cdots\cdot\lambda_n|<1$,即$|1-\omega|<1$,亦即$0<\omega<2$.

注 $\det(\boldsymbol{B}_\omega)$表示矩阵$\mathrm{B}_\omega$的行列式.

4.3 习题选解

4.1 已知

$$\boldsymbol{x}=\begin{pmatrix}-3\\1\\2\end{pmatrix},\ \boldsymbol{A}=\begin{pmatrix}1&0&0\\0&2&4\\0&-2&4\end{pmatrix}$$

求$\|\boldsymbol{x}\|_\infty$, $\|\boldsymbol{A}\|_2$, $\|\boldsymbol{Ax}\|_1$.

参考答案

$\|\boldsymbol{x}\|_\infty=3$, $\|\boldsymbol{A}\|_2=4\sqrt{2}$, $\|\boldsymbol{Ax}\|_1=19$.

4.2 分别用 Jacobi 迭代法和 Gauss-Seidel 迭代法求解线性方程组

$$\begin{pmatrix}10&-1&-2\\-1&10&-2\\-1&-1&5\end{pmatrix}\begin{pmatrix}x_1\\x_2\\x_3\end{pmatrix}=\begin{pmatrix}7.2\\8.3\\4.2\end{pmatrix}$$

这里要求当$\|\boldsymbol{x}^{(k)}-\boldsymbol{x}^{(k-1)}\|_\infty<1.0\times 10^{-6}$时终止迭代.

参考答案

若取$\boldsymbol{x}^{(0)}=(0,0,0)^{\mathrm{T}}$,则 Jacobi 迭代法的数值结果为

$$\boldsymbol{x}^*\approx\boldsymbol{x}^{(14)}\approx(1.09999972,1.19999972,1.29999967)^{\mathrm{T}}$$

此时$\|\boldsymbol{x}^{(14)}-\boldsymbol{x}^{(13)}\|_\infty\approx 0.65\times 10^{-6}$.

Gauss-Seidel 迭代法的数值结果为

$$\boldsymbol{x}^*\approx\boldsymbol{x}^{(14)}\approx(1.09999997,1.19999998,1.29999999)^{\mathrm{T}}$$

此时$\|\boldsymbol{x}^{(14)}-\boldsymbol{x}^{(13)}\|_\infty\approx 0.19\times 10^{-6}$.

4.3　设有线性方程组

$$\begin{pmatrix}10 & 4 & 4\\ 4 & 10 & 8\\ 4 & 8 & 10\end{pmatrix}\begin{pmatrix}x_1\\ x_2\\ x_3\end{pmatrix}=\begin{pmatrix}13\\ 11\\ 25\end{pmatrix}$$

(1) 分别写出 Jacobi 迭代法和 Gauss - Seidel 迭代法求解时的迭代公式;

(2) 对任意选取的初值,上述两种迭代法是否收敛? 为什么?

解　(1) 用 Jacobi 迭代法求解时,其迭代公式为

$$\begin{cases}x_1^{(k+1)}=\dfrac{1}{10}(13-4x_2^{(k)}-4x_3^{(k)})\\ x_2^{(k+1)}=\dfrac{1}{10}(11-4x_1^{(k)}-8x_3^{(k)})\\ x_3^{(k+1)}=\dfrac{1}{10}(25-4x_1^{(k)}-8x_2^{(k)})\end{cases}$$

用 Gauss - Seidel 迭代法求解时,其迭代公式为

$$\begin{cases}x_1^{(k+1)}=\dfrac{1}{10}(13-4x_2^{(k)}-4x_3^{(k)})\\ x_2^{(k+1)}=\dfrac{1}{10}(11-4x_1^{(k+1)}-8x_3^{(k)})\\ x_3^{(k+1)}=\dfrac{1}{10}(25-4x_1^{(k+1)}-8x_2^{(k+1)})\end{cases}$$

(2) 由于系数矩阵是对称正定矩阵,故对任意选取的初值,Gauss - Seidel 迭代法都是收敛的. 而

$$\boldsymbol{B}_J=\begin{pmatrix}0 & -0.4 & -0.4\\ -0.4 & 0 & -0.8\\ -0.4 & -0.8 & 0\end{pmatrix}$$

由 $|\lambda\boldsymbol{I}-\boldsymbol{B}_J|=(\lambda-0.8)(\lambda^2+0.8\lambda-0.32)=0$ 得 $\lambda_1=0.8,\lambda_{2,3}=0.4(-1\pm\sqrt{3})$,所以 $\rho(\boldsymbol{B}_J)=0.4(1+\sqrt{3})>1$,故对任意选取的初值,Jacobi 迭代法都是发散的.

4.4　分析用 Jacobi 迭代法和 Gauss - Seidel 迭代法求解线性方程组 $\boldsymbol{Ax}=\boldsymbol{b}$ 的收敛性,其中

$$\boldsymbol{A}=\begin{pmatrix}1 & 2 & -2\\ 1 & 1 & 1\\ 2 & 2 & 1\end{pmatrix}$$

参考答案

Jacobi 迭代法收敛;Gauss - Seidel 迭代法发散.

4.5　用 Jacobi 迭代法求解线性方程组

$$\begin{cases}x_1+2x_2-2x_3=5\\ x_1+x_2+x_3=1\\ 2x_1+2x_2+x_3=3\end{cases}$$

取初始值 $\boldsymbol{x}^{(0)}=(0,0,0)^{-1}$，当 $\|\boldsymbol{x}^{(k+1)}-\boldsymbol{x}^{(k)}\|_\infty<10^{-5}$时终止迭代.

参考答案

$\boldsymbol{x}^{(0)}\approx\boldsymbol{x}^{(4)}=(1,1,1)^{-1}$

4.6　用 SOR 方法求解线性方程组

$$\begin{pmatrix}4 & -1 & 0\\ -1 & 4 & -1\\ 0 & -1 & 4\end{pmatrix}\begin{pmatrix}x_1\\ x_2\\ x_3\end{pmatrix}=\begin{pmatrix}1\\ 4\\ -3\end{pmatrix}$$

要求分别选取 $\omega=1.00$、1.03 和 1.10 三个不同的松弛因子进行计算，并当 $\|\boldsymbol{x}^{(k)}-\boldsymbol{x}^*\|_\infty<5.0\times10^{-6}$时终止迭代，这里精确解 $\boldsymbol{x}^*=(0.5,1.0,-0.5)^{\mathrm{T}}$.

解　用 SOR 法求解给定方程组的计算公式为

$$\begin{cases}x_1^{(k+1)}=(1-\omega)x_1^{(k)}+\dfrac{\omega}{4}(1+x_2^{(k)})\\ x_2^{(k+1)}=(1-\omega)x_2^{(k)}+\dfrac{\omega}{4}(4+x_1^{(k+1)}+x_3^{(k)})\\ x_3^{(k+1)}=(1-\omega)x_3^{(k)}+\dfrac{\omega}{4}(-3+x_2^{(k+1)})\end{cases}$$

这里取定初值为$(0,0,0)^{\mathrm{T}}$，分别选取 $\omega=1.00$、1.03 和 1.10 四个不同的松弛因子进行计算.

选取 $\omega=1.00$ 时，其数值结果为

k	$x_1^{(k)}$	$x_2^{(k)}$	$x_3^{(k)}$	$\|\boldsymbol{x}^{(k)}-\boldsymbol{x}^{(k-1)}\|_\infty$
1	0.25000000	1.06250000	−0.48437500	0.25000000
2	0.51562500	1.00781250	−0.49804688	0.01562500
3	0.50195312	1.00097656	−0.49975586	0.00195312
4	0.50024414	1.00012207	−0.49996948	0.00024414
5	0.50003052	1.00001526	−0.49999619	0.00003052
6	0.50000381	1.00000191	−0.49999952	0.00000381

选取 $\omega=1.03$ 时，其数值结果为

k	$x_1^{(k)}$	$x_2^{(k)}$	$x_3^{(k)}$	$\|\boldsymbol{x}^{(k)}-\boldsymbol{x}^{(k-1)}\|_\infty$
1	0.25749999	1.09630620	−0.49020115	0.24250001
2	0.53207386	1.00789309	−0.49826148	0.03207386
3	0.50107026	1.00048637	−0.49992692	0.00107026
4	0.50009316	1.00002813	−0.49999493	0.00009316
5	0.50000447	1.00000167	−0.49999973	0.00000447

选取 $\omega=1.10$ 时，其数值结果为

k	$x_1^{(k)}$	$x_2^{(k)}$	$x_3^{(k)}$	$\|x^{(k)}-x^{(k-1)}\|_\infty$
1	0.27500001	1.17562509	-0.50170308	0.22499999
2	0.57079691	1.00143826	-0.49943417	0.07079691
3	0.49331579	0.99817359	-0.50055879	0.00668421
4	0.50016618	1.00007463	-0.49992359	0.00016618
5	0.50000387	1.00001454	-0.50000364	0.00001454
6	0.50000364	0.99999857	-0.50000000	0.00000364

4.7　已知矩阵

$$A=\begin{pmatrix}1 & 0.5 & 0.5\\ 0.5 & 1 & 0.5\\ 0.5 & 0.5 & 1\end{pmatrix}$$

分别讨论用 Jacobi 迭代法、Gauss - Seidel 迭代法和 SOR 方法求解方程组 $\boldsymbol{Ax}=\boldsymbol{b}$ 时算法的收敛性,其中要求松弛因子 $\omega\in(0,2)$.

解　由于系数矩阵 $\boldsymbol{A}$ 是对称正定矩阵,故 Gauss - Seidel 迭代法求解方程组 $\boldsymbol{Ax}=\boldsymbol{b}$ 是收敛的;而当松弛因子 $\omega\in(0,2)$ 时,SOR 方法求解方程组 $\boldsymbol{Ax}=\boldsymbol{b}$ 也是收敛的. 由

$$\boldsymbol{B}_J=\begin{pmatrix}0 & -0.5 & -0.5\\ -0.5 & 0 & -0.5\\ -0.5 & -0.5 & 0\end{pmatrix}$$

$|\lambda \boldsymbol{I}-\boldsymbol{B}_J|=(\lambda+1)(\lambda-0.5)^2=0$ 得 $\lambda_1=-1$, $\lambda_{2,3}=0.5$,所以 $\rho(\boldsymbol{B}_J)=1$,故 Jacobi 迭代法是发散的.

4.8　已知矩阵 $\boldsymbol{A}$ 对称正定,现构造两步的迭代法

$$\begin{cases}(\boldsymbol{D}-\boldsymbol{L})\boldsymbol{x}^{(k+\frac{1}{2})}=\boldsymbol{Ux}^{(k)}+\boldsymbol{b}\\ (\boldsymbol{D}-\boldsymbol{U})\boldsymbol{x}^{(k+1)}=\boldsymbol{Ux}^{(k+\frac{1}{2})}+\boldsymbol{b}\end{cases}$$

试将这个迭代法表示成 $\boldsymbol{x}^{(k+1)}=\boldsymbol{Bx}^{(k)}+\boldsymbol{f}$ 的形式.

参考答案

$\boldsymbol{x}^{(k+1)}=(\boldsymbol{D}-\boldsymbol{U})^{-1}\boldsymbol{L}(\boldsymbol{D}-\boldsymbol{L})^{-1}\boldsymbol{Ux}^{(k)}+(\boldsymbol{D}-\boldsymbol{U})^{-1}\boldsymbol{D}(\boldsymbol{D}-\boldsymbol{L})^{-1}\boldsymbol{b}$

4.9　用迭代公式

$$\boldsymbol{x}^{(k+1)}=\boldsymbol{x}^{(k)}-\alpha(\boldsymbol{Ax}^{(k)}-\boldsymbol{b})\ (k=0,1,2,\cdots)$$

求解方程组 $\boldsymbol{Ax}=\boldsymbol{b}$,其中 $\boldsymbol{A}=\begin{pmatrix}3 & 2\\ 1 & 2\end{pmatrix}$, $\boldsymbol{b}=\begin{pmatrix}3\\ -1\end{pmatrix}$. 问 α 取哪些值时能保证迭代收敛？进一步地,α 取什么值时迭代收敛最快?

解　所给迭代公式的迭代矩阵为

$$\boldsymbol{B}=\boldsymbol{I}-\alpha\boldsymbol{A}=\begin{pmatrix}1-3\alpha & -2\alpha\\ -\alpha & 1-2\alpha\end{pmatrix}$$

以下计算 $\boldsymbol{B}$ 的特征值,由

$$|\lambda\boldsymbol{I}-\boldsymbol{B}|=(\lambda-1)^2+5\alpha(\lambda-1)+4\alpha^2=0$$

解得 $\lambda_1=1-4\alpha,\lambda_2=1-\alpha$,于是

$$\rho(\boldsymbol{B}) = \max\{|1-4\alpha|, |1-\alpha|\}$$

从而

$$\rho(\boldsymbol{B}) = \begin{cases} 1-4\alpha, & \alpha \leqslant 0 \\ 1-\alpha, & 0<\alpha<\dfrac{2}{5} \\ 4\alpha-1, & \alpha \geqslant \dfrac{2}{5} \end{cases}$$

于是$\rho(\boldsymbol{B})<1$当且仅当$0<\alpha<\dfrac{1}{2}$. 因此,当$0<\alpha<\dfrac{1}{2}$时,能保证迭代收敛. 当$\alpha=\dfrac{2}{5}$时,$\rho(\boldsymbol{B})$达到最小值$\dfrac{3}{5}$,此时迭代收敛最快.

4.10 已知$\boldsymbol{A}\in\mathbf{R}^{n\times n}$,证明:$\dfrac{1}{\sqrt{n}}\|\boldsymbol{A}\|_2\leqslant\|\boldsymbol{A}\|_\infty\leqslant\sqrt{n}\|\boldsymbol{A}\|_2$.

证 由例4.3的证明过程知,对一切$\boldsymbol{x}\in\mathbf{R}^n$都满足

$$\frac{1}{\sqrt{n}}\|\boldsymbol{x}\|_2 \leqslant \|\boldsymbol{x}\|_\infty \leqslant \|\boldsymbol{x}\|_2$$

从而对一切$\boldsymbol{A}\in\mathbf{R}^{n\times n}$都有

$$\frac{1}{\sqrt{n}}\|\boldsymbol{Ax}\|_2 \leqslant \|\boldsymbol{Ax}\|_\infty \leqslant \|\boldsymbol{Ax}\|_2$$

根据向量范数与其导出的矩阵范数的相容性,可知

$$\|\boldsymbol{Ax}\|_\infty \leqslant \|\boldsymbol{Ax}\|_2 \leqslant \|\boldsymbol{A}\|_2\|\boldsymbol{x}\|_2 \leqslant \sqrt{n}\|\boldsymbol{A}\|_2\|\boldsymbol{x}\|_\infty$$

故当$\boldsymbol{x}\neq 0$时,$\dfrac{\|\boldsymbol{Ax}\|_\infty}{\|\boldsymbol{x}\|_\infty}\leqslant\sqrt{n}\|\boldsymbol{A}\|_2$. 同理可得$\dfrac{1}{\sqrt{n}}\dfrac{\|\boldsymbol{Ax}\|_2}{\|\boldsymbol{x}\|_2}\leqslant\|\boldsymbol{A}\|_\infty$. 从而

$$\frac{1}{\sqrt{n}}\max_{\boldsymbol{x}\neq 0}\frac{\|\boldsymbol{Ax}\|_2}{\|\boldsymbol{x}\|_2} \leqslant \|\boldsymbol{A}\|_\infty = \max_{\boldsymbol{x}\neq 0}\frac{\|\boldsymbol{Ax}\|_\infty}{\|\boldsymbol{x}\|_\infty} \leqslant \sqrt{n}\|\boldsymbol{A}\|_2$$

即得$\dfrac{1}{\sqrt{n}}\|\boldsymbol{A}\|_2\leqslant\|\boldsymbol{A}\|_\infty\leqslant\sqrt{n}\|\boldsymbol{A}\|_2$.

4.11 不等式$\|\boldsymbol{I}\|\geqslant 1$和$\|\boldsymbol{A}^{-1}\|\geqslant\|\boldsymbol{A}\|^{-1}$是否一定成立? 证明你的结论.

解 $\|\boldsymbol{I}\|\geqslant 1$和$\|\boldsymbol{A}^{-1}\|\geqslant\|\boldsymbol{A}\|^{-1}$成立. 因为根据矩阵范数的定义得$\|\boldsymbol{I}\|=\|\boldsymbol{I}^2\|\leqslant\|\boldsymbol{I}\|\cdot\|\boldsymbol{I}\|$,从而必有$\|\boldsymbol{I}\|\geqslant 1$. 又由于

$$1 \leqslant \|\boldsymbol{I}\| = \|\boldsymbol{A}^{-1}\boldsymbol{A}\| \leqslant \|\boldsymbol{A}^{-1}\|\cdot\|\boldsymbol{A}\|$$

故必成立$\|\boldsymbol{A}^{-1}\|\geqslant\|\boldsymbol{A}\|^{-1}$.

*4.12 设有线性方程组

$$\begin{pmatrix} a_{11} & a_{12} \\ a_{21} & a_{22} \end{pmatrix}\begin{pmatrix} x_1 \\ x_2 \end{pmatrix} = \begin{pmatrix} b_1 \\ b_2 \end{pmatrix}$$

其中$a_{11}a_{22}\neq 0$. 证明求解该方程组的Jacobi迭代法和Gauss－Seidel迭代法同时收敛或同时发散.

证 把系数矩阵$\boldsymbol{A}$分裂为

$$A=\begin{pmatrix}a_{11}&\\&a_{22}\end{pmatrix}-\begin{pmatrix}0&\\-a_{21}&0\end{pmatrix}-\begin{pmatrix}0&-a_{12}\\&0\end{pmatrix}=D-L-U$$

则 Jacobi 迭代法的迭代矩阵

$$B_J=D^{-1}(L+U)=\begin{pmatrix}0&-\dfrac{a_{12}}{a_{11}}\\-\dfrac{a_{21}}{a_{22}}&0\end{pmatrix}$$

计算 B_J 的特征值. 由

$$|\lambda I-B_J|=\lambda^2-\frac{a_{12}a_{21}}{a_{11}a_{22}}=0$$

并记 $r=\dfrac{a_{12}a_{21}}{a_{11}a_{22}}$,解得

(1) 当 $r>0$ 时,$\lambda_{1,2}=\pm\sqrt{r}$;

(2) 当 $r=0$ 时,$\lambda_{1,2}=0$;

(3) 当 $r<0$ 时,$\lambda_{1,2}=\pm i\sqrt{|r|}$.

从而 $\rho(B_J)=\sqrt{|r|}$. 而 Gauss - Seidel 迭代法的迭代矩阵

$$B_G=(D-L)^{-1}U=\begin{pmatrix}0&-\dfrac{a_{12}}{a_{11}}\\0&r\end{pmatrix}$$

由 $|\lambda I-B_G|=\lambda(\lambda-r)=0$ 可得 B_G 的特征值 $\lambda_1=0,\lambda_2=r$,故 $\rho(B_G)=|r|$. 当 $|r|<1$ 时同时有 $\rho(B_J)<1$ 和 $\rho(B_G)<1$;而当 $|r|\geqslant1$ 时,同时有 $\rho(B_J)\geqslant1$ 和 $\rho(B_G)\geqslant1$. 因此,求解该方程组的 Jacobi 迭代法和 Gauss - Seidel 迭代法要么同时收敛,要么同时发散.

*4.13 已知矩阵

$$A=\begin{pmatrix}1&a&a\\a&1&a\\a&a&1\end{pmatrix}$$

试证:

(1) 当 $-0.5<a<1$ 时 A 是正定的;

(2) 当 $-0.5<a<0.5$ 时,用 Jacobi 迭代法求解方程组 $Ax=b$ 时算法收敛.

证 (1) 要使对称矩阵是正定的,当且仅当它的各阶顺序主子式都大于零,即

$$D_1=1>0,\quad D_2=\begin{vmatrix}1&a\\a&1\end{vmatrix}>0,\quad D_3=\begin{vmatrix}1&a&a\\a&1&a\\a&a&1\end{vmatrix}>0$$

从而

$$\begin{cases}1-a^2>0\\(1-a)^2(1+2a)>0\end{cases}$$

解得 $-0.5<a<1$. 故当 $-0.5<a<1$ 时，$\boldsymbol{A}$ 是正定的.

（2）Jacobi 迭代法的迭代矩阵为

$$\boldsymbol{B}_J=\boldsymbol{D}^{-1}(\boldsymbol{L}+\boldsymbol{U})=\begin{pmatrix}0 & -a & -a\\ -a & 0 & -a\\ -a & -a & 0\end{pmatrix}$$

由 $|\lambda\boldsymbol{I}-\boldsymbol{B}_J|=(\lambda-a)^2(\lambda+2a)=0$ 可得 $\rho(\boldsymbol{B}_J)=2|a|$. 因此当且仅当 $\rho(\boldsymbol{B}_J)<1$ 时，即 $-0.5<a<0.5$时 Jacobi 迭代法收敛.

4.4 综合练习

1. 已知方程组 $\boldsymbol{Ax}=\boldsymbol{b}$，其中 $\boldsymbol{A}=\begin{pmatrix}2 & -1\\ 1 & 1.5\end{pmatrix}$，则求解此方程组的 Jacobi 方法的迭代矩阵是______，而 Gauss - Seidel 迭代法的迭代矩阵是______.

2. $\boldsymbol{b}\in\mathbf{R}^n$，矩阵 $\boldsymbol{A}\in\mathbf{R}^{n\times n}$的所有特征值 λ_i 均为实数，且满足 $0<\lambda_i<1(i=1,2,\cdots,n)$，则用下列哪一个迭代法求解线性方程组 $\boldsymbol{Ax}=\boldsymbol{b}$ 必收敛？（　　）

   A. Jacobi 迭代法

   B. Gauss - Seidel 迭代法

   C. 迭代法 $\boldsymbol{x}^{(k+1)}=(\boldsymbol{I}-\boldsymbol{A})\boldsymbol{x}^{(k)}+\boldsymbol{b}\quad(k=1,2,\cdots),\quad \boldsymbol{x}^{(0)}\in\mathbf{R}^n$ 任选

   D. 迭代法 $\boldsymbol{x}^{(k+1)}=(\boldsymbol{I}+\boldsymbol{A})\boldsymbol{x}^{(k)}-\boldsymbol{b}\quad(k=1,2,\cdots),\quad \boldsymbol{x}^{(0)}\in\mathbf{R}^n$ 任选

3. 判断下列命题正确与否，并解释原因.

   A. 解方程组 $\boldsymbol{Ax}=\boldsymbol{b}$ 时，Jacobi 方法和 Gauss - Seidel 方法对任意的 $\boldsymbol{x}^{(0)}$ 收敛的充要条件是 $\boldsymbol{A}$ 严格对角占优.

   B. 若方程组 $\boldsymbol{Ax}=\boldsymbol{b}$ 中 $\boldsymbol{A}$ 对称正定，则解此方程组的 Jacobi 方法和 Gauss - Seidel 方法都收敛.

   C. 若松弛因子 ω 满足 $0<\omega<2$，则解方程组 $\boldsymbol{Ax}=\boldsymbol{b}$ 的 SOR 方法收敛.

   D. 若方程组 $\boldsymbol{Ax}=\boldsymbol{b}$ 中 $\boldsymbol{A}$ 对称正定，且 ω 满足 $0<\omega<2$，则此方程组的 SOR 方法和 Gauss - Seidel 方法都收敛.

4. 设方程组 $\boldsymbol{Ax}=\boldsymbol{b}$，其中

$$\boldsymbol{A}=\begin{pmatrix}1 & -0.5 & a\\ -0.5 & 2 & -0.5\\ -a & -0.5 & 1\end{pmatrix}$$

按便于计算的收敛充分条件，使 Jacobi 方法和 Gauss - Seidel 方法均收敛的 a 的取值范围是______.

5. 方程组$\begin{pmatrix}1 & a\\ a & 1\end{pmatrix}\begin{pmatrix}x_1\\ x_2\end{pmatrix}=\begin{pmatrix}b_1\\ b_2\end{pmatrix}$中，如果实数 a 满足______，且 $0<\omega<2$ 时，则 SOR 迭代收敛.

6. 已知

$$\boldsymbol{x}=\begin{pmatrix}2\\ -4\\ -1\end{pmatrix},\ \boldsymbol{A}=\begin{pmatrix}4 & -3 & 0\\ -1 & 6 & 0\\ 0 & 0 & 2\end{pmatrix}$$

求 $\|\boldsymbol{x}\|_1$，$\|\boldsymbol{A}\|_1$，$\|\boldsymbol{Ax}\|_2$ 和 $\|\boldsymbol{Ax}\|_\infty$.

7. 分别用 Jacobi 迭代法和 Gauss - Seidel 迭代法求解线性方程组

$$\begin{pmatrix} 7 & 2 & 1 & -2 \\ 9 & 15 & 3 & -2 \\ -2 & -2 & 11 & 5 \\ 1 & 3 & 2 & 13 \end{pmatrix}\begin{pmatrix} x_1 \\ x_2 \\ x_3 \\ x_4 \end{pmatrix} = \begin{pmatrix} 4 \\ 7 \\ -1 \\ 0 \end{pmatrix}$$

要求当 $\|\boldsymbol{x}^{(k)} - \boldsymbol{x}^{(k-1)}\|_\infty < 1.0 \times 10^{-6}$时终止迭代.

8. 讨论解线性方程组的 Jacobi 方法和 Gauss - Seidel 方法的收敛性，其中

$$\boldsymbol{A} = \begin{pmatrix} 2 & -1 & 1 \\ 1 & 1 & 1 \\ 1 & 1 & -2 \end{pmatrix}$$

9. 如何对方程组

$$\begin{pmatrix} -1 & 8 & 0 \\ -1 & 0 & 9 \\ 9 & -1 & -1 \end{pmatrix}\begin{pmatrix} x_1 \\ x_2 \\ x_3 \end{pmatrix} = \begin{pmatrix} 7 \\ 8 \\ 7 \end{pmatrix}$$

进行调整，可使得用 Gauss - Seidel 方法求解时收敛？并取初始向量 $\boldsymbol{x}^{(0)} = (0,0,0)^{\mathrm{T}}$，用该方法求近似解 $\boldsymbol{x}^{(k+1)}$，使 $\|\boldsymbol{x}^{(k+1)} - \boldsymbol{x}^{(k)}\|_\infty \leqslant 10^{-3}$.

10. 设方程组

$$\begin{pmatrix} 4 & 3 & 0 \\ 3 & 4 & -1 \\ 0 & -1 & 4 \end{pmatrix}\begin{pmatrix} x_1 \\ x_2 \\ x_3 \end{pmatrix} = \begin{pmatrix} 24 \\ 30 \\ -24 \end{pmatrix}$$

（1）分析用 SOR 方法求解时的收敛性；

（2）写出 SOR 方法的迭代公式，并取 $\omega = 1.25$，对公式加以整理；

（3）取 $\boldsymbol{x}^{(0)} = (1,1,1)^{\mathrm{T}}$ 迭代计算（手算并借助计算器）前两个迭代值.

11. 对方程组 $\boldsymbol{Ax} = \boldsymbol{b}$，其中 $\boldsymbol{A} = \begin{pmatrix} 1 & 2 \\ 0.3 & 1 \end{pmatrix}$，$\boldsymbol{b} = \begin{pmatrix} 1 \\ 2 \end{pmatrix}$，拟用迭代法求解，试确定一个 α 的取值范围，使得下面的迭代公式收敛

$$\boldsymbol{x}^{(k+1)} = (\boldsymbol{I} + \alpha \boldsymbol{A})\boldsymbol{x}^{(k)} - \alpha \boldsymbol{b} \qquad (k = 0,1,\cdots)$$

4.5 实验指导

1. 用 Jacobi 迭代法求解线性方程组

$$\begin{pmatrix} 7 & 2 & 1 & -2 \\ 9 & 15 & 3 & -2 \\ -2 & -2 & 11 & 5 \\ 1 & 3 & 2 & 13 \end{pmatrix}\begin{pmatrix} x_1 \\ x_2 \\ x_3 \\ x_4 \end{pmatrix} = \begin{pmatrix} 4 \\ 7 \\ -1 \\ 0 \end{pmatrix}$$

在源程序所在文件夹中建立一个文本文件 JacobiIterationData. txt,具体内容为:

```
4
7   2   1   -2
9   15  3   -2
-2  -2  11  5
1   3   2   13
4   7   -1  0
0   0   0   0
```

其中第 1 行数字 4 为方程组的阶数,第 2~5 行这 4 行为方程组的系数矩阵,第 6 行为方程组的常数项向量,最后一行为初值向量. 数字间用空格或回车分隔.

C 语言程序清单:

```
#include  "stdio.h"
#include  "math.h"

/*********************************/
/*  程序名:JacobiIteration              */
/*  程序功能:线性方程组求解的 Jacobi 迭代法.    */
/*********************************/

void  main( )
{  FILE *f;              //定义文件指针变量 f
   float A[100][100], b[100], x0[100], x[100], epsilon, normal, temp;
   int n,N,i,j,k;
   //A: 方程组的系数矩阵;   b: 方程组的常数项向量;
   //x0: (每步)迭代的初值;  x: 每步迭代的结果;
   //epsilon: 精度;         normal: 相邻 2 步解向量差的范数;
   //n: 方程组的阶数;       N: 最大迭代次数

   f = fopen(".\\JacobiIterationData.txt", "r");  //为了读数据打开当前文件夹中的数据
                                                   文件
   fscanf(f, "%d", &n);                           //读取方程组的阶数给变量 n
   for(i=0;  i<n;  i++)                           //读取系数矩阵的数据
      for(j=0;  j<n;  j++)
         fscanf(f,"%f",&A[i][j]);
   for(i=0;  i<n;  i++)                           //读取常数项向量的数据
      fscanf(f,"%f",&b[i]);
   for(i=0;  i<n;  i++)                           //读取初值向量的数据
      fscanf(f,"%f",&x0[i]);
   fclose(f);                                     //读取完毕, 关闭文件

   printf("\n 精度 = ");   scanf("%f", &epsilon);  //从键盘输入精度要求
```

```
    printf("\n 最大迭代次数 N = ");    scanf("%d", &N);  //和最大迭代次数

    printf("\n %d : ", 0);                         //输出第 0 步时的近似解向量
    for(i =0;i <n;i + +)
        printf("  %f",x0[i]);

    //以下是迭代过程
    for(k =0;  k <N;  k + +)
    {  //这是第 k 步迭代，迭代前的向量在 x0[]中，迭代后的在 x[]中
        normal =0;

        for(i =0; i <n;  i + +)                    //依次计算迭代向量的各个分量
          { x[i] =b[i];                            //x[i]取值 b[i]
          for(j =0;  j <n;  j + +)                 //使用 Jacobi 迭代公式
                if(j! =i)
                    x[i] = x[i] -A[i][j] * x0[j];
          x[i] =x[i]/A[i][i];

          temp = fabs(x[i] - x0[i]);               //求范数与迭代在同一个循环中
          if(temp >normal)
              normal = temp;                       //这里用的是无穷范数，即各分量绝对
                                                     值的最大值
    }                                              //第 k 步迭代结束
    printf("\n %d : ",k +1);
     for(i =0;  i <n;  i + +)
    {   printf("  %f", x[i]);                      //输出迭代过程
            x0[i] =x[i];                           //同时为下一次迭代准备初值
    }
      if(normal < epsilon)                         //达到精度要求则结束
      {    printf("\n");  return;}
    }
    printf("\n\n 迭代 %d 次后仍未求得满足精度的解\n", N);
}
```

注：本例通过文件指针打开数据文件并读取数据.

Matlab 程序清单：

```
% = = = = = = = = = = = = = = = = = = = = = = = = = = = = = = = = = = = = = = = = = = = = =
%  程序名： JacobiIteration.m
%  程序功能： 线性方程组求解的 Jacobi 迭代法
% = = = = = = = = = = = = = = = = = = = = = = = = = = = = = = = = = = = = = = = = = = = = =

clear all;                                     % 清除其它程序定义的所有内存变量
clc;                                           % 清屏
```

```
f = fopen('JacobiIterationData.txt','r');        % 为了读数据打开当前文件夹中的数据文件
n = fscanf(f,' %d', 1);                          % 读取方程组的阶数给变量 n
A = zeros(n,n);                                  % 定义 n 阶方阵 A,元素全为 0
b = zeros(n,1);                                  % 定义 n 维向量 b,分量全为 0
x = b;                                           % 将向量 b 复制为 x 和 x0
x0 = b;
for  i = 1:n                                     % 读取系数矩阵的数据
    for j = 1:n
        A(i ,j) = fscanf(f,'  %f', 1);
    end
end

for  i = 1:n                                     % 读取常数项向量的数据
    b(i) = fscanf(f,'  %f', 1);
end

for  i = 1:n                                     % 读取初值向量的数据
    x0(i) = fscanf(f,'  %f', 1);
end

fclose(f);                                       % 读取完毕,关闭文件

epsilon = input('\n 精度 = ');                   % 从键盘输入精度要求
N = input('\n 最大迭代次数 N = ');               % 和最大迭代次数

fprintf('\n %d : ', 0);                          % 输出第 0 步时的近似解向量
for  i = 1:n
    fprintf('  %f', x0(i));
end

% 以下是迭代过程
for k = 1:N
    % 这是第 k 步迭代,迭代前的向量在 x0[ ]中,迭代后的在 x[ ]中
    normal = 0;                                  % 计算两步迭代向量差的范数
    for  i = 1:n                                 % 依次计算迭代向量的各个分量
        x(i) = b(i);                             % x[i]取值 b[i]
        for j = 1:n                              % 使用 Jacobi 迭代公式
            if j ~= i
                x(i)  = x(i) - A(i, j) * x0(j);
            end
        end
        x(i) = x(i) / A(i, i);
```

```
        temp = abs(x(i) - x0(i));                % 求范数与迭代在同一个循环中
        if temp > normal
          normal = temp;                           % 这里用的是无穷范数
        end
    end                                            % 第 k 步迭代结束
    fprintf('\n %d : ', k);                        % 输出迭代过程
    for i =1:n
           x0(i) = x(i);                           % 为下一次迭代准备初值
           fprintf(' %f', x(i));                   % 输出迭代过程
        end

    if normal < epsilon                            % 达到精度要求则结束
        return;
    end
end
fprintf('\n\n迭代 %d 次后仍未求得满足精度的解\n', N);
```

运行结果：

精度 = 0.001				
最大迭代次数 N = 100				
0 :	0.000000	0.000000	0.000000	0.000000
1:	0.571429	0.466667	-0.090909	0.000000
2:	0.451082	0.141991	0.097835	-0.137662
3:	0.477551	0.158095	0.079496	-0.082517
4:	0.491325	0.153234	0.062171	-0.085448
5:	0.494352	0.148044	0.065124	-0.082721
6:	0.496192	0.146001	0.063491	-0.082210
7:	0.497155	0.145292	0.063222	-0.081629

2. 用 Gauss – Seidel 迭代法求解线性方程组

$$\begin{pmatrix} 7 & 2 & 1 & -2 \\ 9 & 15 & 3 & -2 \\ -2 & -2 & 11 & 5 \\ 1 & 3 & 2 & 13 \end{pmatrix}\begin{pmatrix} x_1 \\ x_2 \\ x_3 \\ x_4 \end{pmatrix} = \begin{pmatrix} 4 \\ 7 \\ -1 \\ 0 \end{pmatrix}$$

在源程序所在文件夹中建立一个文本文件 GaussSeidelData. txt，格式与上题中的数据文件 JacobiIterationData. txt 相同，本题数据文件的具体内容也与上题相同.

C 语言程序清单：

```
#include "iostream.h"
```

```
#include "fstream.h"
#include "iomanip.h"
#include "math.h"

/* * * * * * * * * * * * * * * * * * * * * * * * * * * * * */
/* 程序名:GaussSeidel.CPP                                  * /
/* 程序功能:用 Gauss - Seidel 方法求解线性方程组.           * /
/* * * * * * * * * * * * * * * * * * * * * * * * * * * * * */

void main()
{   ifstream  fin(".\\GaussSeidelData.txt");
          //建立文件流对象 fin,并为读打开同一文件夹下的文件 GaussSeidelData.txt

    float A[100][100],  b[100], x[100], epsilon,  normal,  t,  temp;
    int n,N,i,j,k;
    //A: 方程组的系数矩阵;  b: 方程组的常数项向量;
    //x: 每步迭代的结果, 因每步迭代后不需要再保存原值, 故迭代前后用同一向量存放;
    //epsilon: 精度;           normal: 相邻 2 步解向量差的范数;
    //n: 方程组的阶数;          N: 最大迭代次数

    //以下程序段完成从文件流对象中读取数据
    fin > > n;                      //从文件中读节点个数

    for(i = 0;  i < n;  i + +)
        for(j = 0;  j < n;  j + +)
            fin > > A[i][j];         //从文件中读系数矩阵的元素

    for(i = 0;  i < n;  i + +)
            fin > > b[i];            //从文件中读常数项向量的元素

    for(i = 0;  i < n;  i + +)
            fin > > x[i];            //从文件中读初值向量的元素

    fin.close( );                    //关闭所打开的文件

    cout < < endl < < " 精度 = ";    cin > > epsilon;     //提示输入精度 epsilon
    cout < < endl < < " 最大迭代次数 N = ";    cin > > N;  //提示输入最大迭代次数 N

    cout < < setiosflags(ios::fixed);                      //设置浮点数形式输出

    cout < < endl < < setw(2) < < 0 < < ":";               //输出第 0 步的迭代向量
    for(i = 0;  i < n;  i + +)
```

```
    cout << setw(13) << setprecision(6) << x[i];  //共13位，小数占6位
  cout <<endl;

  //以下是迭代过程
  for(k=0;  k<N;  k++)
  {  normal = 0;            //记录下一步与前一步迭代向量差的范数

     for(i=0; i<n; i++)        //对每个分量
     {   t = x[i];              //临时保存上一步迭代的第 i 个分量
         x[i] = b[i];           //预置第 i 个分量的新值 b[i]
         for(j=0; j<n; j++)  //依次减去所有的 a[i][j]*x[j]
             if(j! =i)
                 x[i] = x[i]-A[i][j]*x[j];
                     //x[0],…,x[i-1]已是新的迭代值，x[i+1],…,x[n-1]是旧值
                     //所以进行的是 G-S 迭代
         x[i] = x[i] /A[i][i];      //除以 a[i][i]即得新迭代值

         temp=fabs(x[i]-t);        //求范数与迭代在同一个循环中
         normal = normal + temp;  //这里用的是 1-范数,即各分量的绝对值的和
     }               //第 k 步迭代结束.

     cout << endl << setw(2) << k+1 << ":";     //输出新的迭代向量
     for(i=0;  i<n;  i++)
        cout <<setw(13) <<setprecision(6) <<x[i];
     cout <<endl;

     if(normal < epsilon)       //如果两步差的范式小于预定精度
     {    cout <<endl;
          return;              //则结束程序
     }
  }
  cout << endl << endl << "迭代 " << N << " 次后仍未求得满足精度的解." << endl;
                              //迭代超过 N 次时输出错误信息
}
```

注:上例通过文件流对象打开数据文件并用文件流读取数据.

Matlab 程序清单:

```
% ==========================================
%  程序名: GaussSeidel.m
```

```
%  程序功能： 用 Gauss - Seidel 方法求解线性方程组
%  = = = = = = = = = = = = = = = = = = = = = = = = = = = = = = = = = = = = = = = = = = = = =

clear all;              % 清除其它程序定义的所有内存变量
clc;                    % 清屏

f = fopen('GaussSeidelData.txt', 'r');
n = fscanf(f, '%d', 1);
A = zeros(n, n);
b  = zeros(n, 1);
x  = b;
for  i = 1 : n
    for  j = 1 : n
        A(i,j) = fscanf(f, '%f', 1);
    end
end

for  i = 1 : n
    b(i) = fscanf(f, '%f', 1);
end

for  i = 1 : n
    x0(i) = fscanf(f, '%f', 1);
end

fclose(f);
epsilon = input('\n 精度 = ');
N = input('\n 最大迭代次数 N = ');

fprintf('\n %d : ', 0);
for  i = 1 : n
    fprintf('  %f', x(i));
end

% 以下是迭代过程
for  k = 1 : N
    normal = 0;
    for  i = 1 : n
         t = x(i);                    % 临时保存上一步迭代的第 i 个分量
         x(i) = b(i);
         for  j = 1 : n
                  if  j ~ = i
```

```
                x(i) = x(i) - A(i, j) * x(j);
                 % x[0],…,x[i -1]已是新的迭代值, x[i +1],…,x[n -1]是旧值
                 % 所以进行的是 G - S 迭代
            end
        end
        x(i) = x(i) /A(i, i);

        temp = abs(x(i) - t);              % 求范数与迭代在同一个循环中
        normal = normal + temp;            % 这里用的是 1 - 范数,即各分量的绝对值的和
    end                                    % 第 k 步迭代结束
    fprintf('\n %d : ', k);
    for  i = 1 : n
         fprintf('  %f',  x(i));           % 输出迭代过程
    end

    if  normal < epsilon
        return;
    end
end
fprintf('\n\n 迭代 %d 次后仍未求得满足精度的解 \n',N);
```

注:Matlab 对文件的操作只有 fopen 和 fscanf,且格式化输出只有 fprintf,所以本例与上例的 Jacobi 迭代的程序,仅在迭代公式处略有不同,因此本例中语名句注释可参见上例.

运行结果:

精度 =0.001

最大迭代次数 N =100

0 :	0.000000	0.000000	0.000000	0.000000
1:	0.571429	0.123810	0.035498	-0.077989
2:	0.508701	0.143948	0.063204	-0.082073
3:	0.497822	0.144390	0.063163	-0.081332
4:	0.497913	0.144442	0.062852	-0.081303

第5章　插值法与最小二乘拟合法

5.1　内容提要

1. 插值多项式的概念

定义5-1　已知$y=f(x)$在互不相同的点$x_0,x_1,\cdots,x_n$(即$i\neq j$时,$x_i\neq x_j$)处的函数值为$y_i=f(x_i)(i=0,1,\cdots,n)$. 若存在多项式$p(x)$,使得

$$p(x_i)=y_i \qquad (i=0,1,\cdots,n) \tag{5-1}$$

则称$p(x)$为被插函数$f(x)$关于节点$x_0,x_1,\cdots,x_n$的**插值多项式**,$x_0,x_1,\cdots,x_n$为**插值节点**,式(5-1)为**插值条件**.

2. 插值多项式的唯一性

定理5-1　对给定的$n+1$个互不相同的点$x_0,x_1,\cdots,x_n$及其对应的函数值$y_0,y_1,\cdots,y_n$,满足插值条件(5-1)且次数不超过n的插值多项式$p_n(x)$存在并且是唯一的.

3. 插值余项

定义5-2　若$p_n(x)$是被插函数$f(x)$的插值多项式,则称

$$R_n(x)=f(x)-p_n(x)$$

为插值多项式的**插值余项**.

定理5-2　设$f(x)$在区间$[a,b]$上连续,在(a,b)内有直到$n+1$阶的导数,$x_0,x_1,\cdots,x_n$是区间$[a,b]$上的$n+1$个互不相同的点,$p_n(x)$是满足插值条件$p_n(x_i)=f(x_i)(i=0,1,\cdots,n)$的插值多项式,则插值余项

$$R_n(x)=\frac{f^{(n+1)}(\xi)}{(n+1)!}\prod_{i=0}^{n}(x-x_i)$$

其中$\xi\in(a,b)$且与x有关.

4. Lagrange插值多项式

$$p_n(x)=y_0L_0(x)+y_1L_1(x)+\cdots+y_nL_n(x)=\sum_{i=0}^{n}y_iL_i(x)$$

其中

$$L_k(x)=\frac{(x-x_0)\cdots(x-x_{k-1})(x-x_{k+1})\cdots(x-x_n)}{(x_k-x_0)\cdots(x_k-x_{k-1})(x_k-x_{k+1})\cdots(x_k-x_n)}=\prod_{\substack{j=0\\ j\neq k}}^{n}\frac{x-x_j}{x_k-x_j}\quad(k=0,1,\cdots,n)$$

称为Lagrange基函数.

5. 差商的定义与主要性质

定义5-3　给定函数$f(x)$和插值节点$x_0,x_1,\cdots,x_n$,用$f[x_0,x_1,\cdots,x_k]$表示$f(x)$关于节点$x_0,x_1,\cdots,x_k$的k**阶差商**$(k=1,2,\cdots,n)$,它们可递归定义为

$$f[x_0,x_1,\cdots,x_k]=\frac{f[x_1,x_2,\cdots,x_k]-f[x_0,x_1,\cdots,x_{k-1}]}{x_k-x_0}$$

其中$f(x)$关于节点 x_i 的0阶差商定义为其函数值，即$f[x_i]=f(x_i)$.

低阶差商的具体递推公式如下：

0 阶差商：

$$f[x_0]=f(x_0),\quad f[x_1]=f(x_1),\quad f[x_2]=f(x_2),\ \cdots$$

1 阶差商：

$$f[x_0,x_1]=\frac{f[x_1]-f[x_0]}{x_1-x_0},\quad f[x_1,x_2]=\frac{f[x_2]-f[x_1]}{x_2-x_1},\ \cdots$$

2 阶差商：

$$f[x_0,x_1,x_2]=\frac{f[x_1,x_2]-f[x_0,x_1]}{x_2-x_0}$$

$$f[x_1,x_2,x_3]=\frac{f[x_2,x_3]-f[x_1,x_2]}{x_3-x_1}$$

$$\vdots$$

3 阶差商

$$f[x_0,x_1,x_2,x_3]=\frac{f[x_1,x_2,x_3]-f[x_0,x_1,x_2]}{x_3-x_0},\ \cdots$$

……

根据差商的定义，可以得到差商如下性质：

性质 1 对 $k=0,1,\cdots,n$，有

$$\begin{aligned}f[x_0,x_1,\cdots,x_k]&=\sum_{i=0}^{k}\frac{f(x_i)}{(x_i-x_0)\cdots(x_i-x_{i-1})(x_i-x_{i+1})\cdots(x_i-x_k)}\\&=\sum_{i=0}^{k}\left(f(x_k)\cdot\sum_{\substack{j=0\\j\neq i}}^{k}\frac{1}{x_i-x_j}\right)\end{aligned}\tag{5-2}$$

性质 2(对称性) 差商$f[x_0,x_1,\cdots,x_k]$与插值节点的顺序无关，即

$$f[x_0,x_1,\cdots,x_k]=f[x_{i_0},x_{i_1},\cdots,x_{i_k}]\tag{5-3}$$

其中 $i_0,i_1,\cdots,i_k$ 是 $0,1,\cdots,k$ 的任意一个排列。

可以构造表 5-1，按列递推计算$f(x)$的各阶差商.

表 5-1 差商计算表

节点	0 阶差商	1 阶差商	2 阶差商	3 阶差商	4 阶差商	…
x_0	$f[x_0]$					
x_1	$f[x_1]$	$f[x_0,x_1]$				
x_2	$f[x_2]$	$f[x_1,x_2]$	$f[x_0,x_1,x_2]$			
x_3	$f[x_3]$	$f[x_2,x_3]$	$f[x_1,x_2,x_3]$	$f[x_0,x_1,x_2,x_3]$		
x_4	$f[x_4]$	$f[x_3,x_4]$	$f[x_2,x_3,x_4]$	$f[x_1,x_2,x_3,x_4]$	$f[x_0,x_1,x_2,x_3,x_4]$	
⋮	⋮	⋮	⋮	⋮	⋮	

6. Newton 插值多项式

$$p_n(x)=f[x_0]+f[x_0,x_1]\cdot(x-x_0)+f[x_0,x_1,x_2]\cdot(x-x_0)(x-x_1)$$
$$+\cdots+f[x_0,x_1,\cdots,x_n]\cdot(x-x_0)(x-x_1)\cdots(x-x_{n-1})$$

插值余项的差商形式为

$$R_n(x)=f[x_0,x_1,\cdots,x_n,x]\cdot(x-x_0)(x-x_1)\cdots(x-x_n)$$

7. Hermite 插值多项式

定义 5-4 已知函数$f(x)$在 $k+1$ 个互异节点 $x_i(i=0,1,\cdots,k)$处的函数值$f(x_i)$和直到 m_i 阶的导数值$f^{(j)}(x_i)(j=1,\cdots,m_i)$. 若存在次数不超过 n 的多项式 $p_n(x)$,满足

$$p_n^{(j)}(x_i)=f^{(j)}(x_i)\qquad(j=0,1,\cdots,m_i;\ i=0,1,\cdots,k)$$

则称 $p_n(x)$为$f(x)$的 **Hermite 插值多项式**.

特别地,若给定$f(x)$在两个互异节点 x_0 和 x_1 处的函数值$f(x_0)$和$f(x_1)$,及一阶导数 $f'(x_0)$和$f'(x_1)$,则满足插值条件

$$p_3(x_0)=f(x_0),\ p'_3(x_0)=f'(x_0),\ p_3(x_1)=f(x_1),\ p'_3(x_1)=f'(x_1)$$

的 3 次 Hermite 插值多项式 $p_3(x)$可表示为

$$p_3(x)=f(x_0)\varphi_0(x)+f'(x_0)\psi_0(x)+f(x_1)\varphi_1(x)+f'(x_1)\psi_1(x)$$

其中 $\varphi_i(x)$和 $\psi_i(x)$是满足

$$\varphi_i(x_j)=\psi'_i(x_j)=\delta_{ij}=\begin{cases}1,\ i=j\\0,\ i\neq j\end{cases},\quad \varphi'_i(x_j)=\psi_i(x_j)=0\qquad(i,j=0,1)$$

的 3 次多项式,进而有

$$p_3(x)=f(x_0)\frac{(x-x_1)^2}{(x_1-x_0)^2}\left[1+2\frac{x-x_0}{x_1-x_0}\right]+f'(x_0)\frac{(x-x_1)^2}{(x_1-x_0)^2}(x-x_0)$$
$$+f(x_1)\frac{(x-x_0)^2}{(x_1-x_0)^2}\left[1-2\frac{x-x_1}{x_1-x_0}\right]+f'(x_1)\frac{(x-x_0)^2}{(x_1-x_0)^2}(x-x_1)$$

8. 三次样条插值多项式

定义 5-5 给定函数$f(x)$在区间$[a,b]$上的 $n+1$ 个点 $a=x_0<x_1<\cdots<x_n=b$ 处的函数值 $y_i=f(x_i)(i=0,1,\cdots,n)$,若函数 $S(x)$满足

(1) $S(x)$在每个子区间$[x_{i-1},x_i](i=1,2,\cdots,n)$上是一个次数不超过 3 次的多项式;

(2) $S(x_i)=y_i(i=0,1,\cdots,n)$;

(3) $S(x)$在区间$[a,b]$上具有 2 阶的连续导数.

则称 $S(x)$是$f(x)$基于节点 $x_0,x_1,\cdots,x_n$ 的**三次样条插值函数**,简称**三次样条**.

确定三次样条常用的边界条件有:

(1) 第 1 型边界条件:给定边界处的 1 阶导数$f'(x_0)$和$f'(x_n)$,即要求

$$S'(x_0)=f'(x_0),\ S'(x_n)=f'(x_n)$$

(2) 第 2 型边界条件:给定边界处的 2 阶导数$f''(x_0)$和$f''(x_n)$,即要求

$$S''(x_0)=f''(x_0),\ S''(x_n)=f''(x_n)$$

特别当$f''(x_0)=f''(x_n)=0$时,称为自然边界条件.

(3) 第 3 型边界条件:假定 $S(x)$是以$(b-a)$为周期的周期函数,即

$$S'(x_0)=S'(x_n),\ S''(x_0)=S''(x_n)$$

此时的 $S(x_0)=S(x_n)$ 已由 $y_0=y_n$ 给定.

在子区间 $[x_{i-1},x_i]$ 上 $S(x)$ 可表示为

$$S_i(x)=y_{i-1}+\left[\frac{y_i-y_{i-1}}{h_i}-\frac{2M_{i-1}+M_i}{6}h_i\right](x-x_{i-1})$$

$$+\frac{M_{i-1}}{2}(x-x_{i-1})^2+\frac{M_i-M_{i-1}}{6h_i}(x-x_{i-1})^3$$

这里 $h_i=x_i-x_{i-1}$,而 M_i 满足三弯矩方程

$$\mu_iM_{i-1}+2M_i+\lambda_iM_{i+1}=d_i\quad(i=1,2,\cdots,n-1)$$

其中

$$\lambda_i=\frac{h_{i+1}}{h_i+h_{i+1}},\quad \mu_i=\frac{h_i}{h_i+h_{i+1}}=1-\lambda_i,\ d_i=6f[x_{i-1},x_i,x_{i+1}]$$

9. 最小二乘拟合法

对测得的一组样本点 $(x_i,y_i)(i=0,1,\cdots,n)$,欲寻求一个简单函数 $y=\varphi(x)$,使其在样本点处的**残差**(也叫**偏差**)的平方和

$$\sum_{0\leqslant i\leqslant n}\delta_i^2:=\sum_{0\leqslant i\leqslant n}(\varphi(x_i)-y_i)^2$$

尽可能小. 这样确定的函数 $y=\varphi(x)$ 为这组样本点的拟合函数. 这种构造近似函数的方法称为**曲线拟合**. 对残差使用这种判断条件的方法称为**最小二乘法**.

特别地,拟合函数为直线

$$\varphi(x)=c_1x+c_0$$

时,其系数 c_0,c_1 满足**法方程组或正规方程组**

$$\begin{cases}(n+1)c_0+\left(\sum\limits_{i=0}^n x_i\right)c_1=\sum\limits_{i=0}^n y_i\\ \left(\sum\limits_{i=0}^n x_i\right)c_0+\left(\sum\limits_{i=0}^n x_i^2\right)c_1=\sum\limits_{i=0}^n x_iy_i\end{cases}$$

二次拟合或抛物线拟合为

$$\varphi(x)=c_2x^2+c_1x+c_0$$

其系数 c_0,c_1,c_2 满足

$$\begin{cases}c_0(n+1)+c_1\sum\limits_{i=0}^n x_i+c_2\sum\limits_{i=0}^n x_i^2=\sum\limits_{i=0}^n y_i\\ c_0\sum\limits_{i=0}^n x_i+c_1\sum\limits_{i=0}^n x_i^2+c_2\sum\limits_{i=0}^n x_i^3=\sum\limits_{i=0}^n x_iy_i\\ c_0\sum\limits_{i=0}^n x_i^2+c_1\sum\limits_{i=0}^n x_i^3+c_2\sum\limits_{i=0}^n x_i^4=\sum\limits_{i=0}^n x_i^2y_i\end{cases}$$

5.2 例题分析

例 5-1 求过节点(0,1),(1,2)和(2,3)的 Lagrange 插值多项式.

解 记这3个节点分别为(x_0,y_0),(x_1,y_1)和(x_2,y_2),即

$$x_0=0,\quad y_0=1,\quad x_1=1,\quad y_1=2,\quad x_2=2,\quad y_2=3$$

则可构造 Lagrange 基函数

$$L_0(x)=\frac{(x-x_1)(x-x_2)}{(x_0-x_1)(x_0-x_2)}=\frac{(x-1)(x-2)}{(0-1)(0-2)}=\frac{1}{2}(x-1)(x-2)$$

$$L_1(x)=\frac{(x-x_0)(x-x_2)}{(x_1-x_0)(x_1-x_2)}=\frac{(x-0)(x-2)}{(1-0)(1-2)}=-x(x-2)$$

$$L_2(x)=\frac{(x-x_0)(x-x_1)}{(x_2-x_0)(x_2-x_1)}=\frac{(x-0)(x-1)}{(2-0)(2-1)}=\frac{1}{2}x(x-1)$$

于是就得到 Lagrange 插值多项式

$$\begin{aligned}p_2(x)&=y_0L_0(x)+y_1L_1(x)+y_2L_2(x)\\&=1\times\frac{1}{2}(x-1)(x-2)+2\times(-x(x-2))+3\times\frac{1}{2}x(x-1)\\&=\frac{1}{2}(x-1)(x-2)-2x(x-2)+\frac{3}{2}x(x-1)\end{aligned}$$

注 上式进一步化简可得

$$p_2(x)=x+1$$

本例也说明,过$n+1$个插值节点的插值多项式不一定恰好是n次的,也可能低于n次.

例 5-2 已知 $\sin30°=\frac{1}{2}$, $\sin45°=\frac{\sqrt{2}}{2}$, $\sin60°=\frac{\sqrt{3}}{2}$,利用 Lagrange 插值多项式计算 $\sin50°$的近似值(保留4位小数).

提示 没必要非把函数看成$\sin x$,进而要把30°化成$\frac{\pi}{6}$这样一个无理数. 可以认为这个函数是由下面的函数表定义的:

x	30	45	60
y	$\frac{1}{2}$	$\frac{\sqrt{2}}{2}$	$\frac{\sqrt{3}}{2}$

需要计算的是这个函数在$x=50$处的近似值.

解 记

$$x_0=30,\quad y_0=\frac{1}{2},\quad x_1=45,\quad y_1=\frac{\sqrt{2}}{2},\quad x_2=60,\quad y_2=\frac{\sqrt{3}}{2}$$

则可构造 Lagrange 基函数

$$L_0(x)=\frac{(x-x_1)(x-x_2)}{(x_0-x_1)(x_0-x_2)}=\frac{(x-45)(x-60)}{(30-45)(30-60)}=\frac{1}{450}(x-45)(x-60)$$

$$L_1(x)=\frac{(x-x_0)(x-x_2)}{(x_1-x_0)(x_1-x_2)}=\frac{(x-30)(x-60)}{(45-30)(45-60)}=-\frac{1}{225}(x-30)(x-60)$$

$$L_2(x)=\frac{(x-x_0)(x-x_1)}{(x_2-x_0)(x_2-x_1)}=\frac{(x-30)(x-45)}{(60-30)(60-45)}=\frac{1}{450}(x-30)(x-45)$$

于是就得到 Lagrange 插值多项式

$$p_2(x) = y_0L_0(x) + y_1L_1(x) + y_2L_2(x)$$

$$= \frac{1}{900}(x-45)(x-60) - \frac{\sqrt{2}}{450}(x-30)(x-60) + \frac{\sqrt{3}}{900}(x-30)(x-45)$$

从而有

$$\sin 50° \approx p_2(50) = \frac{1}{90}(-5+40\sqrt{2}+10\sqrt{3}) \approx 0.7654$$

例 5-3 以 0,4,9 和 16 为插值节点,构造 $y=\sqrt{x}$ 的 2 次和 3 次插值多项式 $p_2(x)$ 和 $p_3(x)$, 用它们分别求 $\sqrt{1}$ 的近似值.

解 分别记这 4 个插值节点为 $x_0=0$, $x_1=4$, $x_2=9$, $x_3=16$,则对应的函数值分别为 $y_0=0$, $y_1=2$, $y_2=3$, $y_3=4$,由此可构造差商表 5-2.

表 5-2 差商表

序号	节点	0 阶差商	1 阶差商	2 阶差商	3 阶差商
0	0	0			
1	4	2	$\frac{1}{2}$		
2	9	3	$\frac{1}{5}$	$-\frac{1}{30}$	
3	16	4	$\frac{1}{7}$	$-\frac{1}{210}$	$-\frac{1}{560}$

于是得

$$f[x_0]=0, \qquad f[x_0,x_1]=\frac{1}{2},$$

$$f[x_0,x_1,x_2]=-\frac{1}{30}, \quad f[x_0,x_1,x_2,x_3]=\frac{1}{560}$$

故所求 $f(x)$ 的 Newton 插值多项式为

$$p_2(x) = 0+\frac{1}{2}(x-0)-\frac{1}{30}(x-0)(x-4) = \frac{1}{2}x-\frac{1}{30}x(x-4)$$

和

$$p_3(x) = \frac{1}{2}x-\frac{1}{30}x(x-4)+\frac{1}{560}x(x-4)(x-9)$$

取 $x=1$ 则分别有

$$\sqrt{1} \approx p_2(1) = \frac{1}{2}-\frac{1}{30}(1-4) = \frac{3}{5} = 0.6$$

和

$$\sqrt{1} \approx p_3(1) = \frac{1}{2}-\frac{1}{30}(1-4)+\frac{1}{560}(1-4)(1-9) = \frac{45}{70} \approx 0.6429$$

注 差商表中各 1 阶差商的计算方法是

$$f[x_0,x_2] = \frac{y_1-y_0}{x_1-x_0} = \frac{2-0}{4-0} = \frac{1}{2}$$

$$f[x_1,x_2] = \frac{y_2 - y_1}{x_2 - x_1} = \frac{3-2}{9-4} = \frac{1}{5}$$

$$f[x_2,x_3] = \frac{y_3 - y_2}{x_3 - x_2} = \frac{4-3}{16-9} = \frac{1}{7}$$

各 2 阶差商的计算方法是

$$f[x_0,x_1,x_2] = \frac{f[x_1,x_2] - f[x_0,x_1]}{x_2 - x_0} = \left(\frac{1}{5} - \frac{1}{2}\right)/(9-0) = -\frac{1}{30}$$

$$f[x_1,x_2,x_3] = \frac{f[x_2,x_3] - f[x_1,x_2]}{x_3 - x_1} = \left(\frac{1}{7} - \frac{1}{5}\right)/(16-4) = -\frac{1}{210}$$

3 阶差商的计算方法是

$$f[x_0,x_1,x_2,x_3] = \frac{f[x_1,x_2,x_3] - f[x_0,x_1,x_2]}{x_3 - x_0} = \left(-\frac{1}{210} + \frac{1}{30}\right)/(16-0) = \frac{1}{560}$$

例 5-4 求次数不高于 3 的多项式 $p_3(x)$，使它满足

$$p_3(0) = p'_3(0) = 0, \quad p_3(1) = p'_3(1) = 1$$

解法 1（直接套用公式） 记 $x_0 = 0$，$x_1 = 1$，则有

$$p_3(x) = f(x_0)\frac{(x-x_1)^2}{(x_1-x_0)^2}\left[1 + 2\frac{x-x_0}{x_1-x_0}\right] + f'(x_0)\frac{(x-x_1)^2}{(x_1-x_0)^2}(x-x_0)$$

$$+ f(x_1)\frac{(x-x_0)^2}{(x_1-x_0)^2}\left[1 - 2\frac{x-x_1}{x_1-x_0}\right] + f'(x_1)\frac{(x-x_0)^2}{(x_1-x_0)^2}(x-x_1)$$

$$= 0 \times \frac{(x-1)^2}{(1-0)^2}\left[1 + 2\frac{x-0}{1-0}\right] + 0 \times \frac{(x-1)^2}{(1-0)^2}(x-0)$$

$$+ 1 \times \frac{(x-0)^2}{(1-0)^2}\left[1 - 2\frac{x-1}{1-0}\right] + 1 \times \frac{(x-0)^2}{(1-0)^2}(x-1)$$

$$= x^2(2-x)$$

解法 2（基函数构造法） 设所求多项式为

$$p_3(x) = f(x_0)A(x) + f'(x_0)B(x) + f(x_1)C(x) + f'(x_1)D(x) = C(x) + D(x)$$

其中 $A(x)$，$B(x)$，$C(x)$ 和 $D(x)$ 都是待定的次数不超过 3 的多项式. 于是 $C(x)$ 和 $D(x)$ 只需分别满足

$$C(0) = C'(0) = C'(1) = 0, \quad C(1) = 1$$

$$D(0) = D'(0) = D(1) = 0, \quad D'(1) = 1$$

由 $C(0) = C'(0) = 0$ 知，$x = 0$ 是 $C(x)$ 的 2 重根，从而知 $C(x)$ 可写为

$$C(x) = x^2(ax + b)$$

再由 $C'(1) = 0$ 和 $C(1) = 1$ 可解得 $a = -2$，$b = 3$. 所以

$$C(x) = x^2(3 - 2x)$$

类似地，由 $D(0) = D'(0) = D(1) = 0$ 知，$D(x)$ 可写为

$$D(x) = cx^2(x-1)$$

其中 c 是待定常数，再由 $D'(1)=1$ 可得 $c=1$，所以

$$D(x) = x^2(x-1)$$

因此

$$p_3(x) = x^2(3-2x) + x^2(x-1) = x^2(2-x)$$

例 5-5 求区间[0,2]上的三次样条函数 $S(x)$，使它满足插值条件 $S(0)=0$，$S(1)=1$，$S(2)=1$ 和自然边界条件.

解 记 $x_0=0$，$x_1=1$，$x_2=2$，则 $f(x_0)=S(0)=0$，$f(x_1)=S(1)=1$，$f(x_2)=S(2)=1$，且 $h_1=h_2=1$. 由于满足自然边界条件，故 $M_0=M_2=0$，待确定的参数仅剩 M_1.

利用差商表

序号	节点	0 阶差商	1 阶差商	2 阶差商
0	0	0		
1	1	1	1	
2	2	1	0	$-\frac{1}{2}$

可得 $f[0,1,2] = -\frac{1}{2}$，因而 $d_1 = 6f[0,1,2] = -3$，于是 M_1 满足三弯矩方程

$$\mu_1 M_0 + 2M_1 + \lambda_1 M_2 = d_1$$

注意到 $M_0 = M_2 = 0$，即有

$$M_1 = \frac{d_1}{2} = -\frac{3}{2}$$

再由

$$S_i(x) = f(x_{i-1}) + \left[\frac{f(x_i) - f(x_{i-1})}{h_i} - \frac{2M_{i-1} + M_i}{6}h_i\right](x - x_{i-1}) + \frac{M_{i-1}}{2}(x - x_{i-1})^2 + \frac{M_i - M_{i-1}}{6h_i}(x - x_{i-1})^3 \quad (i = 1,2)$$

得所求三次样条函数为

$$S(x) = \begin{cases} S_1(x) = -\frac{1}{4}x^3 + \frac{5}{4}x, & x \in [0,1] \\ S_2(x) = \frac{1}{4}(x-1)^3 - \frac{3}{4}(x-1)^2 + \frac{1}{2}(x-1) + 1, & x \in [1,2] \end{cases}$$

例 5-6 对一组观测数据

x	0	1	1	2
y	1	2.5	3.5	5

求其拟合直线.

解法 1(公式法) 由于

$$n+1 = 4,\ \sum_{i=0}^{n} x_i = 4,\ \sum_{i=0}^{n} x_i^2 = 6,\ \sum_{i=0}^{n} y_i = 12,\ \sum_{i=0}^{n} x_i y_i = 16$$

所以拟合直线的法方程组为

$$\begin{cases}4c_0+4c_1=12\\4c_0+6c_1=16\end{cases}$$

解得 $c_0=1,c_1=2$,故所求拟合直线为

$$y=2x+1$$

解法 2(构造法) 假设所求拟合直线为

$$y=ax+b$$

则问题化成确定系数 a 和 b,使直线在给定点处偏差 $\delta_i=ax_i+b-y_i$ 的平方和最小,即求二元函数

$$\begin{aligned}f(a,b)&=\sum_{i=0}^{3}(ax_i+b-y_i)^2\\&=(a\times 0+b-1)^2+(a\times 1+b-2.5)^2+\\&\quad(a\times 1+b-3.5)^2+(a\times 2+b-5)^2\\&=(b-1)^2+(a+b-2.5)^2+(a+b-3.5)^2+(2a+b-5)^2\end{aligned}$$

的最小值点. 因而 a 和 b 需要满足

$$\frac{\partial f}{\partial a}=\frac{\partial f}{\partial b}=0$$

而

$$\frac{\partial f}{\partial a}=2(a+b-2.5)+2(a+b-3.5)+4(2a+b-5)=12a+8b-32$$

$$\frac{\partial f}{\partial b}=2(b-1)+2(a+b-2.5)+2(a+b-3.5)+2(2a+b-5)=8a+8b-24$$

故有

$$\begin{cases}12a+8b=32\\8a+8b=24\end{cases}$$

解得 $a=2,b=1$,因而所求拟合直线为

$$y=2x+1$$

例 5-7 证明 $\sum_{i=0}^{n}\left(\prod_{\substack{k=0\\k\neq i}}^{n}\frac{x-k}{i-k}\right)i=x\ (n\geqslant 1)$.

证 令 $f(x)=x$,取 $x_i=i\quad(i=0,1,\cdots,n)$,则 $f(x)$ 关于节点 $x_0,x_1,\cdots,x_n$ 的 Lagrange 插值多项式为

$$p_n(x)=\sum_{i=0}^{n}f(x_i)L_i(x)=\sum_{i=0}^{n}\left(\prod_{\substack{k=0\\k\neq i}}^{n}\frac{x-k}{i-k}\right)i$$

且有余项

$$R_n=f(x)-p_n(x)=\frac{f^{(n+1)}(\xi)}{(n+1)!}\cdot\prod_{i=0}^{n}(x-x_i)$$

而 $f^{(n+1)}(x)=x^{(n+1)}\equiv 0\ (n\geqslant 1)$,故有 $R_n=0$,即 $p_n(x)=f(x)$. 得证.

例 5-8 设 $f(x)$ 在区间 $[a,b]$ 上连续，在 (a,b) 内有直到 $n+1$ 阶的导数，$x_0,x_1,\cdots,x_n$ 是区间 $[a,b]$ 上的 $n+1$ 个互不相同的点，$p_n(x)$ 是满足插值条件 $p_n(x_i)=f(x_i)(i=0,1,\cdots,n)$ 的插值多项式，证明插值余项

$$R_n(x)=\frac{f^{(n+1)}(\xi)}{(n+1)!}\prod_{i=0}^{n}(x-x_i) \tag{5-3}$$

其中 $\xi\in(a,b)$ 且与 x 有关.

证 由于 $R_n(x_i)=0,\quad i=0,1,\cdots,n$，故 $R_n(x)$ 可分解为

$$R_n(x)=\varphi(x)\cdot\prod_{i=0}^{n}(x-x_i)=\varphi(x)(x-x_0)(x-x_1)\cdots(x-x_n) \tag{5-4}$$

其中 $\varphi(x)$ 为待定函数.

当 x 取任一插值节点时，式(5-3)都显然成立. 对 $[a,b]$ 中任意固定的且异于所有插值节点的 x，令

$$g(t)=f(t)-p_n(t)-\varphi(x)\cdot\prod_{i=0}^{n}(t-x_i)$$

则 (1) $g(x)=R_n(x)-\varphi(x)\cdot\prod_{i=0}^{n}(x-x_i)=0,\quad g(x_i)=0(i=0,1,\cdots,n)$；

(2) 由于 $p_n(t)$ 和 $\prod_{i=0}^{n}(t-x_i)$ 是 t 的多项式，并注意到 $f(t)$ 所满足的假设条件，知 $g(t)$ 在 $[a,b]$ 上连续，在 (a,b) 内有直到 $n+1$ 阶的导数，且

$$g^{(n+1)}(t)=f^{(n+1)}(t)-\varphi(x)\cdot(n+1)! \tag{5-5}$$

由(1)知，$g(t)$ 在 $[a,b]$ 上至少有 $n+2$ 个零点. 结合(2)，由 Rolle 定理知，在 $g(t)$ 的每两个相邻的零点之间都存在 $g'(t)$ 的零点，因此 $g'(t)$ 在 (a,b) 内至少有 $n+1$ 个零点. 反复使用 Rolle 定理可得，$g''(t)$ 在 (a,b) 内至少有 n 个零点，$\cdots$，$g^{(n+1)}(t)$ 在 (a,b) 内至少有 1 个零点，记这个零点为 ξ，即有 $g^{(n+1)}(\xi)=0$，代入式(5-5)可得

$$\varphi(x)=\frac{f^{(n+1)}(\xi)}{(n+1)!}$$

再代入到式(5-4)，有

$$R_n(x)=\frac{f^{(n+1)}(\xi)}{(n+1)!}\prod_{i=0}^{n}(x-x_i)$$

证毕.

5.3 习题选解

5.1 给定节点数据如下表

x_i	0	1	3	4
y_i	0	2	8	9

分别求出 Lagrange 型和 Newton 型的插值多项式.

参考答案

Lagrange 型插值多项式为

$$p_3(x) = \frac{1}{3}x(x-3)(x-4) - \frac{4}{3}x(x-1)(x-4) + \frac{3}{4}x(x-1)(x-3)$$

Newton 型插值多项式为

$$p_3(x) = 2x + \frac{1}{3}x(x-1) - \frac{1}{4}x(x-1)(x-3)$$

5.2　给定数据表如下：

x_i	0	1	3	5	6
y_i	1	1	0	1	1

求 4 次 Newton 型的插值多项式.

提示　由于插值多项式与所给插值节点的顺序无关,而当 $f[x_0,\cdots,x_{k-1}]=f[x_1,\cdots,x_k]$ 时,$f[x_0,\cdots,x_k]=0$,故将节点顺序调整为(0,1),(1,1),(5,1),(6,1),(3,0)后,计算较方便.

参考答案

$$p_4(x)=1-\frac{1}{36}x(x-1)(x-5)(x-6).$$

5.3　若 $f(x)=2x^{100}-5x^{99}+10x^2+6$, $x_0,x_1,\cdots,x_{100},x_{101}$ 是任取的 102 个互异的点,则 $f[x_0,x_1,\cdots,x_{100}]$ 和 $f[x_0,x_1,\cdots,x_{100},x_{101}]$ 分别等于什么值?

解法 1　由于 $f(x)$ 是 100 次多项式,而过 $x_0,x_1,\cdots,x_{100}$ 与过 $x_0,x_1,\cdots,x_{100},x_{101}$ 的次数分别不超过 100 和 101 次的插值多项式都是唯一的,因而这两个插值多项式都是 $f(x)$ 本身.

作为次数不超过 100 的多项式,$f[x_0,x_1,\cdots,x_{100}]$ 是其首项(100 次项)的系数,故 $f[x_0,x_1,\cdots,x_{100}]=2$.

作为次数不超过 101 的多项式,$f[x_0,x_1,\cdots,x_{101}]$ 是其 101 次项的系数,故 $f[x_0,x_1,\cdots,x_{101}]=0$.

解法 2　利用差商的估计式

$$f[x_0,x_1,\cdots,x_n] = \frac{f^{(n)}(\xi)}{n!}$$

其中 ξ 位于插值区间,且依赖于插值节点 $x_0,x_1,x_2,\cdots,x_n$.

由于 $f^{(100)}(x)=2\times100!$, $f^{(101)}(x)=0$,所以

$$f[x_0,x_1,\cdots,x_{100}] = \frac{f^{(100)}(\xi)}{100!} = 2$$

而

$$f[x_0,x_1,\cdots,x_{100},x_{101}] = \frac{f^{(101)}(\xi)}{101!} = 0.$$

5.4　求两点三次 Hermite 插值多项式 $p_3(x)$,满足 $p_3(0)=p_3'(1)=0$, $p_3(1)=$

$p'_3(0)=1$.

参考答案

$p_3(x)=x(x-1)^2-x^2(2x-3)$.

5.5 求区间[0,2]上的三次样条函数 $S(x)$，使它满足插值条件 $S(0)=0,S(1)=1,S(2)=1$ 和边界条件 $S'(0)=2$, $S'(2)=1$.

参考答案

$$S(x)=\begin{cases}-x^2+2x, & x\in[0,1]\\(x-1)^3-(x-1)^2+1, & x\in[1,2]\end{cases}$$

5.6 给定数据表如下：

x_i	−2	−1	0	1	2
y_i	0	2	5	8	10

用最小二乘法求其拟合直线.

参考答案

$y=2.6x+5$.

5.7 给定数据表如下：

x_i	−3	−2	0	3	4
y_i	18	10	2	2	5

用最小二乘法求其2次拟合多项式.

参考答案

$$y=\frac{151}{173}x^2-\frac{1373}{519}x+\frac{947}{519}\approx 0.8728x^2-2.6455x+1.8247$$

5.8 证明：差商的行列式表达式

$$f[x_0,x_1,\cdots,x_n]=\begin{vmatrix}1 & x_0 & x_0^2 & \cdots & x_0^{n-1} & f(x_0)\\1 & x_1 & x_1^2 & \cdots & x_1^{n-1} & f(x_1)\\\vdots & \vdots & \vdots & \ddots & \vdots & \vdots\\1 & x_n & x_n^2 & \cdots & x_n^{n-1} & f(x_n)\end{vmatrix}\Bigg/\begin{vmatrix}1 & x_0 & x_0^2 & \cdots & x_0^n\\1 & x_1 & x_1^2 & \cdots & x_1^n\\\vdots & \vdots & \vdots & \ddots & \vdots\\1 & x_n & x_n^2 & \cdots & x_n^n\end{vmatrix}$$

证明 右端分母是一个 Vandemonde 行列式，其值为

$$D=\prod_{0\leqslant i<j\leqslant n}(x_j-x_i)$$

分子按最后1列展开，得

$$(-1)^n w_0 f(x_0)+(-1)^{n-1}w_1 f(x_1)+\cdots+(-1)^{n-k}w_k f(x_k)+\cdots+w_n f(x_n)$$

所以，原式右端可化为

$$(-1)^n\frac{w_0}{D}f(x_0)+(-1)^{n-1}\frac{w_1}{D}f(x_1)+\cdots+(-1)^{n-k}\frac{w_k}{D}f(x_k)+\cdots+\frac{w_n}{D}f(x_n)$$

$$=\sum_{k=0}^{n}(-1)^{n-k}\frac{w_k}{D}f(x_k)$$

其中

$$w_k = \begin{vmatrix} 1 & x_0 & x_0^2 & \cdots & x_0^{n-1} \\ \vdots & \vdots & \vdots & \ddots & \vdots \\ 1 & x_{k-1} & x_{k-1}^2 & \cdots & x_{k-1}^{n-1} \\ 1 & x_{k+1} & x_{k+1}^2 & \cdots & x_{k+1}^{n-1} \\ \vdots & \vdots & \vdots & \ddots & \vdots \\ 1 & x_n & x_n^2 & \cdots & x_n^{n-1} \end{vmatrix}$$

是原分母的行列式去掉 x_k 所在行和最后 1 列剩余的行列式，它仍然是 Vandemonde 行列式，其值为

$$w_k = \prod_{\substack{0 \leqslant i < j \leqslant n \\ i,j \neq k}} (x_j - x_i)$$

于是

$$\begin{aligned}(-1)^{(n-k)} \frac{w_k}{D} &= (-1)^{n-k} \prod_{0 \leqslant i < k} \frac{1}{x_k - x_i} \cdot \prod_{k < i \leqslant n} \frac{1}{x_i - x_k} \\ &= \prod_{0 \leqslant i < k} \frac{1}{x_k - x_i} \cdot \prod_{k < i \leqslant n} \frac{1}{x_k - x_i} = \prod_{\substack{0 \leqslant i \leqslant n \\ i \neq k}} \frac{1}{x_k - x_i}\end{aligned}$$

这样，原式右端可化为

$$\sum_{k=0}^{n} (-1)^{n-k} \left[f(x_k) \cdot \prod_{\substack{0 \leqslant i \leqslant n \\ i \neq k}} \frac{1}{x_k - x_i} \right]$$

由差商的性质(参见式(5-2)或教材性质 5-1)，上式恰是差商 $f[x_0, x_1, \cdots, x_n]$. 得证.

5.9 设 $x_0, x_1, \cdots, x_n$ 是不同的实数，$L_i(x)$ $(i = 0, 1, \cdots, n)$ 是以这些点为插值节点的 Lagrange 基函数. 证明对任意的 x，都有

(1) $\sum_{i=0}^{n} L_i(x) \equiv 1$;

(2) $\sum_{i=0}^{n} x_i L_i(x) = x$.

证明 令 $f(x) = x^k$ $(k \leqslant n)$，则

$$p_k(x) = \sum_{i=0}^{n} p_k(x_i) L_i(x) = \sum_{i=0}^{n} x_i^k L_i(x)$$

是 $f(x)$ 关于插值节点 $x_0, x_1, \cdots, x_n$ 的 Lagrange 插值多项式，而 $f(x)$ 本身为过节点 $x_0, x_1, \cdots, x_n$ 的 k 次多项式，注意到 $k \leqslant n$，由过 $n+1$ 个插值节点的次数不超过 n 的插值多项式的唯一性知，$p_k(x) = f(x) = x^k$，即

$$\sum_{i=0}^{n} x_i^k L_i(x) = x^k$$

特别当 $k = 0$ 和 $k = 1$ 时，即为所证的 2 个等式. 得证.

5.10 已知 $f(0) = -2$, $f(1) = 1$, $f(2) = 2$，分别求方程 $f(x) = 0$ 和 $f(x) = -1$ 的近似解.

解 考虑 $y = f(x)$ 的反函数 $x = f^{-1}(y)$，且记 $y_0 = -2, y_1 = 1, y_2 = 2$，则 $x = f^{-1}(y)$ 对应的函数值为 $x_0 = 0, x_1 = 1, x_2 = 2$，$f^{-1}(y)$ 关于这 3 个插值节点的 Lagrange 插值多项式为

$$p_2(y) = x_0\frac{(y-y_1)(y-y_2)}{(y_0-y_1)(y_0-y_2)} + x_1\frac{(y-y_0)(y-y_2)}{(y_1-y_0)(y_1-y_2)} + x_2\frac{(y-y_0)(y-y_1)}{(y_2-y_0)(y_2-y_1)}$$

$$= -\frac{1}{3}(y+2)(y-2) + \frac{1}{2}(y+2)(y-1)$$

于是,方程 $f(x)=0$ 的解就是 $x=f^{-1}(y)$ 在 $y=0$ 点的值,即

$$x = f^{-1}(0) \approx p_2(0) = \frac{1}{3}$$

同理,方程 $f(x)=-1$ 的解为

$$x = f^{-1}(-1) \approx p_2(-1) = 0$$

5.11　给定函数表

x_i	−2	−1	0	1	2	3
$g(x_i)$	31	5	1	1	11	61
y_i	31	5	1	1	11	1

且已知 $g(x)=x^4-x^3+x^2-x+1$,构造以 (x_i,y_i) 为节点而次数不超过 5 的插值多项式 $p_5(x)$.

解　记 $q(x)=p_5(x)-g(x)$,则 $q(x)$ 是一个不超过 5 次的多项式,且由函数表可知 $q(-2)=q(-1)=q(0)=q(1)=q(2)=0$,于是 $q(x)$ 可以表示为

$$q(x) = \alpha(x+2)(x+1)x(x-1)(x-2)$$

的形式,其中 α 为待定常数,又由 $q(3)=p_5(3)-g(3)=1-61=-60$ 可得 $\alpha=-\frac{1}{2}$,因此

$$q(x) = -\frac{1}{2}(x+2)(x+1)x(x-1)(x-2)$$

从而

$$p_5(x) = q(x)+g(x) = -\frac{1}{2}(x+2)x(x+1)(x-1)(x-2)+x^4-x^3+x^2-x+1$$

5.4　综合练习

1. 什么是插值?什么是拟合?二者的异同点各是什么?

2. 对应于 $n+1$ 个插值节点的插值多项式一定是 n 次的吗?

3. 多项式函数 $y=x^3+x-1$ 和 $y=3x^2-x-1$ 都经过 $(0,-1)$,$(1,1)$ 和 $(2,9)$ 这三点,这与插值多项式的唯一性矛盾吗?为什么?

4. 设 $f(x)=2x^4-4x^3+3x^2-5$,以 $x=0,1,2,5,6$ 做插值节点,则得到的插值多项式的结果是什么?并说明理由.再增加一个插值节点 7 呢?

5. 设 $L_k(x)(k=0,1,\cdots,n)$ 是关于插值节点 $(x_i,y_i)(i=0,1,\cdots,n)$ 的 Lagrange 基函数,则 $L_k(x)=$__________,$L_k(x_i)=$______.

6. 已知 $f(0)=1$, $f(1)=3$, $f(2)=10$,则一阶差商 $f[0,1]=($　　　$)$.

　A. 1　　　B. 2　　　C. 3　　　D. 7

7. 函数 $f(x)$ 关于插值节点 x_0,x_1,x_2 的二阶差商 $f[x_0,x_1,x_2]=$________.

8. 已知 $y=f(x)$ 的差商 $f[x_0,x_1,x_2]=1$，$f[x_1,x_2,x_3]=2$，$f[x_2,x_3,x_4]=3$，$f[x_0,x_2,x_3]=4$，那么差商 $f[x_4,x_2,x_3]=$(　　).

A. 1　　B. 2　　C. 3　　D. 4

9. 已知 $f(1)=1$，$f(2)=3$，那么 $y=f(x)$ 以 $x=1,2$ 为节点的 Lagrange 线性插值多项式为______，Newton 插值多项式为______.

10. 在差商表中，若其 k 阶差商全部相等，则其 $k+1$ 阶差商会有什么现象？并由此估计此时生成的 Newton 插值多项式的最高次数.

11. 插值节点越多，利用插值多项式所求得的近似值越精确吗？

12. 用二次多项式 $\varphi(x)=a_2x^2+a_1x+a_0$（其中 a_0,a_1,a_2 是待定参数）拟合点 (x_1,y_1)，(x_2,y_2)，…，(x_n,y_n). 那么参数 a_0,a_1,a_2 是使误差平方和__________取最小值的解.

13. 设 $f(-1)=0$，$f(1)=3$，$f(2)=0$，则其 2 次 Lagrange 插值多项式为__________，2 次 Newton 型插值多项式为__________，2 次拟合多项式为__________.

14. 若

$$S(x)=\begin{cases} x^3, & x\in[0,1] \\ \dfrac{1}{2}(x-1)^3+a(x-1)^2+b(x-1)+c, & x\in[1,3] \end{cases}$$

是一个 3 次样条函数，则 $a=$____，$b=$____，$c=$____.

15. 证明 $1^2+2^2+\cdots+n^2=\dfrac{1}{6}n(n+1)(2n+1)$.

16. 设 $f(x,y)$ 在区域 $[0,1]\times[0,1]$ 上足够光滑，且 $f(0,0)$，$f(0,1)$，$f(1,0)$ 和 $f(1,1)$ 均已知，求 $f\left(\dfrac{1}{2},\dfrac{1}{3}\right)$ 的近似值，并给出余项表达式.

5.5 实验指导

1. 利用 Lagrange 插值多项式验证 Runge 现象，即 10 等分区间 $[-1,1]$，求函数 $f(x)=1/(1+25x^2)$ 关于分割点的插值多项式在 $x=0.9$ 处的值，并与 $f(0.9)$ 比较.

C 语言程序清单：

```
//include "stdio.h"
//* * * * * * * * * * * * * * * * * * * * * * * * * * * * * * * * * * *
//程 序 名: Runge.
//程序功能:验证 Runge 现象
//* * * * * * * * * * * * * * * * * * * * * * * * * * * * * * * * * * *
void main()
{  int i,j;
   float x[11], y[11], X = 0.9, Y = 0, temp;

   for(i = 0;  i < = 10;  i + +)                  //求插值节点及对应的函数值
     {  x[i] = -1.0 + 0.2 * i;
        y[i] = 1/(1 +25 * x[i] * x[i]);
```

```
    }

  for(i =0;  i< =10;  i + +)              //求插值多项式的近似值
    {  temp =y[i];
       for(j =0;  j< =10;  j + +)
          if(j!  =i)  temp =temp * (X -x[j]) /(x[i] -x[j]);
       Y =Y +temp;
    }

  printf("\n插值多项式在 x =%f 点的值为%f,",  X,  Y);
  printf("而 f(%f) =%f\n",  X,  1/(1 +25 * X * X));
}
```

Matlab 程序清单:

```
x =  -1:0.2:1;  y =1./(1 +25 * x. * x);  X =0.9;  Y =0;    % 求插值节点及对应的函数值
for  i =1:11                                                % 求插值多项式的近似值
     temp =y(i);
     for j =1:11
         if  j~ =i
             temp =temp * (X -x(j)) /(x(i) -x(j));
         end
     end
     Y =Y +temp;
end
fprintf('\n插值多项式在 x =%f 点的值为%f,',  X,  Y);
fprintf('而 f(%f) =%f\n',  X,  1/(1 +25 * X * X));
```

运行结果:

```
插值多项式在 x =0.900000 点的值为 1.578720,而 f(0.900000) =0.047059
```

2. 天安门广场升旗的时间是日出的时刻,而降旗的时间是日落时分. 根据天安门广场管理委员会的公告,某年 10 月份升降旗的时间如下:

日期	1	15	22
升旗	6:09	6:23	6:31
降旗	17:58	17:36	17:26

请根据上述数据构造 Newton 插值多项式,计算当年 10 月 8 日北京市的日照时长.

C 语言程序清单:

```
#include "stdio.h"
#include "math.h"
```

```
//*****************************
//程序名:NewtonInterpolation
//程序功能:利用 Newton 插值多项式计算北京某年 10 月的日照时长
//*****************************
#define n 3                                                    //节点个数

void main( )
{  int i,j,X,x[n] = {1,15,22};
   float y[n] = {17 -6 +(58 -9)/60.0,17 -6 +(36 -23)/60.0,17 -6 +(26 -31)/60.0};
   float N[n][n], Y,temp;

   for(i =0;  i <n;  i + +)
      N[i][0] =y[i];         //0 阶差商
   for(j =1;  j <n;  j + +)
      for(i =j;  i <n;  i + +)
         N[i][j] =(N[i][j -1] -N[i -1][j -1])/(x[i] -x[i -j]); //构造差商表
   X =8;  Y =0.0;  temp =1.0;
   for(i =0;  i <n;  i + +)
     {  Y =Y +N[i][i] * temp;   //Newton 型插值多项式的计算
        temp =temp * (X -x[i]);
     }
   printf("\n 这年 10 月%d 日北京日照时长为%7.4f 小时,\n",  X,  Y);
   printf("即%d 小时%3.0f 分.\n",  (int)floor(Y),  60 * fmod(Y,1.0));
}
```

Matlab 程序清单:

```
n = 3; x =[1,15,22];
y =[17 -6 +(58 -9)/60.0,17 -6 +(36 -23)/60.0,17 -6 +(26 -31)/60.0];
N =zeros(n);

for  i =1:n
     N(i,1) =y(i);                     % 0 阶差商
end
for  j =2:n
     for i =j:n
        N(i,j) =(N(i,j -1) -N(i -1,j -1))/(x(i) -x(i -j +1));       % 构造差商表
     end
end
X =8;  Y =0;  temp =1;
for i =1:n
     Y =Y +N(i,i) * temp;                % Newton 型插值多项式的计算
     temp =temp * (X -x(i));
end
```

```
fprintf('这年10月%d日北京日照时长为%7.4f小时,\n', X, Y);
fprintf('   即%d小时%2.0f分.\n', fix(Y), 60*mod(Y,1.0));
```

运行结果：

```
这年10月8日北京日照时长为11.5167小时,
即11小时31分
```

3. 由于钢水对耐火材料的侵蚀,炼钢厂盛钢水的钢包容积在不断增大. 测得第 k 次使用后钢包容积数据 V 如下：

k	V_k	k	V_k	k	V_k	k	V_k	k	V_k
1	6.42	4	9.50	7	9.93	10	10.59	13	10.60
2	5.20	5	9.70	8	9.99	11	10.60	14	10.90
3	9.58	6	10.00	9	10.49	12	10.80	15	10.76

理论上已知 V 与 k 间的关系为

$$V = \frac{k}{ak + b}$$

其中 a 和 b 为待定系数. 做变量替换 $y = \frac{1}{V}$, $x = \frac{1}{k}$,则有

$$y = a + bx$$

根据所测数据,利用最小二乘直线拟合法先确定系数 a 和 b,进而给出 V 与 k 间的关系.

C语言程序清单：

```
#include "stdio.h"
/********************************/
/*  程序名:  Fitting.c                  */
/*  程序功能:利用拟合直线求钢包容积.       */
/********************************/

void main( )
{   FILE *f;
    int n,i;         //节点个数和循环变量
    float tx, ty, x[20], y[20], sum_x=0, sum_y=0, sum_x2=0, sum_xy=0, D, a, b;
          //tx和ty用于读取原始节点坐标,变量替换后放在x和y数组中
          //sum_x到sum_xy分别存放x的和、y的和、x平分的和、x与y乘积的和
          //D解方程组用,存放系数行列式的值,a,b是拟合直线的系数

   f=fopen(".\\FittingData.txt","r");        //文件在当前文件夹中
   fscanf(f,"%d",&n);                        //读节点个数
   for(i=0; i<n; i++)
```

```
    {
        fscanf(f,"%f%f", &tx, &ty);          //依次读个原始节点的值
        x[i] =1/tx;  y[i] =1/ty;              //转化为新变量的值,存于数组
    }
    fclose(f);                               //关闭数据文件

    for(i =0;  i<n;  i++)                    //求法方程组系数
    {    sum_x = sum_x + x[i];
         sum_x2 = sum_x2 + x[i]*x[i];
         sum_y = sum_y + y[i];
         sum_xy = sum_xy + x[i]*y[i];
    }
    D = sum_x2 * n - sum_x * sum_x;
          //用行列式求解方程组,系数行列式 D = a11 * a22 - a21 * a12
    b =(sum_x2 * sum_y - sum_x * sum_xy)/D;
    //b = D1 /D 相当于 c0,其中行列式 D1 也直接使用公式 b1 * a22 - b2 * a12
    a =(n * sum_xy - sum_x * sum_y)/D; //同样求解 a,相当于 c1
    printf("\nV = k/(%7.4f k + %7.4f)\n",a,b);  //输出原问题的关系式
}
```

Matlab 语言程序清单:

```
% ==========================================
% 程序名:  Fitting.m
% 程序功能:利用拟合直线求钢包容积.
% ==========================================
f =fopen('FittingData.txt','r');              % 为了读打开文件在当前文件夹中的数据文件
n =fscanf(f,'%d', 1);                         % 读节点个数

for  i =1:n
    tx =fscanf(f,'%f',1);  ty =fscanf(f,'%f',1);  % 依次读个原始节点的值
    x(i) =1/tx;           y(i) =1/ty;            % 转化为新变量的值,存于数组
end
fclose(f);                                       % 关闭数据文件

sum_x =0; sum_x2 =0;  sum_y =0;  sum_xy =0;
          % 法方程组的系数分别存放 x 的和、y 的和、x 平分的和、x 与 y 乘积的和
for  i =1:n                                      % 求法方程组系数
    sum_x =sum_x +x(i);
    sum_x2 =sum_x2 +x(i)*x(i);
    sum_y =sum_y +y(i);
    sum_xy =sum_xy +x(i)*y(i);
end
```

```
D = sum_x2 * n - sum_x * sum_x;   % 用行列式解方程组,系数行列式 D = a11 * a22 - a21 * a12
b = (sum_x2 * sum_y - sum_x * sum_xy) / D;
%   b = D1 / D 相当于 c0,其中行列式 D1 也直接使用公式 b1 * a22 - b2 * a12
a = (n * sum_xy - sum_x * sum_y) / D;                    % 同样求解 a,相当于 c1

fprintf('\nV = k/(%7.4f k + %7.4f)\n',a,b);          % 输出原问题的关系式
```

运行结果:

```
V = k / ( 0.0895k +0.0880 )
```

注

(1) FittingData.txt 文件中第一行是节点个数 15,后面各行依次是各节点的坐标,中间用空格、Tab 或回车分隔,具体内容为:

```
15
1    6.42
2    5.20
3    9.58
⋮     ⋮
15   10.76
```

(2) 由于本题目是线性拟合题,产生的方程组是二元一次方程组,所以本程序直接利用 Cramer 法则进行求解. 对于多项式拟合问题所产生的多元方程组,可利用线性方程组求解的相应算法去解.

第 6 章　数值积分与数值微分

6.1　内 容 提 要

1. 机械求积公式的概念

设 $x_0, x_1, \cdots, x_n$ 是区间 $[a, b]$ 上的一组互异节点，且 $f(x)$ 在这些节点处的函数值 $f(x_i)$ $(i=0,1,\cdots,n)$ 都已知，称利用这些 $f(x_i)$ 的线性组合计算定积分 $I = \int_a^b f(x)\mathrm{d}x$ 的近似值的公式

$$I = \int_a^b f(x)\mathrm{d}x \approx \sum_{i=0}^{n} w_i f(x_i)$$

为**机械求积公式**，$x_i(i=0,1,\cdots,n)$ 为**求积节点**，$w_i(i=0,1,\cdots,n)$ 为**求积系数**. 若求积系数 $w_i = \int_a^b L_i(x)\mathrm{d}x\ (i=0,1,\cdots,n)$，其中 $L_i(x)$ 是 Lagrange 基函数，则称这个求积公式为**插值型求积公式**.

2. 求积公式的代数精度

定义 6－1　若求积公式对任意不高于 m 次的多项式都精确成立，而对 $m+1$ 次多项式不能精确成立，则称求积公式的**代数精度为** m.

证明求积公式的代数精度为 m，只需验证它对 $f(x)=1, x, x^2, \cdots, x^m$ 都精确成立，而对 x^{m+1} 不成立即可.

定理 6－1　对任给的 $n+1$ 个互异的求积节点 $x_0, x_1, \cdots, x_n$，一个机械求积公式的代数精度不低于 n 当且仅当它是插值型求积公式.

3. 三个常用的求积公式及其误差

（1）梯形公式

$$I \approx T = \frac{b-a}{2}[f(a)+f(b)]$$

梯形公式的代数精度为 1. 若 $f''(x)$ 在 $[a,b]$ 上连续，则有余项估计式

$$R_T = I - T = -\frac{(b-a)^3}{12}f''(\xi)$$

其中 $\xi \in (a,b)$.

（2）Simpson 公式

$$I \approx S = \frac{b-a}{6}\left[f(a) + 4f\left(\frac{a+b}{2}\right) + f(b)\right]$$

其代数精度为 3. 若 $f^{(4)}(x)$ 在 $[a,b]$ 上连续，则有余项估计式

$$R_S = I - S = -\frac{1}{90}\left(\frac{b-a}{2}\right)^5 f^{(4)}(\xi) = -\frac{(b-a)^5}{2880}f^{(4)}(\xi)$$

其中 $\xi \in (a,b)$.

(3) Cotes 公式

$$I \approx C = \frac{b-a}{90}\left[7f(a) + 32f\left(\frac{3a+b}{4}\right) + 12f\left(\frac{a+b}{2}\right) + 32f\left(\frac{a+3b}{4}\right) + 7f(b)\right]$$

其代数精度为5. 若 $f^{(6)}(x)$ 在 $[a,b]$ 上连续,则有余项估计式

$$R_C = I - C = -\frac{8}{945}\left(\frac{b-a}{4}\right)^7 f^{(6)}(\xi)$$

其中 $\xi \in (a,b)$.

4. 复化求积公式

(1) 复化梯形公式

$$I \approx \sum_{i=0}^{n-1} \frac{h}{2}[f(x_i) + f(x_{i+1})] = \frac{h}{2}\left[f(a) + 2\sum_{i=1}^{n-1} f(x_i) + f(b)\right] := T_n$$

当 $f''(x)$ 在 $[a,b]$ 上连续,且 h 充分小时,有余项估计式

$$R_T^{[n]} = -\frac{b-a}{12}h^2 f''(\xi) \approx -\frac{h^2}{12}[f'(b) - f'(a)]$$

其中 $\xi \in (a,b)$.

(2) 复化 Simpson 公式

$$I \approx \sum_{i=0}^{n-1} \frac{h}{6}[f(x_i) + 4f(x_{i+\frac{1}{2}}) + f(x_{i+1})]$$

$$= \frac{h}{6}\left[f(a) + 4\sum_{i=0}^{n-1} f(x_{i+\frac{1}{2}}) + 2\sum_{i=1}^{n-1} f(x_i) + f(b)\right] := S_n$$

当 $f^{(4)}(x)$ 在 $[a,b]$ 上连续,且 h 充分小时,有余项估计式

$$R_S^{[n]} = -\frac{b-a}{180}\left(\frac{h}{2}\right)^4 f^{(4)}(\xi) \approx -\frac{1}{180}\left(\frac{h}{2}\right)^4 [f'''(b) - f'''(a)]$$

其中 $\xi \in (a,b)$.

5. 变步长梯形求积公式

$$T_{2n} = \frac{1}{2}T_n + \frac{h}{2}\sum_{i=0}^{n-1} f(x_{i+\frac{1}{2}})$$

也叫递推梯形公式.

6. Romberg 求积公式

$$S_n = \frac{4}{3}T_{2n} - \frac{1}{3}T_n = \frac{4}{4-1}T_{2n} - \frac{1}{4-1}T_n$$

$$C_n = \frac{16}{15}S_{2n} - \frac{1}{15}S_n = \frac{4^2}{4^2-1}S_{2n} - \frac{1}{4^2-1}S_n$$

$$R_n = \frac{64}{63}C_{2n} - \frac{1}{63}C_n = \frac{4^3}{4^3-1}C_{2n} - \frac{1}{4^3-1}C_n$$

结合变步长梯形求积公式,可得到快速收敛的 Romberg 序列 $\{R_n\}$. 这个加工过程可用图 6-1描述,其中圆圈中的数字表示计算的顺序.

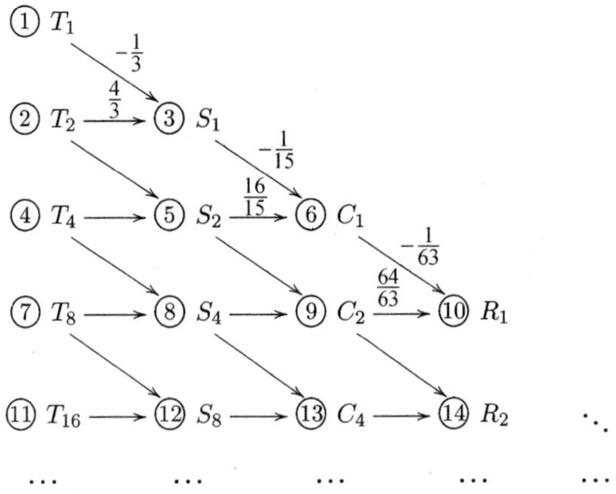

图 6－1　Romberg 求积顺序表

7. Gauss 求积公式

定义 6－2　若具有 $n+1$ 个求积节点的机械求积公式的代数精度至少为 $2n+1$，则称其为 **Gauss 求积公式.** 此时的求积节点 $\mathbf{x}_0,\cdots,x_n$ 称为 **Gauss 点.**

定义 6－3　称仅以区间$[-1,1]$上的 Gauss 点 $x_i(i=0,1,\cdots,n)$ 为零点且首项系数为 1 的 $n+1$ 次多项式

$$P_{n+1}(x) = \prod_{i=0}^{n}(x-x_i) = (x-x_0)(x-x_1)\cdots(x-x_n)$$

为 **Legendre 多项式.**

定理 6－2　Legendre 多项式可唯一地表示为

$$P_n(x) = \frac{n!}{(2n)!}\frac{\mathrm{d}^n}{\mathrm{d}x^n}[(x^2-1)^n]$$

以用 $P_n(x)$ 所求 Gauss 点为求积节点的插值型求积公式也叫 Gauss－Legendre 求积公式.

8. 数值微分

(1) 向前差商公式:

$$f'(x_i) \approx \frac{f(x_{i+1})-f(x_i)}{x_{i+1}-x_i} = \frac{f(x+h)-f(x)}{h}$$

(2) 向后差商公式:

$$f'(x_i) \approx \frac{f(x_i)-f(x_{i-1})}{x_i-x_{i-1}} = \frac{f(x)-f(x-h)}{h}$$

(3) 中心差商公式:

$$f'(x_i) \approx \frac{f(x_{i+1})-f(x_{i-1})}{x_{i+1}-x_{i-1}} = \frac{f(x+h)-f(x-h)}{2h}$$

6.2 例题分析

例6－1 确定求积系数，使求积公式 $\int_0^1 f(x)\,\mathrm{d}x \approx w_0 f\left(\frac{1}{3}\right)+w_1 f\left(\frac{2}{3}\right)$ 具有尽可能高的代数精度.

解法1 由于有2个待定系数，所以需要2个方程才能确定它们. 于是，令求积公式对 $f(x)=1$ 和 $f(x)=x$ 精确成立，得

$$\begin{cases} w_0 + w_1 = \int_0^1 1\,\mathrm{d}x = 1 \\ \frac{1}{3}w_0 + \frac{2}{3}w_1 = \int_0^1 x\,\mathrm{d}x = \frac{1}{2} \end{cases}$$

解得 $w_0 = w_1 = \frac{1}{2}$，所以所求机械求积公式为

$$\int_0^1 f(x)\,\mathrm{d}x \approx \frac{1}{2}f\left(\frac{1}{3}\right)+\frac{1}{2}f\left(\frac{2}{3}\right)$$

解法2 由于对给定的 $n+1$ 个节点，代数精度至少为 n 的求积公式是插值型求积公式，故由 Lagrange 基函数的积分

$$w_1 = \int_0^1 L_1(x)\,\mathrm{d}x = \int_0^1 \frac{x-\frac{2}{3}}{\frac{1}{3}-\frac{2}{3}}\mathrm{d}x = \frac{1}{2}$$

$$w_2 = \int_0^1 L_2(x)\,\mathrm{d}x = \int_0^1 \frac{x-\frac{1}{3}}{\frac{2}{3}-\frac{1}{3}}\mathrm{d}x = \frac{1}{2}$$

可知所求机械求积公式为

$$\int_0^1 f(x)\,\mathrm{d}x \approx \frac{1}{2}f\left(\frac{1}{3}\right)+\frac{1}{2}f\left(\frac{2}{3}\right)$$

例6－2 设有求积公式

$$\int_{-1}^1 f(x)\,\mathrm{d}x \approx f\left(-\frac{1}{\sqrt{3}}\right)+f\left(\frac{1}{\sqrt{3}}\right)$$

求其代数精度.

解 当 $f(x)=1$ 时，有

$$\int_{-1}^1 f(x)\,\mathrm{d}x = \int_{-1}^1 1\,\mathrm{d}x = 2,\quad f\left(-\frac{1}{\sqrt{3}}\right)+f\left(\frac{1}{\sqrt{3}}\right) = 1+1 = 2$$

此时求积公式精确成立.

当 $f(x)=x$ 时，有

$$\int_{-1}^1 f(x)\,\mathrm{d}x = \int_{-1}^1 x\,\mathrm{d}x = 0,\quad f\left(-\frac{1}{\sqrt{3}}\right)+f\left(\frac{1}{\sqrt{3}}\right) = -\frac{1}{\sqrt{3}}+\frac{1}{\sqrt{3}} = 0$$

此时求积公式精确成立.

当$f(x)=x^2$时,有

$$\int_{-1}^{1} f(x)\mathrm{d}x = \int_{-1}^{1} x^2\mathrm{d}x = \frac{2}{3},\quad f\left(-\frac{1}{\sqrt{3}}\right)+f\left(\frac{1}{\sqrt{3}}\right)=\left[-\frac{1}{\sqrt{3}}\right]^2+\left[\frac{1}{\sqrt{3}}\right]^2=\frac{2}{3}$$

此时求积公式精确成立.

当$f(x)=x^3$时,有

$$\int_{-1}^{1} f(x)\mathrm{d}x = \int_{-1}^{1} x^3\mathrm{d}x = 0,\quad f\left(-\frac{1}{\sqrt{3}}\right)+f\left(\frac{1}{\sqrt{3}}\right)=\left[-\frac{1}{\sqrt{3}}\right]^3+\left[\frac{1}{\sqrt{3}}\right]^3=0$$

此时求积公式精确成立.

当$f(x)=x^4$时,有

$$\int_{-1}^{1} f(x)\mathrm{d}x = \int_{-1}^{1} x^4\mathrm{d}x = \frac{2}{5},\quad f\left(-\frac{1}{\sqrt{3}}\right)+f\left(\frac{1}{\sqrt{3}}\right)=\left[-\frac{1}{\sqrt{3}}\right]^4+\left[\frac{1}{\sqrt{3}}\right]^4=\frac{2}{9}$$

此时求积公式不成立. 所以,该求积公式的代数精度为3.

例6-3 利用梯形公式、Simpson 公式和 Cotes 公式计算

$$I=\int_0^1 x^3\mathrm{d}x$$

的近似值.

解 由梯形公式得

$$I\approx T=\frac{1-0}{2}[0^3+1^3]=\frac{1}{2}$$

由 Simpson 公式得

$$I\approx S=\frac{1-0}{6}\left[0^3+4\left(\frac{1}{2}\right)^3+1^3\right]=\frac{1}{4}$$

由 Cotes 公式得

$$I\approx C=\frac{1-0}{90}\left[7\times 0^3+32\left(\frac{1}{4}\right)^3+12\left(\frac{1}{2}\right)^3+32\left(\frac{3}{4}\right)^3+7\times 1^3\right]=\frac{1}{4}$$

例6-4 将[0,1]区间4等分,仅由等分点的函数值分别利用复化梯形公式和复化 Simpson 公式计算

$$I=\int_0^1 x^3\mathrm{d}x$$

的近似值.

解 对复化梯形公式,各分点可记为$a=x_0=0$, $x_1=\frac{1}{4}$, $x_2=\frac{1}{2}$, $x_3=\frac{3}{4}$, $b=x_4=1$, $n=4$,步长$h=\frac{1}{4}$,故有

$$I\approx\frac{h}{2}\left[0^3+2\times\left(\frac{1}{4}\right)^3+2\times\left(\frac{1}{2}\right)^3+2\times\left(\frac{3}{4}\right)^3+1^3\right]=\frac{17}{64}$$

对复化 Simpson 公式,各给定的等分点可记为$a=x_0=0$, $x_{\frac{1}{2}}=\frac{1}{4}$, $x_1=\frac{1}{2}$, $x_{\frac{3}{2}}=\frac{3}{4}$,

$b=x_2=1, n=2$，步长$h=\frac{1}{2}$，故有

$$I \approx \frac{h}{6}\left[0^3+4\times\left(\frac{1}{4}\right)^3+2\times\left(\frac{1}{2}\right)^3+4\times\left(\frac{3}{4}\right)^3+1^3\right]=\frac{1}{4}$$

例 6－5 利用变步长公式计算

$$I=\int_0^1 x^3\mathrm{d}x$$

的近似值(要求计算到 T_8).

解 由梯形公式

$$T_i=\frac{1-0}{2}[0^3+1^3]=\frac{1}{2}$$

此时 $h=1-0=1$. 将区间$[0,1]$二等分得到新分点$\frac{1}{2}$,故由变步长梯形公式有

$$T_2=\frac{1}{2}T_1+\frac{h}{2}f\left(\frac{1}{2}\right)=\frac{1}{2}\times\frac{1}{2}+\frac{1}{2}\times\left(\frac{1}{2}\right)^3=\frac{5}{16}$$

此时步长 $h=\frac{1}{2}$. 再将区间$\left[0,\frac{1}{2}\right]$和$\left[\frac{1}{2},1\right]$分别二等分得到新分点$\frac{1}{4}$和$\frac{3}{4}$,由变步长梯形公式有

$$\begin{aligned}T_4&=\frac{1}{2}T_2+\frac{h}{2}\left[f\left(\frac{1}{4}\right)+f\left(\frac{3}{4}\right)\right]\\&=\frac{1}{2}\times\frac{5}{16}+\frac{1}{2}\times\frac{1}{2}\times\left[\left(\frac{1}{4}\right)^3+\left(\frac{3}{4}\right)^3\right]=\frac{17}{64}\end{aligned}$$

此时步长 $h=\frac{1}{4}$. 再将各小区间分别二等分,得到新分点$\frac{1}{8},\frac{3}{8},\frac{5}{8}$和$\frac{7}{8}$,由变步长梯形公式有

$$\begin{aligned}T_8&=\frac{1}{2}T_4+\frac{h}{2}\left[f\left(\frac{1}{8}\right)+f\left(\frac{3}{8}\right)+f\left(\frac{5}{8}\right)+f\left(\frac{7}{8}\right)\right]\\&=\frac{1}{2}\times\frac{17}{64}+\frac{1}{2}\times\frac{1}{4}\times\left[\left(\frac{1}{8}\right)^3+\left(\frac{3}{8}\right)^3+\left(\frac{5}{8}\right)^3+\left(\frac{7}{8}\right)^3\right]=\frac{65}{256}\end{aligned}$$

所以

$$I\approx T_8=\frac{65}{256}$$

例 6－6 利用 Romberg 公式计算

$$I=\int_0^1 x^3\mathrm{d}x$$

的近似值(要求计算到 C_1).

解 由梯形公式

$$T_1=\frac{1-0}{2}[0^3+1^3]=\frac{1}{2}$$

此时 $h=1-0=1$. 将区间$[0,1]$二等分只增加一个新分点$\frac{1}{2}$,故由变步长梯形公式有

$$T_2 = \frac{1}{2}T_1 + \frac{h}{2}f\left(\frac{1}{2}\right) = \frac{1}{2} \times \frac{1}{2} + \frac{1}{2}\left(\frac{1}{2}\right)^3 = \frac{5}{16}$$

组合得

$$S_1 = \frac{4}{3}T_2 - \frac{1}{3}T_1 = \frac{4}{3} \times \frac{5}{16} - \frac{1}{3} \times \frac{1}{2} = \frac{1}{4}$$

调整步长使其减小一半,即取 $h = \frac{1}{2}$,则区间[0,1]新增的$\frac{1}{4}$分点有$\frac{1}{4}$和$\frac{3}{4}$,再由变步长梯形公式

$$T_4 = \frac{1}{2}T_2 + \frac{h}{2}\left[f\left(\frac{1}{4}\right)+f\left(\frac{3}{4}\right)\right] = \frac{1}{2} \times \frac{5}{16} + \frac{1}{2} \times \frac{1}{2}\left[\left(\frac{1}{4}\right)^3 + \left(\frac{3}{4}\right)^3\right] = \frac{17}{64}$$

组合得

$$S_2 = \frac{4}{3}T_4 - \frac{1}{3}T_2 = \frac{4}{3} \times \frac{17}{64} - \frac{1}{3} \times \frac{5}{16} = \frac{1}{4}$$

因此

$$I \approx C_1 = \frac{16}{15}S_2 - \frac{1}{15}S_1 = \frac{16}{15} \times \frac{1}{4} - \frac{1}{15} \times \frac{1}{4} = \frac{1}{4}$$

例 6-7 令 $x_0 = 1, x_1 = 2, x_2 = 3$,分别用向前差商公式、向后差商公式和中心差商公式计算 $f(x) = x^2$ 在各节点处导数的近似值.

解 由向前差商公式可得

$$f'(1) = f'(x_0) \approx \frac{f(x_1) - f(x_0)}{x_1 - x_0} = \frac{4-1}{2-1} = 3$$

$$f'(2) = f'(x_1) \approx \frac{f(x_2) - f(x_1)}{x_2 - x_1} = \frac{9-4}{3-2} = 5$$

由向后差商公式可得

$$f'(2) = f'(x_1) \approx \frac{f(x_1) - f(x_0)}{x_1 - x_0} = \frac{4-1}{2-1} = 3$$

$$f'(3) = f'(x_2) \approx \frac{f(x_2) - f(x_1)}{x_2 - x_1} = \frac{9-4}{3-2} = 5$$

由中心差商公式可得

$$f'(2) = f'(x_1) \approx \frac{f(x_2) - f(x_0)}{x_2 - x_0} = \frac{9-1}{3-1} = 4$$

例 6-8 证明对任给的 $n+1$ 个互异的求积节点 $x_0, x_1, \cdots, x_n$,一个机械求积公式的代数精度不低于 n 当且仅当它是插值型求积公式.

证 (⇐)设它是插值型求积公式,若 $f(x)$ 是任意一个次数不超过 n 的多项式,则由 $p_n(x_i) = f(x_i)$ $(i = 0, 1, \cdots, n)$ 及次数不超过 n 的插值多项式的唯一性知 $p_n(x) \equiv f(x)$. 因此,此时求积公式精确成立. 从而知其代数精度至少为 n.

(⇒)如果求积公式的代数精度至少为 n,则它对所有次数不超过 n 的多项式都精确成立,因而对所有 Lagrange 基函数 $L_k(x)$ $(k = 0, 1, \cdots, n)$ 也精确成立,于是就有

$$\int_a^b L_k(x)\mathrm{d}x = \sum_{i=0}^{n} w_i L_k(x_i) = w_k \quad (k = 0, 1, \cdots, n)$$

所以此时的求积公式是插值型的. 得证.

例 6-9 对于积分 $I=\int_0^1 e^x dx$, 若用复化梯形公式计算,需将区间[0,1]多少等分才能使误差(即积分余项)不超过 0.5×10^{-5}? 使用复化 Simpson 公式计算,要达到同样的精度需要多少等分?

解 记 $f(x)=e^x$,则 $f''(x)=e^x$, $f^{(4)}(x)=e^x$, $b-a=1$.

用复化梯形公式计算的余项

$$|R_T^{[n]}|=\left|-\frac{b-a}{12}h^2 f''(\xi)\right|\leqslant\frac{1}{12}\cdot\left(\frac{1}{n}\right)^2 e$$

由 $\frac{1}{12}\cdot\left(\frac{1}{n}\right)^2 e\leqslant0.5\times10^{-5}$ 可得 $n\geqslant212.85$. 故至少要对区间进行 213 等分才能达到要求的精度.

若用复化 Simpson 公式计算,则余项

$$|R_S^{[n]}|=\left|-\frac{b-a}{180}\left(\frac{h}{2}\right)^4 f^{(4)}(\eta)\right|\leqslant\frac{1}{180\times2^4}\cdot\frac{1}{n^4}\cdot e$$

由 $\frac{1}{180\times2^4}\cdot\frac{1}{n^4}\cdot e\leqslant0.5\times10^{-5}$ 可得 $n\geqslant3.71$. 故只需对区间进行 8 等分即可达到要求的精度.

注 使用复化 Simpson 公式计算 S_n 时,需要先将区间 n 等分,再把每个小区间 2 等分,即需将积分区间 $2n$ 等分,所以本题需要 $2\times4=8$ 等分.

例 6-10 已知计算加权定积分 $I=\int_0^1\frac{f(x)}{\sqrt{x}}dx$ 的求积公式

$$I\approx\frac{5}{3}f\left(\frac{1}{5}\right)+\frac{1}{3}f(1)$$

的代数精度为 2. 请导出当 $f(x)\in C^3[0,1]$ 时,该求积公式的余项 $R=I-\left[\frac{5}{3}f\left(\frac{1}{5}\right)+\frac{1}{3}f(1)\right]$.

解 构造 2 次 Hermite 多项式 $H(x)$ 满足 $H\left(\frac{1}{5}\right)=f\left(\frac{1}{5}\right)$, $H'\left(\frac{1}{5}\right)=f'\left(\frac{1}{5}\right)$, $H(1)=f(1)$,则由 Hermite 插值多项式的余项公式有

$$f(x)-H(x)=\frac{1}{3!}f'''(\xi)\left(x-\frac{1}{5}\right)^2(x-1)$$

其中 $\xi\in(0,1)$ 且依赖于 x. 注意到所给求积公式的代数精度为 2,故对 $H(x)$ 精确成立,即有

$$\int_0^1\frac{H(x)}{\sqrt{x}}dx=\frac{5}{3}H\left(\frac{1}{5}\right)+\frac{1}{3}H(1)=\frac{5}{3}f\left(\frac{1}{5}\right)+\frac{1}{3}f(1)$$

于是,求积公式的余项

$$\begin{aligned}R&=I-\int_0^1\frac{H(x)}{\sqrt{x}}dx=\int_0^1\frac{f(x)-H(x)}{\sqrt{x}}dx\\&=\int_0^1\frac{1}{3!}f'''(\xi)\left(x-\frac{1}{5}\right)^2(x-1)\frac{1}{\sqrt{x}}dx\end{aligned}$$

因为$\left(x-\frac{1}{5}\right)^2(x-1)\frac{1}{\sqrt{x}}$在区间[0,1]内不变号,所以由积分中值定理,存在$\eta\in(0,1)$,使得

$$\int_0^1 f'''(\xi)\left(x-\frac{1}{5}\right)^2(x-1)\frac{1}{\sqrt{x}}\mathrm{d}x=f'''(\eta)\int_0^1\left(x-\frac{1}{5}\right)^2(x-1)\frac{1}{\sqrt{x}}\mathrm{d}x$$

$$\xlongequal{x=t^2}2f'''(\eta)\int_0^1\left(t^2-\frac{1}{5}\right)^2(t^2-1)\mathrm{d}t=-\frac{32}{525}f'''(\eta)$$

故

$$R=-\frac{16}{1575}f'''(\eta)$$

6.3 习题选解

6.1 确定各自的求积系数,使下列求积公式具有尽可能高的代数精度.

(1) $\int_{-1}^1 f(x)\mathrm{d}x\approx w_0 f\left(-\frac{1}{2}\right)+w_1 f\left(\frac{1}{2}\right)$;

(2) $\int_{-1}^1 f(x)\mathrm{d}x\approx w_0 f(-1)+w_1 f(0)+w_2 f(1)$;

(3) $\int_0^1 f(x)\mathrm{d}x\approx w_0 f\left(\frac{1}{3}\right)+w_1 f(1)$.

参考答案

(1) $w_0=w_1=1$.

(2) $w_0=\frac{1}{3}$, $w_1=\frac{4}{3}$, $w_2=\frac{1}{3}$.

(3) $w_0=\frac{3}{4}$, $w_1=\frac{1}{4}$.

6.2 求下列求积公式的代数精度.

(1) $\int_0^1 f(x)\mathrm{d}x\approx\frac{1}{2}\left[f\left(\frac{1}{4}\right)+f\left(\frac{3}{4}\right)\right]$;

(2) $\int_0^1 f(x)\mathrm{d}x\approx\frac{3}{4}f\left(\frac{1}{3}\right)+\frac{1}{4}f(1)$;

(3) $\int_{-1}^1 f(x)\mathrm{d}x\approx\frac{1}{2}[f(-1)+2f(0)+f(1)]$.

参考答案

(1) 其代数精度为1.

(2) 其代数精度为2.

(3) 其代数精度为1.

6.3 证明:

(1) Simpson 公式的代数精度为3;

(2) Cotes 公式的代数精度为5.

参考答案(略)

6.4 给定数据

x_i	1	1.2	1.4	1.6	1.8
$f(x_i)$	2	1	3	0	1

分别利用梯形公式、Simpson 公式和 Cotes 公式计算积分 $I=\int_1^{1.8} f(x)\,\mathrm{d}x$ 的近似值.

参考答案

由梯形公式,得 $I\approx T=1.2$.

由 Simpson 公式,得 $I\approx S=2$.

由 Cotes 公式,得 $I\approx C=\frac{178}{225}\approx 0.7911$.

6.5 分别利用复化梯形公式和复化 Simpson 公式计算上题积分的近似值.

参考答案

由复化梯形公式,得 $I\approx 1.1$.

利用复化 Simpson 公式,$I=\frac{13}{15}\approx 0.8667$.

6.6 利用变步长梯形求积公式计算 $\ln 2=\int_1^2 \frac{1}{x}\mathrm{d}x$ 的近似值(要求计算到 T_4).

参考答案

$T_4=\frac{1171}{1680}\approx 0.6970$.

6.7 利用 Romberg 求积公式计算 $\ln 2=\int_1^2 \frac{1}{x}\mathrm{d}x$ 的近似值(要求计算到 C_1).

参考答案

依照 Romberg 序列的计算步骤有

$T_1=0.75$		
$T_2\approx 0.7083$	$S_1\approx 0.6944$	
$T_4\approx 0.6970$	$S_2\approx 0.6933$	$C_1\approx 0.6932$

6.8 给定数据表

x_i	0	1	2
$f(x_i)$	1	2	3

分别用向前差商公式、向后差商公式和中心差商公式计算各节点处导数的近似值.

参考答案

由向前差商公式 $f'(0)=2,\quad f'(1)=-1$.

由向后差商公式 $f'(1)=2,\quad f'(2)=-1$.

由中心差商公式 $f'(1)=\frac{1}{2}$.

6.9 给定函数在节点 x_0,x_1 和 x_2 处的函数值 $f(x_0),f(x_1)$ 和 $f(x_2)$,用待定系数法确定形如

$$f'(x_0)=A_0f(x_0)+A_1f(x_1)+A_2f(x_2)$$

和

$$f'(x_1) = B_0 f(x_0) + B_1 f(x_1) + B_2 f(x_2)$$

的系数 A_i 和 $B_i(i=0,1,2)$,使它们能对尽量高次的多项式精确成立.

解 由于每个公式有 3 个待定系数,所以分别令 $f(x)$ 为 $1,x$ 和 x^2 时上述公式严格成立,得

$$\begin{cases} 1\cdot A_0 + 1\cdot A_1 + 1\cdot A_2 = (1)'|_{x=x_0} = 0 \\ x_0\cdot A_0 + x_1\cdot A_1 + x_2\cdot A_2 = (x)'|_{x=x_0} = 1 \\ x_0^2\cdot A_0 + x_1^2\cdot A_1 + x_2^2\cdot A_2 = (x^2)'|_{x=x_0} = 2x_0 \end{cases}$$

解得

$$A_0 = \frac{2x_0 - x_1 - x_2}{(x_1 - x_0)(x_2 - x_0)}$$

$$A_1 = \frac{x_2 - x_0}{(x_1 - x_0)(x_2 - x_1)}$$

$$A_2 = -\frac{x_1 - x_0}{(x_2 - x_0)(x_2 - x_1)}$$

所以有

$$f'(x_0) = \frac{2x_0 - x_1 - x_2}{(x_1 - x_0)(x_2 - x_0)} f(x_0) + \frac{x_2 - x_0}{(x_1 - x_0)(x_2 - x_1)} f(x_1) - \frac{x_1 - x_0}{(x_2 - x_0)(x_2 - x_1)} f(x_2)$$

类似可得关于 B_0,B_1 和 B_2 的方程组

$$\begin{cases} 1\cdot B_0 + 1\cdot B_1 + 1\cdot B_2 = (1)'|_{x=x_1} = 0 \\ x_0\cdot B_0 + x_1\cdot B_1 + x_2\cdot B_2 = (x)'|_{x=x_1} = 1 \\ x_0^2\cdot B_0 + x_1^2\cdot B_1 + x_2^2\cdot B_2 = (x^2)'|_{x=x_1} = 2x_1 \end{cases}$$

解得

$$B_0 = \frac{x_2 - x_1}{(x_1 - x_0)(x_2 - x_0)}$$

$$B_1 = \frac{-x_0 + 2x_1 - x_2}{(x_1 - x_0)(x_2 - x_1)}$$

$$B_2 = -\frac{x_1 - x_0}{(x_2 - x_0)(x_2 - x_1)}$$

所以有

$$f'(x_1) = \frac{x_2 - x_1}{(x_1 - x_0)(x_2 - x_0)} f(x_0) + \frac{-x_0 + 2x_1 - x_2}{(x_1 - x_0)(x_2 - x_1)} f(x_1) - \frac{x_1 - x_0}{(x_2 - x_0)(x_2 - x_1)} f(x_2)$$

*6.10 用待定系数法确定系数 c 和求积节点 x_0,x_1,x_2,使得求积公式

$$\int_{-1}^{1} f(x)\,dx \approx c[f(x_0) + f(x_1) + f(x_2)]$$

具有尽量高的代数精度.

解 由于求积公式有 4 个待定系数,所以分别令 $f(x)$ 为 $1, x, x^2$ 和 x^3 时上述公式严格成立,得

$$\begin{cases} c[1+1+1] = \int_{-1}^{1} 1\,dx = 2 \\ c[x_0+x_1+x_2] = \int_{-1}^{1} x\,dx = 0 \\ c[x_0^2+x_1^2+x_2^2] = \int_{-1}^{1} x^2\,dx = \dfrac{2}{3} \\ c[x_0^3+x_1^3+x_2^3] = \int_{-1}^{1} x^3\,dx = 0 \end{cases}$$

由第一个方程可解得 $c=\dfrac{2}{3}$,代入后 3 个方程,并注意到 x_0, x_1 和 x_2 的对称性,它们分别可以取 $-\dfrac{\sqrt{2}}{2}$,0 和$\dfrac{\sqrt{2}}{2}$. 于是所求求积公式为

$$\int_{-1}^{1} f(x)\,dx \approx \frac{2}{3}\left[f\left(-\frac{\sqrt{2}}{2}\right) + f(0) + f\left(\frac{\sqrt{2}}{2}\right)\right]$$

*6.11 证明:不论求积节点 $x_0, x_1, \cdots, x_n$ 在积分区间 $[a,b]$ 上如何取值,插值型求积公式

$$\int_a^b f(x)\,dx \approx w_0 f(x_0) + w_1 f(x_1) + \cdots + w_n f(x_n)$$

的系数都满足 $w_0 + w_1 + \cdots + w_n = b - a$.

证 由于具有 $n+1$ 个求积节点的插值型求积公式的代数精度至少为 $n(n \geqslant 0)$,所以求积公式对 $f(x)=1$ 总是精确成立,故有

$$\int_a^b 1\,dx = 1 \cdot w_0 + 1 \cdot w_1 + \cdots + 1 \cdot w_n$$

即

$$w_0 + w_1 + \cdots + w_n = b - a$$

得证.

*6.12 证明:不论求积节点 x_i 和求积系数 $w_i (i=0,1,\cdots,n)$ 如何取,求积公式

$$\int_a^b f(x)\,dx \approx w_0 f(x_0) + w_1 f(x_1) + \cdots + w_n f(x_n)$$

的代数精度都不超过 $2n+1$.

提示 只需验证求积公式对 $2n+2$ 次多项式 $p_{2n+2}(x) = \prod_{i=0}^{n} (x - x_i)^2$ 不能精确成立.

证 取 $2n+2$ 次多项式

$$f(x) = p_{2n+2}(x) = \prod_{i=0}^{n} (x - x_i)^2 = (x - x_0)^2 (x - x_1)^2 \cdots (x - x_n)^2$$

此时

$$w_0 f(x_0) + w_1 f(x_1) + \cdots + w_n f(x_n) = 0$$

而由于对任意的 x,函数 $f(x)=(x-x_0)^2(x-x_1)^2\cdots(x-x_n)^2\geqslant 0$ 且 $f(x)$ 不是恒零函数,故

$$\int_a^b f(x)\,\mathrm{d}x>0$$

所以求积公式对 $2n+2$ 次多项式 $p_{2n+2}(x)=\prod_{i=0}^{n}(x-x_i)^2$ 不成立,因此其代数精度不超过 $2n+1$. 得证.

6.4 综合练习

1. 若求积公式对__________的多项式精确成立,而至少有一个 $m+1$ 次多项式不成立,则称该求积公式具有 m 次代数精度.

2. 对任给的 $n+1$ 个互异的求积节点 $x_0,x_1,\cdots,x_n$,一个机械求积公式的代数精度不低于 n 当且仅当它是__________.

3. 求积公式 $\int_0^1 f(x)\,\mathrm{d}x\approx\frac{3}{4}f\left(\frac{1}{3}\right)+\frac{1}{4}f(1)$ 的代数精度是______.

4. 求积公式 $\int_0^1 f(x)\,\mathrm{d}x\approx\frac{1}{4}f(0)+\frac{3}{4}f\left(\frac{2}{3}\right)$ 是否为插值型求积公式?为什么?

5. 求积公式的系数与求积节点处的函数值是什么关系?

6. 求定积分 $I=\int_a^b f(x)\,\mathrm{d}x$ 的梯形公式是__________;它的余项估计式是__________;Simpson 公式是__________,它的余项估计式是__________;Cotes 公式是__________.

7. 梯形公式的代数精度为____,Simpson 公式的代数精度为____,Cotes 公式的代数精度为____.

8. 梯形公式和复化梯形公式都是插值型求积公式. ____(对或错)

9. 梯形公式、Simpson 公式和复化求积公式的几何意义分别是什么?

10. 求积节点越多,用对应的插值型求积公式计算的积分越精确吗? 通过 Runge 现象的图形说明.

11. 变步长求积公式的优点是什么?

12. 什么是 Gauss 求积公式? 它的求积节点可以任意给吗? Gauss 点也是等距分布的吗?

13. 有 3 个不同节点的 Gauss 求积公式的代数精度是(　　)次的.

A. 5　　　B. 6　　　C. 7　　　D. 3

14. 在计算机上用差商公式求微分的近似值时,步长越小结果越精确. 对吗? 为什么?

15. 设 $I=\int_a^b f(x)\,\mathrm{d}x$ 存在,计算 I 的复化梯形公式为 T_n,证明

$$\lim_{n\to\infty}T_n=I$$

16. 设 $f(x)\in C^2[a,b]$,计算 $I=\int_a^b f(x)\,\mathrm{d}x$ 的梯形公式

$$T=\frac{b-a}{2}[f(a)+f(b)]$$

具有余项

$$R_T = I - T = -\frac{(b-a)^3}{12}f''(\xi) \quad (\xi \in (a,b))$$

(1) 写出计算 I 的复化梯形公式 T_n;

(2) 导出复化梯形公式的余项 $R_T^{[n]} = I - T_n$ 的表达式;

(3) 应用于二重积分

$$J = \iint_D g(x,y)\,\mathrm{d}x\mathrm{d}y \quad (D = [a,b] \times [c,d])$$

给出二重积分的复化梯形公式及余项表达式,其中 $g(x,y) \in C^2(D)$.

6.5 实验指导

1. 将区间[0,1]进行4等分,仅由等分点的函数值分别用复化梯形公式和复化 Simpson 公式计算定积分 $I = \int_0^1 \frac{1}{1+x^2}\mathrm{d}x$ 的近似值.

C 语言程序清单:

```
#include "stdio.h"
#define  f(x)  4.0/(1+(x)*(x))
//*********************************
//程序名:  CompositeIntegral
//程序功能:用复化梯形公式和复化 Simpson 公式计算积分
//*********************************

void main()
{  float h=(1.0-0)/4, temp, xk, yk, xkh, ykh, xk1, yk1;
   int i;
   temp=f(0);   xk=0;
   for(i=1;  i<4;  i++)
     {  xk=xk+h;
        temp=temp + 2*f(xk);
     }
   temp=temp+f(1);
   temp=temp*h/2;                          //使用化简后的公式
   printf("\n复化梯形公式计算的结果: %f",temp);

   temp=0;      h=(1.0-0)/2;               //对复化 Simpson 公式相当于分成 2 个小区间
   xk=0;        yk=f(0);                   //xk——x[k]
   for(i=0;  i<2;  i++)
     {  xkh=xk+h/2;     ykh=f(xkh);        //xkh——x[k+1/2]
        xk1=xk+h;       yk1=f(xk1);        //xk1——x[k+1]
        temp=temp + h*(yk+4*ykh+yk1)/6;   //加上每个小区间上的面积
```

```
        xk = xk1;        yk = yk1;                  //右端点是下一个小区间的左端点
    }
    printf("\n复化 Simpson 公式计算的结果: %f\n",temp);
}
```

Matlab 程序清单:

```
f = inline('4./(1 + x.^2)');
h = (1 - 0)/4;
temp = f(0);   xk = 0;
for  i = 1:3
     xk = xk + h;
     temp = temp  + 2 * f(xk);
end
temp = temp + f(1);
temp = temp * h/2;                         % 使用化简后的公式
fprintf('\n 复化梯形公式计算的结果:%f',temp);

temp = 0;
h = (1 - 0)/2;                             % 对复化 Simpson 公式相当于分成 2 个小区间
xk = 0;      yk = f(0);     % xk——x[k]
for  i = 0:1
     xkh = xk + h/2;  ykh = f(xkh);        % xkh——x[k + 1/2]
     xk1 = xk + h;     yk1 = f(xk1);       % xk1——x[k + 1]
     temp = temp  + h * (yk + 4 * ykh + yk1) /6;   % 加上每个小区间上的面积
     xk = xk1;  yk = yk1;                  % 右端点是下一个小区间的左端点
end
fprintf('\n 复化 Simpson 公式计算的结果:%f\n',temp);
```

运行结果:

```
复化梯形公式计算的结果:3.131176
复化 Simpson 公式计算的结果:3.141569
```

2. 利用变步长求积公式,求半径为 1 的半圆 $y = \sqrt{1 - x^2}$ ($-1 \leqslant x \leqslant 1$)的面积 $S = \int_{-1}^{1} \sqrt{1 - x^2}\mathrm{d}x$ 的近似值.

C 语言程序清单:

```
#include "stdio.h"
#include "math.h"
#define f(x) sqrt(1 - (x) * (x))
// * * * * * * * * * * * * * * * * * * * * * * * * * * *
```

```
//程序名:  VariableStepTrapezoid.Cpp
//程序功能:用变步长求积公式计算定积分
//* * * * * * * * * * * * * * * * * * * * * * * * * * * *

void main()
{  float a = -1, b =1, epsilon, T0, T1, h, s, x;
   int k =0;
   printf("Epsilon =");    scanf("%f",&epsilon);
   h =b - a;               T1 =h * (f(a) + f(b)) /2;
   printf("\n      0   % 9.7f",  T1);
   do
   {   T0 = T1;        k + +;
       s =0;           x =a +h/2;
       while(x <b)
       {  s =s +f(x);   x =x +h;     }
       T1 = T0 /2 +s * h/2;
       printf("      %2d   %9.7f",k,T1);
       h =h/2;
       if((k +1)% 4 = =0)               //每行显示 4 个值
          printf("\n");
   }while(fabs(T1 - T0) > =epsilon);
   printf("\n");
}
```

Matlab 程序清单:

```
f =inline('sqrt(1 -x.^2)');
k =0;   a = -1;   b =1;
epsilon =input('epsilon =');
h =b -a;   T1 =h * (f(a) +f(b)) /2;
fprintf('\n     0   %9.7f',T1);
while 1
    T0 =T1;     k =k +1;
    s =0;        x =a +h/2;
    while(x <b)
        s =s +f(x);   x =x +h;
    end
    T1 =T0 /2 +s * h/2;
    fprintf(' %2d   %9.7f',  k,  T1);
    if rem(k +1,4) = =0                    % 每行显示 4 个值
        fprintf('\n');
    end
    h =h/2;
    if(abs(T1 - T0) <epsilon)
```

```
        break;  % 跳出循环
    end
end
```

运行结果：

Epsilon = 0.000001							
0	0.0000000	1	1.0000000	2	1.3660254	3	1.4978545
4	1.5449095	5	1.5616265	6	1.5675512	7	1.5696486
8	1.5703905	9	1.5706529	10	1.5707460	11	1.5707783
12	1.5707894	13	1.5707949	14	1.5707964	15	1.5707973

3. 用 Romberg 算法计算上题的积分，计算到 Romberg 序列为止.

C 语言程序清单：

```
#include "stdio.h"
#include "math.h"
#define f(x) sqrt(1 - (x) * (x))
// * * * * * * * * * * * * * * * * * * * * * * * * * * * *
//程序名:  Romberg
//程序功能:利用 Romberg 算法计算定积分
// * * * * * * * * * * * * * * * * * * * * * * * * * * * *

void main()
{  float T[20][4], h, s, x, a = -1, b =1, epsilon;
   int k =1;
   printf("\nEpsilon =:");  scanf("%f",&epsilon);
   h =b - a;
   T[0][0] =h * (f(a) + f(b))/2;
   printf("\n   k      T(k)        S(k)        C(k)        R(k)");
   printf("\n 0   %9.7f",  T[0][0]);
   do
     {  k + +;   s =0;   x =a + h/2;
        while(x <b)
            {  s =s + f(x);  x =x + h;  }
        T[k][0] =T[k -1][0]/2 + s * h/2;
        printf("\n %2d  %9.7f",  k,  T[k][0]);
        T[k][1] =(4 * T[k][0] - T[k -1][0])/3;
        printf("  %9.7f",  T[k][1]);
        if  (k >1)
```

```
        { T[k][2] = (16 * T[k][1] - T[k-1][1]) / 15;
          printf("  %9.7f",  T[k][2]);
        }
     h = h/2;
     if(k > 2)
     { T[K][3] = (64 * T[K][2] - T[k-1][2]) / 63;
       printf("% 9.7f",T[k][3]) ;
       }
       h = h/2;
   } while(k < =3 || fabs(T[k][3] - T[k-1][3]) > =epsilon);
  printf("\n\n积分近似值为:%f \n",  T[k][3]);
}
```

Matlab 程序清单:

```
f = inline('sqrt(1 - x.^2)');
T = zeros(20,4);
k = 1;     a = -1;     b = 1;
epsilon = input('epsilon = ');
h = b - a;
T(1,1) = h * (f(a) + f(b)) / 2;
fprintf('\n k     T(k)     S(k)     C(k)     R(k)');
fprintf('\n 1   %9.7f',  T(1,1));
while 1
     k  = k + 1;
     s = 0;   x = a + h/2;
     while(x < b)
        s = s + f(x);   x = x + h;
     end
     T(k,1) = T(k-1,1) / 2 + s * h/2;
     fprintf('\n %2d  %9.7f',  k,  T(k,1));
     T(k,2) = (4 * T(k,1) - T(k-1,1)) / 3;
     fprintf('   %9.7f',  T(k,2));
     if (k > 2)
        T(k,3) = (16 * T(k,2) - T(k-1,2)) / 15;
        fprintf('   %9.7f',  T(k,3));
     end
     if(k > 3)
        T(k,4) = (64 * T(k,3) - T(k-1,3)) / 63;
        fprintf('   % 9.7f',  T(k,4));
     end
     h = h/2;
```

```
    if(k>3 & abs(T(k,4)-T(k-1,4))<epsilon)
        break;
    end
end
fprintf('\n\n积分近似值为：%f\n', T(k,4));
```

运行结果：

```
Epsilon = 0.001
k    T(k)        S(k)        C(k)        R(k)
1    0.0000000
2    1.0000000   1.3333334
3    1.3660254   1.4880339   1.4983473
4    1.4978545   1.5417975   1.5453818   1.5461284
5    1.5449095   1.5605944   1.5618476   1.5621089
6    1.5616264   1.5671988   1.5676390   1.5677309
7    1.5675511   1.5695261   1.5696813   1.5697137
8    1.5696485   1.5703477   1.5704024   1.5704138

积分近似值为：1.570414
```

第 7 章　常微分方程的数值解法

7.1　内 容 提 要

本章讨论常微分方程初值问题

$$\begin{cases} y' = f(x,y) & (a \leqslant x \leqslant b) \\ y(a) = y_0 \end{cases}$$

的数值解法. 通常假定方程中 $f(x,y)$ 对 y 满足 Lipschitz 条件,即

$$\exists L > 0, \forall y_1, y_2, |f(x,y_1) - f(x,y_2)| \leqslant L | y_1 - y_2 |$$

在 Lipschitz 条件下,以上初值问题的解存在且唯一.

1. 常用算法

求解常微分方程初值问题的主要算法包括:

Euler 方法

$$\begin{cases} y_{n+1} = y_n + hf(x_n,y_n) & (n = 0,1,\cdots,N) \\ y(x_0) = y_0 \end{cases}$$

后退(隐式)Euler 方法

$$y_{n+1} = y_n + hf(x_{n+1},y_{n+1}) \qquad (n = 0,1,\cdots,N)$$

梯形方法

$$y_{n+1} = y_n + \frac{h}{2}[f(x_n,y_n) + f(x_{n+1},y_{n+1})] \qquad (n = 0,1,\cdots,N)$$

Euler 方法、后退 Euler 方法以及梯形方法都是由 x_n,y_n 计算可得 y_{n+1},这种只用向前一步即可算出 y_{n+1}的公式称为单步法. 其中 Euler 方法可由 y_0 逐步直接求出 $y_1,y_2,\cdots,y_N$ 的值,称为显式方法. 而后退 Euler 方法及梯形法右端含有 $f(x_{n+1},y_{n+1})$,当 $f(x,y)$ 对 y 非线性时它不能直接求出 y_{n+1},此时应把它看做一个方程求解 y_{n+1},这类方法称为隐式方法.

改进的 Euler 方法

$$\begin{cases} \bar{y}_{n+1} = y_n + hf(x_n,y_n) \\ y_{n+1} = y_n + \dfrac{h}{2}[f(x_n,y_n) + f(x_{n+1},\bar{y}_{n+1})] \end{cases}$$

n 阶 Taylor 方法

$$\begin{cases} y_0 = a \\ y_{n+1} = y_n + hT^{(n)}(x_n,y_n) & (n = 0,1,\cdots,N-1) \end{cases}$$

其中

$$T^{(n)}(x_n,y_n)=f(x_n,y_n)+\frac{h}{2}f'(x_n,y_n)+\cdots+\frac{h^{n-1}}{n!}f^{(n-1)}(x_n,y_n)$$

2 阶 Runge－Kutta 方法

$$\begin{cases}y_{n+1}=y_n+hk_2\\k_1=f(x_n,y_n)\\k_2=f\left(x_n+\dfrac{h}{2},y_n+\dfrac{h}{2}k_1\right)\end{cases}$$

3 阶 Runge－Kutta 方法

$$\begin{cases}y_{n+1}=y_n+\dfrac{h}{6}(k_1+4k_2+k_3)\\k_1=f(x_n,y_n)\\k_2=f\left(x_n+\dfrac{h}{2},y_n+\dfrac{h}{2}k_1\right)\\k_3=f(x_n+h,y_n-hk_1+2hk_2)\end{cases}$$

4 阶经典 Runge－Kutta 方法

$$\begin{cases}y_{n+1}=y_n+\dfrac{h}{6}(k_1+2k_2+2k_3+k_4)\\k_1=f(x_n,y_n)\\k_2=f\left(x_n+\dfrac{h}{2},y_n+\dfrac{h}{2}k_1\right)\\k_3=f\left(x_n+\dfrac{h}{2},y_n+\dfrac{h}{2}k_2\right)\\k_4=f(x_n+h,y_n+hk_3)\end{cases}$$

2. 局部截断误差和方法的阶

通过单步法计算时，如果考虑每一步产生的误差，则从 x_0 开始，直至 x_n 有误差 $e_n=y(x_n)-y_n$，这种误差称为在 x_n 点的整体截断误差.

记 $y_n=y(x_n)$，则称 $e_{n+1}=y(x_{n+1})-y_{n+1}$ 为单步法在 x_{n+1} 处的局部截断误差.

记单步法的一般形式为

$$y_{n+1}=y_n+h\varphi(x_n,y_n,y_{n+1},h)$$

即解 y_{n+1} 等于 y_n 加上一个增量 $h\varphi$，其中 φ 与微分方程等号右端函数有关.

定义 7－1 设 $y(x)$ 为初值问题(7－1)的精确解，则

$$T_{n+1}=y(x_{n+1})-y(x_n)-h\varphi(x_n,y(x_n),y_{n+1},h)$$

称为单步法在 x_{n+1} 处的局部截断误差.

定义 7－2 若一个方法的局部截断误差为

$$T_{n+1}=O(h^{p+1})\ 或\ T_{n+1}=H(x_n,y(x_n))h^{p+1}+O(h^{p+2})$$

则称该方法是 p 阶的，或具有 p 阶精度；第一个非零项 $H(x_n,y(x_n))h^{p+1}$ 称为该方法的局部截断误差主项.

7.2 例 题 分 析

例 7-1 设初值问题

$$\begin{cases} y' = 2x^2, & x \geqslant 0 \\ y(0) = 1 \end{cases}$$

分别用 Euler 公式和改进的 Euler 公式,以 $h = 0.1$ 为步长计算 $y(1.1)$ 和 $y(1.2)$ 的近似值,计算结果保留到小数点后 3 位.

解 根据 Euler 公式

$$y_{n+1} = y_n + hf(x_n, y_n) = y_n + 0.2x_n^2$$

于是

$$y(0.1) \approx y_1 = y_0 + 0.2x_0^2 = 1 + 0.2 \times 0^2 = 1$$
$$y(0.2) \approx y_2 = y_1 + 0.2x_1^2 = 1 + 0.2 \times 0.1^2 = 1.002$$

根据改进的 Euler 公式

$$\begin{cases} \bar{y}_{n+1} = y_n + hf(x_n, y_n) \\ y_{n+1} = y_n + \dfrac{h}{2}[f(x_n, y_n) + f(x_{n+1}, \bar{y}_{n+1})] \end{cases}$$

依题目有

$$y_{n+1} = y_n + 0.1 \times (x_n^2 + x_{n+1}^2)$$

代入计算可得 $y(1.1) \approx 1.891$, $y(1.2) \approx 2.156$.

例 7-2 用求解初值问题的梯形方法求函数

$$y(x) = \int_0^x e^{-t^2} dt$$

在 $x = 0.25$, 0.5, 0.75 和 1 处的函数值.

解 可以用数值积分方法解此题,即对不同的 x 值用数值积分公式计算. 在这里,先把问题转化为常微分方程初值问题,即两边求导并注意 $x = 0$ 时积分值为 0,于是所给问题等价于初值问题

$$y' = e^{-x2} \quad (x \geqslant 0), \quad y(0) = 0$$

现按题意,取 $h = 0.25$,则 $x_0 = 0, x_1 = 0.25, x_2 = 0.5, x_3 = 0.75, x_4 = 1.0$,又 $y_0 = 0$,根据梯形公式

$$y_{n+1} = y_n + \frac{h}{2}[f(x_n, y_n) + f(x_{n+1}, y_{n+1})]$$

代入这里的 $f(x, y) = e^{-x^2}$,有

$$y_{n+1} = y_n + \frac{0.25}{2}(e^{-x_n^2} + e^{-x_{n+1}^2}) \qquad (n = 0, 1, 2, 3, 4)$$

由 $y_0 = 0$ 开始按上式计算可得

$$y(0.25) \approx 0.242427, \quad y(0.5) \approx 0.457203$$
$$y(0.75) \approx 0.625776, \quad y(1.0) \approx 0.742984$$

例 7-3 推导常微分方程初值问题

$$\begin{cases}\dfrac{\mathrm{d}y}{\mathrm{d}x} = f(x,y) & (a \leqslant x \leqslant b)\\ y(a) = y_0\end{cases}$$

的数值解公式 $y_{n+1} = y_{n-1} + \dfrac{h}{3}(f(x_{n-1}, y_{n-1}) + 4f(x_n, y_n) + f(x_{n+1}, y_{n+1}))$.

证 用数值积分方法构造该数值解公式. 对方程 $\dfrac{\mathrm{d}y}{\mathrm{d}x} = f(x,y)$ 在区间 $[x_{n-1}, x_{n+1}]$ 上积分,得

$$y(x_{n+1}) = y(x_{n-1}) + \int_{x_{n-1}}^{x_{n+1}} f(x, y(x))\,\mathrm{d}x$$

记步长为 h,对积分 $\int_{x_{n-1}}^{x_{n+1}} f(x, y(x))\,\mathrm{d}x$ 采用 Simpson 求积公式,得

$$\begin{aligned}\int_{x_{n-1}}^{x_{n+1}} f(x,y(x))\,\mathrm{d}x &\approx \frac{2h}{6}[f(x_{n-1}, y(x_{n-1})) + 4f(x_n, y(x_n)) + f(x_{n+1}, y(x_{n+1}))]\\ &\approx \frac{h}{3}(f(x_{n-1}, y_{n-1}) + 4f(x_n, y_n) + f(x_{n+1}, y_{n+1}))\end{aligned}$$

所以得数值求解公式 $y_{n+1} = y_{n-1} + \dfrac{h}{3}(f(x_{n-1}, y_{n-1}) + 4f(x_n, y_n) + f(x_{n+1}, y_{n+1}))$.

例 7-4 证明隐式 Euler 法(向后 Euler 法)$y_{n+1} = y_n + hf(x_{n+1}, y_{n+1})$ 是 1 阶的.

证法 1 假设 $y_n = y(x_n)$,由于

$$f(x_{n+1}, y_{n+1}) = f(x_{n+1}, y(x_{n+1})) + f'_y(x_{n+1}, \eta)(y_{n+1} - y(x_{n+1}))$$

η 介于 y_{n+1} 与 $y(x_{n+1})$ 之间,且

$$f(x_{n+1}, y(x_{n+1})) = y'(x_{n+1}) = y'(x_n) + hy''(x_n) + O(h^2)$$

因此

$$\begin{aligned}y_{n+1} &= y(x_n) + hf(x_{n+1}, y_{n+1})\\ &= y(x_n) + hy'(x_n) + h^2 y''(x_n) + O(h^3) + hf'_y(x_{n+1}, \eta)(y_{n+1} - y(x_{n+1}))\end{aligned}$$

又

$$y(x_{n+1}) = y(x_n) + hy'(x_n) + \frac{h^2}{2} y''(x_n) + O(h^3)$$

所以

$$y(x_{n+1}) - y_{n+1} = hf'_y(x_{n+1}, \eta)(y(x_{n+1}) - y_{n+1}) - \frac{h^2}{2} y''(x_n) + O(h^3)$$

从而局部截断误差 $y(x_{n+1}) - y_{n+1}$ 为

$$\begin{aligned}y(x_{n+1}) - y_{n+1} &= \frac{1}{1 - hf'_y(x_{n+1}, \eta)}\left(-\frac{h^2}{2} y''(x_n)\right) + O(h^3)\\ &= -\frac{h^2}{2} y''(x_n)(1 + hf'_y(x_{n+1}, \eta)) + O(h^3) = O(h^2)\end{aligned}$$

故隐式 Euler 法是 1 阶的.

证法 2

$$y_{n+1} = y_n + hf(x_{n+1}, y_{n+1})$$

$$= y_n + hf(x_n + h, y_n + hf(x_{n+1}, y_{n+1}))$$
$$= y_n + h(f(x_n, y_n) + hf'_x(x_n, y_n) + hf(x_{n+1}, y_{n+1})f'_y(x_n, y_n)) + O(h^3)$$

再代入

$$f(x_{n+1}, y_{n+1}) = f(x_n + h, y_n + hf(x_{n+1}, y_{n+1})) = f(x_n, y_n) + O(h)$$

有

$$y_{n+1} = y_n + h(f(x_n, y_n) + hf'_x(x_n, y_n) + hf(x_n, y_n)f'_y(x_n, y_n)) + O(h^3)$$
$$= y_n + hf(x_n, y_n) + h^2(f'_x(x_n, y_n) + f(x_n, y_n)f'_y(x_n, y_n)) + O(h^3)$$

代入

$$y''(x_n) = f'_x(x_n, y_n) + f(x_n, y_n)f'_y(x_n, y_n)$$

并与 $y(x_{n+1})$ 的 Taylor 展开式

$$y(x_{n+1}) = y(x_n) + hy'(x_n) + \frac{h^2}{2}y''(x_n)) + O(h^3)$$

相减,注意到 $y(x_n) = y_n$,得

$$y(x_{n+1}) - y_{n+1} = -\frac{h^2}{2}y''(x_n) + O(h^3) = O(h^2)$$

例 7 - 5　取步长 $h = 0.2$,用 4 阶经曲 Runge – Kutta 法求解初值问题

$$\begin{cases} y' = y - \dfrac{2x}{y}, & 0 \leqslant x \leqslant 1 \\ y(0) = 1 \end{cases}$$

并比较所得结果与问题的精确解 $y(x) = \sqrt{1 + 2x}$ 的差异.

解　$h = 0.2, x_0 = 0, x_i = ih = 0.2i, i = 0, 1, \cdots 5.$

4 阶经典 Runge – Kutta 法公式为

$$\begin{cases} y_{n+1} = y_n + \dfrac{0.4}{6}(k_1 + 2k_2 + 2k_3 + k_4) \\[2mm] k_1 = f(x_n, y_n) = y_n - \dfrac{2x_n}{y_n} \\[2mm] k_2 = f\left(x_n + \dfrac{h}{2}, y_n + \dfrac{h}{2}k_1\right) = y_n + \dfrac{h}{2}k_1 - \dfrac{2x_n + h}{y_n + \dfrac{h}{2}k_1} \\[2mm] k_3 = f\left(x_n + \dfrac{h}{2}, y_n + \dfrac{h}{2}k_2\right) = y_n + \dfrac{h}{2}k_2 - \dfrac{2x_n + h}{y_n + \dfrac{h}{2}k_2} \\[2mm] k_4 = f(x_n + h, y_n + hk_3) = y_n + hk_3 - \dfrac{2(x_n + h)}{y_n + hk_3} \end{cases}$$

计算结果如下:

n	x_n	y_n	$y(x_n)$
0	0	1	0
1	0.2	1.1832	1.1832
2	0.4	1.3417	1.3416
3	0.6	1.4833	1.4832
4	0.8	1.6125	1.6125
5	10	1.7321	1.7321

7.3 习题选解

7.1 列出求解下列初值问题的 Euler 公式.

（1）$y'=x^2-y^2 \qquad (0\leqslant x\leqslant 0.4)，y(0)=1，h=0.2$；

（2）$y'=\left(\dfrac{y}{x}\right)^2+\dfrac{y}{x} \qquad (1\leqslant x\leqslant 1.2)，y(1)=1，h=0.1.$

解

（1）本题$f(x,y)=x^2-y^2, x_n=0.2n$,初值问题的 Euler 公式为

$$\begin{aligned} y_{n+1} &= y_n+hf(x_n,y_n) = y_n+0.2\times((0.2n)^2-y_n^2) \\ &= y_n-0.2y_n^2+0.008n^2 \qquad (n=0,1) \end{aligned}$$

（2）本题$f(x,y)=\left(\dfrac{y}{x}\right)^2+\dfrac{y}{x}$，$x_n=1+0.1n$,初值问题的 Euler 公式为

$$y_{n+1}=y_n+hf(x_n,y_n) = y_n+0.1\times\left(\frac{y_n^2}{(1+0.1n)^2}+\frac{y_n}{1+0.1n}\right)$$

$$=10\left(\frac{y_n}{10+n}\right)^2+\frac{n+11}{n+10}y_n \qquad (n=0,1)$$

7.2 用 Euler 方法,以步长 $h=0.2$ 解初值问题

$$\begin{cases} y'=-xy^2-y, & 0\leqslant x\leqslant 0.6 \\ y(0)=1 \end{cases}$$

参考答案

x_n	0.2	0.4	0.6
y_n	0.8000	0.6144	0.4613

7.3 用 Euler 公式求解初值问题

$$y'=ax+b, \quad y(0)=0$$

（1）导出近似解的显式表达式；

（2）证明整体截断误差为 $y(x_n)-y_n=\dfrac{1}{2}anh^2$.

解 (1) 这里$f(x,y)=ax+b$，$x_n=x_0+nh=nh$，由 Euler 方法，有

$$
\begin{aligned}
y_{n+1} &= y_n + (anh+b)h \\
y_n &= y_{n-1} + (a(n-1)h+b)h \\
\vdots &= \vdots \\
y_1 &= y_0 + (a\cdot 0\cdot h+b)h
\end{aligned}
$$

以上式子左右两端相加并化简可得 $y_{n+1}=\dfrac{an(n+1)}{2}h^2+b(n+1)h$.

(2) 注意到题目中微分方程的解析解为 $y(x)=\dfrac{ax^2}{2}+bx$，因此整体截断误差为

$$y(x_n)-y_n=\frac{an^2h^2}{2}+bnh-\left(\frac{an(n-1)}{2}h^2+bnh\right)=\frac{1}{2}anh^2$$

7.4 设初值问题为

$$\begin{cases} y'+y+y^2\sin x=0 \\ y(1)=1 \end{cases}$$

用改进 Euler 方法，以步长 $h=0.2$ 计算 $y(1.2)$ 及 $y(1.4)$ 的近似值，要求小数点后至少保留 5 位.

参考答案

$y(1.2)\approx 0.70549$，$y(1.4)\approx 0.52611$.

7.5 用 2 阶及 4 阶 Taylor 方法求解初值问题

$$\begin{cases} y'=2x+y \qquad 0\leqslant x\leqslant 1 \\ y(0)=1 \end{cases}$$

取步长 $h=0.5$.

解 $y'=2x+y$

$y''=2+y'=2+2x+y$

$y'''=2+y'=2+2x+y$

$y^{(4)}=2+y'=2+2x+y$

由于步长 $h=0.5$，故 $x_0=0, x_1=0.5, x_2=1$.

2 阶 Taylor 方法的公式为

$$
\begin{aligned}
y_{n+1} &= y_n+h(2x_n+y_n)+\frac{h^2}{2}(2+2x_n+y_n) \\
&= 0.25+1.25x_n+1.625y_n
\end{aligned}
$$

所以

$$
\begin{aligned}
y(0.5)\approx y_1 &= 0.25+1.25x_0+1.625y_0=1.875 \\
y(1)\approx y_2 &= 0.25+1.25x_1+1.625y_1=3.921875
\end{aligned}
$$

4 阶 Taylor 方法的公式为

$$
\begin{aligned}
y_{n+1} &= y_n+h(2x_n+y_n)+\frac{h^2}{2}(2+2x_n+y_n)+\frac{h^3}{3}(2+2x_n+y_n)+\frac{h^4}{4}(2+2x_n+y_n) \\
&= 0.56495+1.296875x_n+1.648438y_n
\end{aligned}
$$

所以

$$y(0.5)\approx y_1=0.56495+1.296875x_0+1.648438y_0=2.195388$$

$$y(1)\approx y_2=0.56495+1.296875x_1+1.648438y_1=4.814349$$

7.6　用梯形公式解初值问题

$$\begin{cases} y'=8-3y, & 1\leqslant x\leqslant 2\\ y(1)=2 \end{cases}$$

取 $h=0.2$,数值解保留至小数点后 5 位.

参考答案

x_n	1.2	1.4	1.6	1.8	2.0
y_n	2.30769	2.47337	2.56259	2.61062	2.63649

7.7　取步长 $h=0.2$,用 4 阶经典 Runge - Kutta 方法求解初值问题

$$\begin{cases} y'=x+y, & 0\leqslant x\leqslant 1\\ y(0)=1 \end{cases}$$

并与精确解 $y(x)=2e^x-x-1$ 作比较.

解　本题 $f(x,y)=x+y$. 采用 4 阶 Runge - Kutta 方法

$$\begin{cases} y_{n+1}=y_n+\dfrac{h}{6}(k_1+2k_2+2k_3+k_4)\\ k_1=x_n+y_n\\ k_2=x_n+\dfrac{h}{2}+y_n+\dfrac{h}{2}k_1\\ k_3=x_n+\dfrac{h}{2}+y_n+\dfrac{h}{2}k_2\\ k_4=x_n+h+y_n+hk_3 \end{cases}$$

计算结果如下:

x_n	0	0.2	0.4	0.6	0.8	1.0
y_n	1	1.2428	1.583636	2.044213	2.651042	3.436502
$y(x_n)$	1	1.242806	1.583649	2.044238	2.651082	3.436564

7.8　取步长 $h=0.2$,用 4 阶经典 Runge - Kutta 方法求解初值问题

$$\begin{cases} y'=\dfrac{3y}{1+x}, & 0\leqslant x\leqslant 1\\ y(0)=1 \end{cases}$$

参考答案

x_n	0.2	0.4	0.6	0.8	1.0
y_n	1.72755	2.74295	4.09418	5.82921	7.99601

7.9　对初值问题

$$\begin{cases} y' = 8 - 3y, & 0 \leqslant x \leqslant 1 \\ y(0) = 2 \end{cases}$$

（1）写出用4阶经典 Runge – Kutta 方法求解的计算公式；

（2）取 $h=0.2$，计算 $y(0.4)$ 的近似值（保留小数点后4位）.

解　（1）这里 $f(x,y)=8-3y$，求解初值问题的 Runge – Kutta 公式为

$$\begin{cases} y_{n+1} = y_n + \dfrac{h}{6}(k_1 + 2k_2 + 2k_3 + k_4) \\ k_1 = 8 - 3y_n \\ k_2 = 8 - 3\left(y_n + \dfrac{h}{2}k_1\right) \\ k_3 = 8 - 3\left(y_n + \dfrac{h}{2}k_2\right) \\ k_4 = 8 - 3(y_n + hk_3) \end{cases}$$

（2）取 $h=0.2$，代入计算可得 $y_{n+1}=1.2016+0.5494y_n$，于是 $y_1=2.3004$，进而 $y(0.4)\approx y_2=2.4654$.

*7.10　证明解初值问题 $y'=f(x,y)$，$y(a)=y_0$ 的隐式单步法

$$y_{n+1} = y_n + \frac{h}{6}[4f(x_n,y_n) + 2f(x_{n+1},y_{n+1}) + hf'(x_n,y_n)]$$

为3阶方法.

参考答案（略）

*7.11　对初值问题 $y'=f(xy)$，$y(a)=y_0$，

（1）试推导以下数值求解公式

$$y_{n+1} = y_n + hf(x_n,y_n) + \frac{h^2}{2}f'(x_ny_n)[y_n + x_nf(x_ny_n)]$$

（2）指出上述求解公式的阶数.

证　（1）将 $y(x)$ 在 x_n 处做 Taylor 展开，得

$$\begin{aligned} y(x_{n+1}) &= y(x_n) + hy'(x_n) + \frac{y''(x_n)}{2}h^2 + O(h^3) \\ &= y(x_n) + hf(x_ny(x_n)) + \frac{h^2}{2}y''(x_n) + O(h^3) \end{aligned}$$

将 $y(x_n)=y_n$ 及

$$\begin{aligned} y''(x_n) &= \left.\frac{\mathrm{d}y'(x)}{\mathrm{d}x}\right|_{x=x_n} = \left.\frac{\mathrm{d}f(x\cdot y(x))}{\mathrm{d}x}\right|_{x=x_n} = f'(x_ny(x_n))[y(x_n) + x_ny'(x_n)] \\ &= f'(x_ny(x_n))[y(x_n) + x_nf(x_ny(x_n))] \end{aligned}$$

代入上式并忽略高阶项可得迭代算法

$$y_{n+1} = y_n + hf(x_n y_n) + \frac{h^2}{2} f'(x_n y_n)[y_n + x_n f(x_n y_n)]$$

(2) 由以上推导过程易知求解公式是 2 阶公式.

7.4 综合练习

1. 以下说法对吗?

(1) 设函数 $y(x)$ 是某初值问题的解析解,则 $y(x_n)$ 称为该初值问题在 x_n 处的数值解.

(2) 记 $y(x_{n+1})$ 是初值问题在 x_{n+1} 处的解,y_{n+1} 是由某数值方法得出的 x_{n+1} 处的数值解,则 $e_{n+1} = y(x_{n+1}) - y_{n+1}$ 称为该数值方法在 x_{n+1} 处的局部截断误差.

2. 用 Euler 方法求初值问题

$$\begin{cases} y' = 1 + x^3 + y^3 \\ y(0) = 0 \end{cases}$$

在 $x = 0.4$ 处的函数值(取步长 $h = 0.1$,计算结果保留 6 位小数).

3. 用改进的 Euler 方法解初值问题

$$\begin{cases} y' = x^2 + x - y & (0 \leqslant x \leqslant 0.5) \\ y(0) = 0 \end{cases}$$

取步长 $h = 0.02$,计算 $y(0.5)$.

4. 用 4 阶经典 Runge – Kutta 方法求解初值问题

$$\begin{cases} y' = \dfrac{2}{3} x y^{-2} & (0 \leqslant x \leqslant 1.2) \\ y(0) = 1 \end{cases}$$

取步长 $h = 0.2$,并且将得到的结果与准确解 $y = \sqrt[3]{1 + x^2}$ 比较.

5. 证明用梯形公式可以求得初值问题

$$\begin{cases} y' = -y \\ y(0) = 1 \end{cases}$$

的近似解为

$$y_n = \left(\frac{2 - h}{2 + h}\right)^n$$

且当步长 $h \to 0$ 时,它收敛于精确解 e^{-x}.

6. 证明如下 Runge – Kutta 公式

$$\begin{aligned} y_{n+1} &= y_n + \frac{h}{2}(k_2 + k_3) \\ k_1 &= f(x_n, y_n) \\ k_2 &= f(x_n + th, y_n + thk_1) \\ k_3 &= f(x_n + (1 - t)h, y_n + (1 - t)hk_1) \end{aligned}$$

对任意参数 t 都是 2 阶公式.

7.5 实验指导

取步长 $h=0.1$，用 Euler 方法、改进 Euler 方法和 4 阶 Runge－Kutta 方法求解初值问题

$$\begin{cases} y' = y - \dfrac{2x}{y} & (0 \leqslant x \leqslant 1) \\ y(0) = 1 \end{cases}$$

并将结果与解析解 $y=\sqrt{1+2x}$ 相比较.

C 语言程序清单：

```
#include "stdio.h"
#include "math.h"


//******************************************/
// 程序名： ODE
// 程序功能:用 Euler 方法、改进 Euler 方法和 4 阶 Runge-Kutta 方法
//             求解常微分方程初值问题
/******************************************/

#define f(x,y)  ((y)-2*(x)/(y))
#define y(x)    sqrt(1+2*(x))

void main()
{  float a=0, b=1.0f, h=0.1f, y0=1.0f,x, ye, yp, ym, k1, k2, k3, k4, yr, yx;

   printf("\n      精确解        Euler 方法        ");
   printf("改进 Euler 方法      4 阶 Runge-Kutta 方法");
   printf("\n x       y          ye[k]   |ye[k]-y| ");
   printf("ym[k]   |ym[k]-y|    yr[k]      |yr[k]-y|\n");
   printf("%3.1f  %8.6f  %8.6f  %8.6f     ", a,  y0,  y0,  0.0);
   printf("%8.6f  %8.6f  %8.6f  %8.6f\n",  y0,  0.0  ,y0  ,0.0);

   x=a;
   ye=y0;            //Euler 方法的初值
   ym=y0;            //改进的 Euler 方法的初值
   yr=y0;            //4 阶 Runge-Kutta 方法的初值

   while (x<b)
   {   ye=ye+h*f(x,ye);           //Euler 公式在下一分点的值
```

```
        yp = ym + h * f(x,ym);          //改进 Euler 公式在下一分点的预报值
        ym = ym + h/2 * (f(x,ym) + f(x + h,yp));  //改进 Euler 公式在下一分点的值

        k1 = f(x,yr);
        k2 = f(x + h/2,yr + h/2 * k1);
        k3 = f(x + h/2,yr + h/2 * k2);
        k4 = f(x + h,yr + h * k3);
        yr = yr + h/6 * (k1 + 2 * k2 + 2 * k3 + k4);  //4 阶 Runge - Kutta 方法在下一分点的值

        x = x + h;                  //下一分点 x 坐标
        yx = y(x);                  //下一分点的精确解

        printf("%3.1f  %8.6f  %8.6f  %8.6f  %8.6f  %8.6f  %8.6f  %8.6f\n"
            ,x,yx,ye,fabs(ye - yx),ym,fabs(ym - yx),yr,fabs(yr - yx));
    }
}
```

Matlab 程序清单：

```
f = inline('y - 2 * x/y','x','y');
y = inline('sqrt(1 + 2 * x)');

a = 0; b = 1; h = 0.1; y0 = 1;

fprintf('\n          精确解                    Euler 方法                    ');
fprintf('改进 Euler 方法                  4 阶 Runge - Kutta 方法');
fprintf('\n x          y                     ye[k]     |ye[k] - y|        ym[k]');
fprintf('  |ym[k] - y|                 yr[k]      |yr[k] - y|\n');
fprintf('%3.1f  %8.6f  %8.6f  %8.6f       ', a,  y0,  y0,  0);
fprintf('%8.6f  %8.6f    %8.6f  %8.6f\n',  y0,  0,  y0,  0.0);

x = a;
ye = y0;             %  Euler 方法的初值
ym = y0;             %  改进的 Euler 方法的初值
yr = y0;             %  4 阶 Runge - Kutta 方法的初值

while (x < b)
    ye = ye + h * f(x,ye);        %  Euler 公式在下一分点的值

    yp = ym + h * f(x,ym);        %  改进 Euler 公式在下一分点的预报值
    ym = ym + h/2 * (f(x,ym) + f(x + h,yp));    %  改进 Euler 公式在下一分点的值

    k1 = f(x,yr);
    k2 = f(x + h/2,yr + h/2 * k1);
```

```
    k3 = f(x + h/2,yr + h/2 * k2);
    k4 = f(x + h,yr + h * k3);
    yr = yr + h/6 * (k1 + 2 * k2 + 2 * k3 + k4);        % 4 阶 Runge - Kutta 方法在下一分点的值

    x = x + h;           % 下一分点的 x 坐标
    yx = y(x);           % 下一分点的精确解

    fprintf('%3.1f  %8.6f    %8.6f    %8.6f      ',x,yx,ye,abs(ye - yx));
    fprintf('%8.6f  %8.6f    %8.6f    %8.6f\n',ym,abs(ym - yx),yr,abs(yr - yx));
end
```

运行结果:

	精确解	Euler 方法		改进 Euler 方法		4 阶 Runge - Kutta 方法	
x	y	ye[k]	|ye[k] - y|	ym[k]	|ym[k] - y|	yr[k]	|yr[k] - y|
0.0	1.000000	1.000000	0.000000	1.000000	0.000000	1.000000	0.000000
0.1	1.095445	1.100000	0.004555	1.095909	0.000464	1.095446	0.000000
0.2	1.183216	1.191818	0.008602	1.184097	0.000881	1.183217	0.000001
0.3	1.264911	1.277438	0.012527	1.266201	0.001290	1.264912	0.000001
0.4	1.341641	1.358213	0.016572	1.343360	0.001719	1.341642	0.000001
0.5	1.414214	1.435133	0.020920	1.416402	0.002188	1.414215	0.000002
0.6	1.483240	1.508966	0.025727	1.485956	0.002716	1.483242	0.000002
0.7	1.549193	1.580338	0.031145	1.552514	0.003321	1.549196	0.000003
0.8	1.612452	1.649784	0.037332	1.616475	0.004023	1.612455	0.000004
0.9	1.673320	1.717780	0.044460	1.678167	0.004846	1.673324	0.000004
1.0	1.732051	1.784771	0.052720	1.737868	0.005817	1.732056	0.000005

第 8 章　矩阵的特征值与特征向量的计算

8.1　内容提要

1. 乘幂法

假设 n 阶矩阵 $\boldsymbol{A}$ 的特征值满足

$$|\lambda_1| > |\lambda_2| \geqslant \cdots \geqslant |\lambda_n|$$

且对应的 n 个特征向量 $\boldsymbol{x}_1,\cdots,\boldsymbol{x}_n$ 线性无关.

任取 n 维非零向量 $\boldsymbol{v}_0$. 构造向量序列 $\{\boldsymbol{v}_k\}$ 如下:

$$\boldsymbol{v}_k = \boldsymbol{A}\boldsymbol{v}_{k-1} \qquad (k = 1,2,\cdots) \tag{8-1}$$

则当 k 充分大,使向量 $\boldsymbol{v}_{k+1}$ 与 $\boldsymbol{v}_k$ 各分量的比约为常数时,该比值即为 λ_1 的近似值,$\boldsymbol{v}_k$ 就是矩阵 $\boldsymbol{A}$ 对应于特征值 λ_1 的近似特征向量.

2. 规范化的乘幂法

在乘幂法中,构造向量序列 $\{\boldsymbol{v}_k\}$ 和实数序列 $\{\mu_k\}$ 如下:

$$\boldsymbol{u}_k = \boldsymbol{A}\boldsymbol{v}_{k-1}$$
$$\mu_k = \max(\boldsymbol{u}_k)$$
$$\boldsymbol{v}_k = \boldsymbol{u}_k/\mu_k$$

其中 $\max(\boldsymbol{u}_k)$ 表示向量 $\boldsymbol{u}_k$ 中模最大的分量. 则当 k 充分大时,μ_k 是 λ_1 的近似值,而 $\boldsymbol{v}_k$ 是对应的特征向量 $\boldsymbol{x}_1$ 规范化后的近似值.

3. 反幂法

设 $\boldsymbol{A}$ 是 n 阶非奇异矩阵,其特征值为

$$|\lambda_1| \geqslant |\lambda_2| \geqslant \cdots \geqslant |\lambda_{n-1}| > |\lambda_n|$$

且对应的 n 个特征向量 $\boldsymbol{x}_1,\cdots,\boldsymbol{x}_n$ 线性无关.

构造向量序列 $\{\boldsymbol{v}_k\}$ 和实数序列 $\{\mu_k\}$ 如下:

$$\boldsymbol{A}\boldsymbol{u}_k = \boldsymbol{v}_{k-1}$$
$$\mu_k = \max(\boldsymbol{u}_k)$$
$$\boldsymbol{v}_k = \boldsymbol{u}_k/\mu_k$$

则当 k 充分大,即有 $\lambda_n \approx 1/\mu_k$,$\boldsymbol{v}_k$ 是对应特征向量的近似值.

任给常数 ξ,用反幂法求得 $\boldsymbol{A}-\xi\boldsymbol{I}$ 模最小的特征值 λ_* 和对应特征向量 $\boldsymbol{v}_*$ 的近似值后,便可得到 $\boldsymbol{A}$ 最接近 ξ 的特征值 $\xi+\lambda_*$ 及对应特征向量的近似值 $\boldsymbol{v}_*$.

4. 镜像矩阵

设 $\boldsymbol{u}$ 是 n 维向量空间中的单位向量,即 $\|\boldsymbol{u}\|_2^2 = \boldsymbol{u}^{\mathrm{T}}\boldsymbol{u} = 1$,则称

$$\boldsymbol{H} = \boldsymbol{I} - 2\boldsymbol{u}\boldsymbol{u}^{\mathrm{T}}$$

为 **Householder 矩阵或镜像矩阵**,其中 $\boldsymbol{I}$ 是 n 阶单位矩阵.

镜像矩阵是对称的正交矩阵.

5. 矩阵的 QR 分解

定理 8-1 任意 n 阶矩阵 $\boldsymbol{A}$ 都可以分解为一个正交矩阵 $\boldsymbol{Q}$ 和一个上三角矩阵 $\boldsymbol{R}$ 的乘积,即

$$\boldsymbol{A} = \boldsymbol{QR}$$

若 $\boldsymbol{A}$ 是非奇异矩阵,且限定 $\boldsymbol{R}$ 对角线上的元素均为正数,则此分解是唯一的.

矩阵的 QR 分解可按如下步骤构造完成:记 $\boldsymbol{A}$ 的第一列为 $\boldsymbol{x} = (a_{11}, \cdots, a_{n1})^{\mathrm{T}}$,设 $\boldsymbol{e}_1 = (1, 0, \cdots, 0)^{\mathrm{T}}$ 是 n 维单位向量. 令

$$\boldsymbol{u} = \frac{\boldsymbol{x} - k_1\boldsymbol{e}_1}{\|\boldsymbol{x} - k_1\boldsymbol{e}_1\|_2}, \quad \boldsymbol{Q}_1 = \boldsymbol{H}_1 = \boldsymbol{I} - 2\boldsymbol{u}\boldsymbol{u}^{\mathrm{T}}$$

其中 $k_1 = -\mathrm{sign}(a_{11})\|\boldsymbol{x}\|_2$,则

$$\boldsymbol{Q}_1\boldsymbol{A} = \begin{pmatrix} k_1 & a_{12}^{(1)} & \cdots & a_{1n}^{(1)} \\ 0 & a_{22}^{(1)} & \cdots & a_{2n}^{(1)} \\ \vdots & \vdots & \ddots & \vdots \\ 0 & a_{n2}^{(1)} & \cdots & a_{nn}^{(1)} \end{pmatrix}$$

再对 $\boldsymbol{H}_1\boldsymbol{A}$ 右下角的 $n-1$ 阶子矩阵类似地构造矩阵 $\boldsymbol{H}_2$,并令

$$\boldsymbol{Q}_2 = \begin{pmatrix} 1 & \boldsymbol{0}_{n-1}^{\mathrm{T}} \\ \boldsymbol{0}_{n-1} & \boldsymbol{H}_2 \end{pmatrix}$$

其中 $\boldsymbol{0}_{n-1}$是 $n-1$ 维零向量,则

$$\boldsymbol{Q}_2(\boldsymbol{Q}_1\boldsymbol{A}) = \begin{pmatrix} k_1 & a_{12}^{(1)} & a_{12}^{(1)} & \cdots & a_{1n}^{(1)} \\ 0 & k_2 & a_{23}^{(2)} & \cdots & a_{2n}^{(2)} \\ 0 & 0 & a_{33}^{(2)} & \cdots & a_{3n}^{(2)} \\ \vdots & \vdots & \vdots & \ddots & \vdots \\ 0 & 0 & a_{n3}^{(2)} & \cdots & a_{nn}^{(2)} \end{pmatrix}$$

依此进行 $n-1$ 步,便得到

$$\boldsymbol{Q}_{n-1}\cdots\boldsymbol{Q}_2\boldsymbol{Q}_1\boldsymbol{A} = \boldsymbol{R}$$

其中 $\boldsymbol{R}$ 是上三角矩阵. 记

$$\boldsymbol{Q} = (\boldsymbol{Q}_{n-1}\cdots\boldsymbol{Q}_2\boldsymbol{Q}_1)^{\mathrm{T}}$$

则 $\boldsymbol{Q}$ 也是正交矩阵,且 $\boldsymbol{A} = \boldsymbol{QR}$.

6. 求矩阵特征值的 QR 方法

记 $\boldsymbol{A}_1 = \boldsymbol{A}$,构造如下迭代过程

$$\begin{cases} \boldsymbol{A}_k = \boldsymbol{Q}_k\boldsymbol{R}_k \\ \boldsymbol{A}_{k+1} = \boldsymbol{R}_k\boldsymbol{Q}_k \end{cases}$$

当 k 充分大,使 $\boldsymbol{A}_k$ 近似为上三角矩阵或分块上三角矩阵时,上三角的对角线上 1×1 块的元素都是 $\boldsymbol{A}$ 的特征值的近似值,而 2×2 块的特征值也是 $\boldsymbol{A}$ 的一对近似特征值.

8.2 例题分析

例 8-1 设

$$A=\begin{pmatrix}\frac{1}{4} & \frac{1}{5}\\ \frac{1}{5} & \frac{1}{6}\end{pmatrix}$$

用乘幂法求矩阵 A 模最大的特征值和对应的特征向量(精确到小数点后 2 位).

解 取 $v_0=(1,0)^{\mathrm{T}}$,则

$$u_1=Av_0=\left(\frac{1}{4},\frac{1}{5}\right)^{\mathrm{T}},\quad \mu_1=\frac{1}{4}=0.25,\quad v_1=\left(1,\frac{4}{5}\right)^{\mathrm{T}}$$

$$u_2=Av_1=\left(\frac{41}{100},\frac{1}{3}\right)^{\mathrm{T}},\quad \mu_2=\frac{41}{100}=0.41,\quad v_2=\left(1,\frac{100}{123}\right)^{\mathrm{T}}$$

$$u_3=Av_2=\left(\frac{203}{492},\frac{619}{1845}\right)^{\mathrm{T}},\quad \mu_3=\frac{203}{492}\approx 0.4126,\quad v_3=\left(1,\frac{2476}{3045}\right)^{\mathrm{T}}$$

由于 $|\mu_3-\mu_2|\approx 0.0026<0.005$,所以 A 的模最大的特征值约为 0.41,对应的特征向量近似等于 $(1,2476/3045)^{\mathrm{T}}\approx(1,0.81)^{\mathrm{T}}$.

例 8-2 对矩阵 $A=\begin{pmatrix}0 & 1\\ -1 & 0\end{pmatrix}$,任取初始向量 $v_0=(a,b)^{\mathrm{T}}$(其中 $|a|$ 与 $|b|$ 不相等且均不为 0).

(1) 用乘幂法求模最大的特征值和对应的特征向量会出现什么现象? 分析其原因.

(2) 通过对 A^2 用乘幂法,求 A 模最大的特征值和对应的特征向量.

解 不妨假设 $|a|>|b|$.

(1) 对 A 使用乘幂法得到的序列如下:

$$u_1=Av_0=(b,-a)^{\mathrm{T}},\quad \mu_1=-a,\quad v_1=\left(-\frac{b}{a},1\right)^{\mathrm{T}}$$

$$u_2=Av_1=\left(1,\frac{b}{a}\right)^{\mathrm{T}},\quad \mu_2=1,\quad v_2=\left(1,\frac{b}{a}\right)^{\mathrm{T}}$$

$$u_3=Av_2=\left(\frac{b}{a},-1\right)^{\mathrm{T}},\quad \mu_3=-1,\quad v_3=\left(-\frac{b}{a},1\right)^{\mathrm{T}}=v_1$$

这样下去,得到的序列 $\{\mu_k\}$ 为 $\{-a,1,-1,1,-1,1,-1,\cdots\}$ 不收敛.

因 A 的两个特征值 $\lambda_{1,2}=\pm\mathrm{i}$,满足 $|\lambda_1|=|\lambda_2|$,是一对共轭复数,它们所对应的特征向量分别为 $x_1=(1,\mathrm{i})^{\mathrm{T}}$ 和 $x_2=(\mathrm{i},1)^{\mathrm{T}}$. 若 $v_0=\alpha_1x_1+\alpha_2x_2$,则由题设知 $\alpha_1\neq\pm\alpha_2$ 且均不为 0,故

$$v_k=\frac{1}{\mu_k}Av_{k-1}=\frac{|\lambda_1|^k}{\mu_k\mu_{k-1}\cdots\mu_1}\left[\left(\frac{\lambda_1}{|\lambda_1|}\right)^k\alpha_1x_1+\left(\frac{\lambda_2}{|\lambda_1|}\right)^k\alpha_2x_2\right]$$

$$=\frac{\mathrm{i}^k}{\mu_k\mu_{k-1}\cdots\mu_1}[x_1+(-1)^kx_2]$$

不收敛.

(2) 记 $B=A^2$. 若 λ 和 x 分别是 A 的特征值和对应的特征向量,即 $Ax=\lambda x$,则

$$Bx = A^2x = \lambda^2 x$$

即 λ^2 是 B 的特征值,且 x 是对应的特征向量. 所以 $\lambda_1^2 = \lambda_2^2$ 是 B 的 2 重特征值. 易得 $B = \begin{pmatrix} -1 & 0 \\ 0 & -1 \end{pmatrix}$,仍取 $v_0 = (a,b)^T$(其中 $|a| > |b|$),则对 B 使用乘幂法得到的序列如下:

$$u_1 = Bv_0 = (-a, -b)^T, \quad \mu_1 = -a, \quad v_1 = \left(1, \frac{b}{a}\right)^T$$

$$u_2 = Bv_1 = \left(-1, -\frac{b}{a}\right)^T, \quad \mu_2 = -1, \quad v_2 = \left(1, \frac{b}{a}\right)^T = v_1$$

于是可知,当 $k \geqslant 2$ 时,总有 $\mu_k = -1$ 和 $v_k = \left(1, \frac{b}{a}\right)^T$,故有 $\lambda_1^2 = \lambda_2^2 = -1$,即 $\lambda_{1,2} = \pm \mathrm{i}$.

记 A 的对应于特征值 $\lambda_{1,2} = \pm \mathrm{i}$ 的特征向量分别为 $x_{1,2}$,且设 $v_0 = \alpha_1 x_1 + \alpha_2 x_2$,则

$$Av_0 - \lambda_2 v_0 = (\lambda_1 - \lambda_2)\alpha_1 x_1$$

是 x_1 的常数倍,所以也是 A 的对应于特征值 λ_1 的特征向量,

$$Av_0 - \lambda_2 v_0 = (b + a\mathrm{i}, -a + b\mathrm{i})^T = (b + a\mathrm{i}) \cdot (1, \mathrm{i})^T$$

同样,对应于 λ_2 的特征向量为

$$Av_0 - \lambda_1 v_0 = (b - a\mathrm{i}, -a - b\mathrm{i})^T = (b - a\mathrm{i}) \cdot (1, -\mathrm{i})^T$$

例 8-3 用反幂法求矩阵 $A = \begin{pmatrix} 3 & 1 \\ 1 & 4 \end{pmatrix}$ 模最小的特征值和对应的特征向量(保留 2 位小数).

解 先对 A 做 LU 分解,得

$$A = \begin{pmatrix} 3 & 0 \\ 1 & \frac{11}{3} \end{pmatrix} \begin{pmatrix} 1 & \frac{1}{3} \\ 0 & 1 \end{pmatrix}$$

取 $v_0 = (1,0)^T$,按迭代过程

$$Au_k = v_{k-1}$$
$$\mu_k = \max(u_k)$$
$$v_k = u_k / \mu_k$$

计算过程如下:

k	u_k		μ_k	v_k		$\left\lvert \frac{1}{\mu_k} - \frac{1}{\mu_{k-1}} \right\rvert$
0				1	0	
1	0.3636	−0.0909	0.3636	1	−0.2500	
2	0.3864	−0.1591	0.3864	1	−0.4118	0.162
3	0.4011	−0.2032	0.4011	1	−0.5067	0.095
4	0.4097	−0.2291	0.4097	1	−0.5592	0.053
5	0.4145	−0.2434	0.4145	1	−0.5873	0.028
6	0.4170	−0.2511	0.4170	1	−0.6021	0.015
7	0.4184	−0.2551	0.4184	1	−0.6098	0.008
8	0.4191	−0.2572	0.4191	1	−0.6138	0.004

所以模最小的特征值约为$\frac{1}{\mu_8}\approx\frac{1}{0.4191}\approx 2.39$,对应的特征向量为$\boldsymbol{v}_8\approx(1,-0.61)^{\mathrm{T}}$.

例 8-4 求矩阵$\boldsymbol{A}=\begin{pmatrix}0&2&0\\2&1&2\\0&2&1\end{pmatrix}$的 QR 分解.

解法 1 (用 Householder 变换)

第一步:取 $\boldsymbol{A}$ 的第一列 $\boldsymbol{x}=(0,2,0)^{\mathrm{T}}$,则由 $\|\boldsymbol{x}\|_2=2$,有

$$k_1=-\operatorname{sign}(0)\|\boldsymbol{x}\|_2=-2$$

这样 $\boldsymbol{x}-k_1\boldsymbol{e}_1=(2,2,0)^{\mathrm{T}}$, $\|\boldsymbol{x}-k_1\boldsymbol{e}_1\|_2=2\sqrt{2}$,故

$$\boldsymbol{u}=\frac{\boldsymbol{x}-k_1\boldsymbol{e}_1}{\|\boldsymbol{x}-k_1\boldsymbol{e}_1\|_2}=\left(\frac{\sqrt{2}}{2},\frac{\sqrt{2}}{2},0\right)^{\mathrm{T}}$$

于是

$$\boldsymbol{Q}_1=\boldsymbol{H}_1=\boldsymbol{I}-2\boldsymbol{u}\boldsymbol{u}^{\mathrm{T}}=\begin{pmatrix}0&-1&0\\-1&0&0\\0&0&1\end{pmatrix}$$

因而

$$\widetilde{\boldsymbol{A}}=\boldsymbol{Q}_1\boldsymbol{A}=\begin{pmatrix}-2&-1&-2\\0&-2&0\\0&2&1\end{pmatrix}$$

第二步:取 $\widetilde{\boldsymbol{A}}$ 右下角的 2 阶子矩阵$\begin{pmatrix}-2&0\\2&1\end{pmatrix}$的第一列 $\boldsymbol{x}=(-2,2)^{\mathrm{T}}$,则由 $\|\boldsymbol{x}\|_2=2\sqrt{2}$,就有

$$k_2=-\operatorname{sign}(-2)\|\boldsymbol{x}\|_2=2\sqrt{2},$$

再用 $\boldsymbol{e}_1$ 表示 2 维单位向量$(1,0)^{\mathrm{T}}$. 于是 $\boldsymbol{x}-k_2\boldsymbol{e}_1=(-2(1+\sqrt{2}),2)^{\mathrm{T}}$, $\|\boldsymbol{x}-k_2\boldsymbol{e}_1\|_2=2\sqrt{4+2\sqrt{2}}$,因而

$$\boldsymbol{u}=\frac{\boldsymbol{x}-k_2\boldsymbol{e}_1}{\|\boldsymbol{x}-k_2\boldsymbol{e}_1\|_2}=\frac{1}{\sqrt{4+2\sqrt{2}}}.(-1-\sqrt{2},1)^{\mathrm{T}}$$

令

$$\boldsymbol{H}_2=\boldsymbol{I}-2\boldsymbol{u}\boldsymbol{u}^{\mathrm{T}}=\frac{\sqrt{2}}{2}\begin{pmatrix}-1&1\\1&1\end{pmatrix}$$

再令

$$\boldsymbol{Q}_2=\begin{pmatrix}1&0&0\\0&-\frac{\sqrt{2}}{2}&\frac{\sqrt{2}}{2}\\0&\frac{\sqrt{2}}{2}&\frac{\sqrt{2}}{2}\end{pmatrix}$$

则

$$Q_2\widetilde{A} = \begin{pmatrix} -2 & -1 & -2 \\ 0 & 2\sqrt{2} & \frac{\sqrt{2}}{2} \\ 0 & 0 & \frac{\sqrt{2}}{2} \end{pmatrix}$$

因而 A 的 QR 分解的结果为

$$Q = (Q_2Q_1)^{\mathrm{T}} = \begin{pmatrix} 0 & \frac{\sqrt{2}}{2} & -\frac{\sqrt{2}}{2} \\ -1 & 0 & 0 \\ 0 & \frac{\sqrt{2}}{2} & \frac{\sqrt{2}}{2} \end{pmatrix}, \quad R = Q_2\widetilde{A} = \begin{pmatrix} -2 & -1 & -2 \\ 0 & 2\sqrt{2} & \frac{\sqrt{2}}{2} \\ 0 & 0 & \frac{\sqrt{2}}{2} \end{pmatrix}$$

解法 2 （用 Schmidt 正交化方法）

记 A 的 3 个列向量分别为 $\boldsymbol{\alpha}_1=(0,\ 2,\ 0)^{\mathrm{T}}$，$\boldsymbol{\alpha}_2=(2,\ 1,\ 2)^{\mathrm{T}}$，$\boldsymbol{\alpha}_3=(0,\ 2,\ 1)^{\mathrm{T}}$.
将它们单位正交化得

$$\boldsymbol{\beta}_1 = \boldsymbol{\alpha}_1 = (0,\ 2,\ 0)^{\mathrm{T}}$$

$$\boldsymbol{\eta}_1 = \frac{\boldsymbol{\beta}_1}{\sqrt{(\boldsymbol{\beta}_1,\boldsymbol{\beta}_1)}} = \frac{1}{2}\boldsymbol{\alpha}_1 = (0,\ 1,\ 0)^{\mathrm{T}}$$

$$\boldsymbol{\beta}_2 = \boldsymbol{\alpha}_2 - (\boldsymbol{\alpha}_2,\boldsymbol{\eta}_1)\boldsymbol{\eta}_1 = \boldsymbol{\alpha}_2 - \boldsymbol{\eta}_1 = (2,\ 0,\ 2)^{\mathrm{T}}$$

$$\boldsymbol{\eta}_2 = \frac{\boldsymbol{\beta}_2}{\sqrt{(\boldsymbol{\beta}_2,\boldsymbol{\beta}_2)}} = \frac{\sqrt{2}}{4}(\boldsymbol{\alpha}_2 - \boldsymbol{\eta}_1) = \left(\frac{\sqrt{2}}{2},0,\frac{\sqrt{2}}{2}\right)^{\mathrm{T}}$$

$$\boldsymbol{\beta}_3 = \boldsymbol{\alpha}_3 - (\boldsymbol{\alpha}_3,\boldsymbol{\eta}_2)\boldsymbol{\eta}_2 - (\boldsymbol{\alpha}_3,\boldsymbol{\eta}_1)\boldsymbol{\eta}_1 = \boldsymbol{\alpha}_3 - \frac{\sqrt{2}}{2}\boldsymbol{\eta}_2 - 2\boldsymbol{\eta}_1 = \left(-\frac{1}{2},0,\frac{1}{2}\right)^{\mathrm{T}}$$

$$\boldsymbol{\eta}_3 = \frac{\boldsymbol{\beta}_3}{\sqrt{(\boldsymbol{\beta}_3,\boldsymbol{\beta}_3)}} = \sqrt{2}\boldsymbol{\alpha}_3 - \boldsymbol{\eta}_2 - 2\sqrt{2}\boldsymbol{\eta}_1 = \left(-\frac{\sqrt{2}}{2},0,\frac{\sqrt{2}}{2}\right)^{\mathrm{T}}$$

即有

$$\boldsymbol{\alpha}_1 = 2\boldsymbol{\eta}_1$$

$$\boldsymbol{\alpha}_2 = \boldsymbol{\eta}_1 + 2\sqrt{2}\boldsymbol{\eta}_2$$

$$\boldsymbol{\alpha}_3 = 2\boldsymbol{\eta}_1 + \frac{\sqrt{2}}{2}\boldsymbol{\eta}_2 + \frac{\sqrt{2}}{2}\boldsymbol{\eta}_3$$

由于 $\boldsymbol{\eta}_1,\boldsymbol{\eta}_2,\boldsymbol{\eta}_3$ 是单位正交向量，所以$(\boldsymbol{\eta}_1,\boldsymbol{\eta}_2,\boldsymbol{\eta}_3)$构成正交矩阵. 这样就得到 A 的 QR 分解

$$A = (\boldsymbol{\alpha}_1,\boldsymbol{\alpha}_2,\boldsymbol{\alpha}_3) = (\boldsymbol{\eta}_1,\boldsymbol{\eta}_2,\boldsymbol{\eta}_3)\begin{pmatrix} 2 & 1 & 2 \\ 0 & 2\sqrt{2} & \frac{\sqrt{2}}{2} \\ 0 & 0 & \frac{\sqrt{2}}{2} \end{pmatrix}$$

$$
=\begin{pmatrix} 0 & \frac{\sqrt{2}}{2} & -\frac{\sqrt{2}}{2} \\ 1 & 0 & 0 \\ 0 & \frac{\sqrt{2}}{2} & \frac{\sqrt{2}}{2} \end{pmatrix}\begin{pmatrix} 2 & 1 & 2 \\ 0 & 2\sqrt{2} & \frac{\sqrt{2}}{2} \\ 0 & 0 & \frac{\sqrt{2}}{2} \end{pmatrix}
$$

例 8-5 设 $\boldsymbol{u}$ 是 n 维实向量，且 $\|\boldsymbol{u}\|_2=1$，$\boldsymbol{H}=\boldsymbol{I}-2\boldsymbol{u}\boldsymbol{u}^{\mathrm{T}}$ 是由 $\boldsymbol{u}$ 生成的 Householder 矩阵，求 $\boldsymbol{H}$ 的特征值和对应的特征向量.

解 设 $\boldsymbol{u},\boldsymbol{x}_1,\boldsymbol{x}_2,\cdots,\boldsymbol{x}_{n-1}$ 是 n 维空间的一组正交基，则 $\boldsymbol{u}^{\mathrm{T}}\boldsymbol{x}_i=0\ (i=1,2,\cdots,n-1)$，且由

$$
\boldsymbol{H}\boldsymbol{u}=\boldsymbol{u}-2\boldsymbol{u}\boldsymbol{u}^{\mathrm{T}}\boldsymbol{u}=\boldsymbol{u}-2\boldsymbol{u}(\boldsymbol{u}^{\mathrm{T}}\boldsymbol{u})=\boldsymbol{u}-2\boldsymbol{u}\|\boldsymbol{u}\|_2^2=-\boldsymbol{u}
$$

和

$$
\boldsymbol{H}\boldsymbol{x}_i=\boldsymbol{x}_i-2\boldsymbol{u}\boldsymbol{u}^{\mathrm{T}}\boldsymbol{x}_i=\boldsymbol{x}_i-2\boldsymbol{u}(\boldsymbol{u}^{\mathrm{T}}\boldsymbol{x}_i)=\boldsymbol{x}_i \qquad (i=1,2,\cdots,n-1)
$$

可知，-1 是 $\boldsymbol{H}$ 的特征值，对应的特征向量是 $\boldsymbol{u}$；1 是 $\boldsymbol{H}$ 的 $n-1$ 重特征值，对应的特征向量是 $\boldsymbol{x}_1,\boldsymbol{x}_2,\cdots,\boldsymbol{x}_{n-1}$.

8.3 习题选解

8.1 用乘幂法计算下列矩阵模最大的特征值及对应的特征向量（精确到 0.01）：

(1) $\begin{pmatrix} 0 & 1 \\ 1 & 1 \end{pmatrix}$；　(2) $\begin{pmatrix} 2 & -1 \\ -1 & 2 \end{pmatrix}$；

(3) $\begin{pmatrix} 7 & 3 & -2 \\ 3 & 4 & -1 \\ -2 & -1 & 3 \end{pmatrix}$；　(4) $\begin{pmatrix} 6 & 2 & 1 \\ 2 & 3 & 1 \\ 1 & 1 & 1 \end{pmatrix}$.

参考答案

(1) 1.62，$(0.62,1)^{\mathrm{T}}$；　(2) 3.00，$(1,\ -1.00)^{\mathrm{T}}$；

(3) 9.60，$(1,\ 0.61,\ -0.39)^{\mathrm{T}}$；　(4) 7.29，$(1,\ 0.52,\ 0.24)^{\mathrm{T}}$.

8.2 求矩阵 $\begin{pmatrix} 6 & 2 & 1 \\ 2 & 3 & 1 \\ 1 & 1 & 1 \end{pmatrix}$ 最接近 6 的特征值和对应的特征向量.

参考答案

最接近 6 的特征值约为 7.288，对应的特征向量为 $(1,\ 0.523,\ 0.242)^{\mathrm{T}}$.

8.3 求下列矩阵的 QR 分解：

(1) $\begin{pmatrix} 1 & 4 & 5 \\ 2 & 5 & 6 \\ 2 & 2 & 0 \end{pmatrix}$；　(2) $\begin{pmatrix} 1 & 1 & -1 \\ 2 & 1 & 0 \\ 1 & -1 & 0 \end{pmatrix}$.

参考答案

(1) $\boldsymbol{Q}=\begin{pmatrix} -\frac{1}{3} & \frac{2}{3} & \frac{2}{3} \\ -\frac{2}{3} & \frac{1}{3} & -\frac{2}{3} \\ -\frac{2}{3} & -\frac{2}{3} & \frac{1}{3} \end{pmatrix}$，　$\boldsymbol{R}=\begin{pmatrix} -3 & -6 & -\frac{17}{3} \\ 0 & 3 & \frac{16}{3} \\ 0 & 0 & -\frac{2}{3} \end{pmatrix}$

(2) $\boldsymbol{Q}=\begin{pmatrix}-0.4082 & 0.4364 & 0.8018\\ -0.8165 & 0.2182 & -0.5345\\ -0.4082 & -0.8729 & 0.2673\end{pmatrix}$, $\boldsymbol{R}=\begin{pmatrix}-2.4495 & -0.8165 & 0.4082\\ 0 & 1.5275 & -0.4364\\ 0 & 0 & -0.8018\end{pmatrix}$

8.4 用 QR 方法求矩阵$\begin{pmatrix}4 & 1\\ 1 & \frac{5}{2}\end{pmatrix}$的全部特征值.

参考答案

4.50, 2.00.

*8.5 已知矩阵 $\boldsymbol{A}=\begin{pmatrix}2 & 0 & 1\\ 1 & 1 & 2\\ -1 & 0 & 2\end{pmatrix}$有一对模最大的共轭复特征值 λ_1 和 λ_2,试用乘幂法求 λ_1 和 λ_2 及对应的特征向量 $\boldsymbol{x}_1$ 和 $\boldsymbol{x}_2$.

提示 这种情况下,当 k 充分大时,按乘幂法得到 $\boldsymbol{v}_k \approx \alpha_1\boldsymbol{x}_1+\alpha_2\boldsymbol{x}_2$,于是 $\boldsymbol{v}_{k+1}=\boldsymbol{A}\boldsymbol{v}_k \approx \lambda_1\alpha_1\boldsymbol{x}_1+\lambda_2\alpha_2\boldsymbol{x}_2$,而 $\boldsymbol{v}_{k+2}\approx\lambda_1^2\alpha_1\boldsymbol{x}_1+\lambda_2^2\alpha_2\boldsymbol{x}_2$. 由于这 3 个向量均是特征向量 $\boldsymbol{x}_1$ 和 $\boldsymbol{x}_2$ 的线性组合,所以它们线性相关. 确定常数 a,b,c 使 $a\boldsymbol{v}_{k+2}+b\boldsymbol{v}_{k+1}+c\boldsymbol{v}_k=\boldsymbol{0}$,则有$(a\lambda_1^2+b\lambda_1+c)\alpha_1\boldsymbol{x}_1+(a\lambda_2^2+b\lambda_2+c)\alpha_2\boldsymbol{x}_2\approx\boldsymbol{0}$. 再由 $\boldsymbol{x}_1$ 和 $\boldsymbol{x}_2$ 的线性无关可知,$\lambda_{1,2}$均满足方程 $a\lambda^2+b\lambda+c=0$.

解 取 $\boldsymbol{v}_0=(1,0,0)^{\mathrm{T}}$,对 $\boldsymbol{A}$ 施以乘幂法,得到向量序列$\{\boldsymbol{v}_k\}$如下表,当 $k\geqslant 2$ 时,同时计算由向量$\{\boldsymbol{v}_{k-2}\}$,$\{\boldsymbol{v}_{k-1}\}$和$\{\boldsymbol{v}_k\}$构成的行列式的值 Δ_k,直到$|\Delta_k|<0.00001$ 时终止迭代.

k	μ_k	$\boldsymbol{v}_k$			Δ_k
0		1	0	0	
1	2.000000	1.000000	0.500000	-0.500000	
2	-2.000000	-0.750000	-0.250000	1.000000	0.375000
3	2.750000	-0.181818	0.363636	1.000000	-0.170455
4	2.181818	0.291667	1.000000	1.000000	0.071023
5	3.291667	0.481013	1.000000	0.518987	0.017980
6	2.518987	0.587940	1.000000	0.221106	0.004969
7	2.030151	0.688119	1.000000	-0.071782	0.001476
8	1.544554	0.844551	1.000000	-0.538462	0.000934
9	-1.921474	-0.598832	-0.399500	1.000000	-0.000775
10	2.598832	-0.076059	0.385430	1.000000	0.000503
11	2.309371	0.367148	1.000000	0.898972	-0.000218
12	3.165092	0.516026	1.000000	0.452055	-0.000057
13	2.420135	0.613233	1.000000	0.160356	-0.000016
14	1.933945	0.717095	1.000000	-0.151256	-0.000005

由 $\Delta_{14}\approx 0$ 可知,$\boldsymbol{v}_{12}$,$\boldsymbol{v}_{13}$和 $\boldsymbol{v}_{14}$线性相关,且可解得

$$1.0685\boldsymbol{v}_{12}-2.0685\boldsymbol{v}_{13}+\boldsymbol{v}_{14}=\boldsymbol{0} \tag{8-2}$$

设

$$\boldsymbol{v}_0=\beta_1\boldsymbol{x}_1+\beta_2\boldsymbol{x}_2+\cdots+\beta_n\boldsymbol{x}_n$$

则

$$\boldsymbol{A}^k\boldsymbol{v}_0=\beta_1\lambda_1^k\boldsymbol{x}_1+\beta_2\lambda_2^k\boldsymbol{x}_2+\cdots+\beta_n\lambda_n^k\boldsymbol{x}_n$$

$$=|\lambda_1|^k\left[\left(\frac{\lambda_1}{|\lambda_1|}\right)^k\beta_1\boldsymbol{x}_1+\left(\frac{\lambda_2}{|\lambda_1|}\right)^k\beta_2\boldsymbol{x}_2+\left(\frac{\lambda_3}{|\lambda_1|}\right)^k\beta_3\boldsymbol{x}_3+\cdots+\left(\frac{\lambda_n}{|\lambda_1|}\right)^k\beta_n\boldsymbol{x}_n\right]$$

因$\left|\frac{\lambda_i}{|\lambda_1|}\right|<1(i=3,4,\cdots,n)$,故当$k$充分大时,$\left(\frac{\lambda_i}{|\lambda_1|}\right)^k\approx 0(i=3,4,\cdots,n)$. 于是

$$\boldsymbol{v}_k=\boldsymbol{A}^k\boldsymbol{v}_0\approx\beta_1\lambda_1^k\boldsymbol{x}_1+\beta_2\lambda_2^k\boldsymbol{x}_2$$

是$\boldsymbol{x}_1$和$\boldsymbol{x}_2$的线性组合. 假设

$$\boldsymbol{v}_{12}\approx\alpha_1\boldsymbol{x}_1+\alpha_2\boldsymbol{x}_2 \tag{8-3}$$

其中α_1和α_2不全为0,则

$$\boldsymbol{v}_{13}=\frac{1}{\mu_{13}}\boldsymbol{A}\boldsymbol{v}_{12}\approx\frac{1}{\mu_{13}}(\lambda_1\alpha_1\boldsymbol{x}_1+\lambda_2\alpha_2\boldsymbol{x}_2) \tag{8-4}$$

$$\boldsymbol{v}_{14}=\frac{1}{\mu_{14}}\boldsymbol{A}\boldsymbol{v}_{13}\approx\frac{1}{\mu_{14}\mu_{13}}(\lambda_1^2\alpha_1\boldsymbol{x}_1+\lambda_2^2\alpha_2\boldsymbol{x}_2)$$

代入式(8-2),并注意到$\boldsymbol{x}_1$和$\boldsymbol{x}_2$线性无关可知,λ_1和λ_2均满足方程

$$1.0685-2.0685\frac{1}{\mu_{13}}\lambda+\frac{1}{\mu_{14}\mu_{13}}\lambda^2=0$$

即

$$\lambda^2-2.0685\mu_{14}\lambda+1.0685\mu_{14}\mu_{13}=0$$

也即

$$\lambda^2-4.0004\lambda+5.0010=0$$

解得$\lambda_{1,2}=2.0002\pm1.0001\mathrm{i}$.

由式(8-3)和式(8-4)可得

$$\mu_{13}\boldsymbol{v}_{13}-\lambda_2\boldsymbol{v}_{12}=(\lambda_1-\lambda_2)\alpha_1\boldsymbol{x}_1$$

是$\boldsymbol{x}_1$的常数倍,即知$\mu_{13}\boldsymbol{v}_{13}-\lambda_2\boldsymbol{v}_{12}$是对应于$\lambda_1$的特征向量的近似值. 类似地有$\mu_{13}\boldsymbol{v}_{13}-\lambda_1\boldsymbol{v}_{12}$是对应于$\lambda_2$的特征向量的近似值. 因此对应于$2.0002\pm1.0001\mathrm{i}$的特征向量分别约为

$$(0.4520\mp0.5161\mathrm{i},\quad 0.4200\mp1.0001\mathrm{i},\ -0.5161\mp0.4521\mathrm{i})^{\mathrm{T}}$$

*8.6 设$\boldsymbol{A}$是实对称矩阵,其QR分解为$\boldsymbol{A}=\boldsymbol{QR}$. 令$\boldsymbol{B}=\boldsymbol{RQ}$,证明$\boldsymbol{B}$是与$\boldsymbol{A}$相似的对称矩阵.

证 因$\boldsymbol{Q}$是正交矩阵,所以$\boldsymbol{Q}^{-1}=\boldsymbol{Q}^{\mathrm{T}}$. 又$\boldsymbol{A}=\boldsymbol{QR}$,即$\boldsymbol{R}=\boldsymbol{Q}^{-1}\boldsymbol{A}$,因而

$$\boldsymbol{B}=\boldsymbol{RQ}=\boldsymbol{Q}^{-1}\boldsymbol{AQ}$$

故$\boldsymbol{B}$与$\boldsymbol{A}$相似.

又由于$\boldsymbol{A}$是对称矩阵,所以$\boldsymbol{A}^{\mathrm{T}}=\boldsymbol{A}$,于是

$$\boldsymbol{B}^{\mathrm{T}}=(\boldsymbol{Q}^{-1}\boldsymbol{AQ})^{\mathrm{T}}=\boldsymbol{Q}^{\mathrm{T}}\boldsymbol{A}^{\mathrm{T}}(\boldsymbol{Q}^{-1})^{\mathrm{T}}=\boldsymbol{Q}^{-1}\boldsymbol{AQ}=\boldsymbol{B}$$

即$\boldsymbol{B}$也对称. 得证.

8.4 综合练习

1. 对 n 阶矩阵 $\boldsymbol{A}$ 做 QR 分解,得 $\boldsymbol{A}=\boldsymbol{QR}$,则

   A. $\boldsymbol{A}$ 与正交矩阵 $\boldsymbol{Q}$ 有相同的特征值

   B. $\boldsymbol{A}$ 与上三角矩阵 $\boldsymbol{R}$ 有相同的特征值

   C. $\boldsymbol{Q}$ 与 $\boldsymbol{R}$ 有相同的特征值

   D. $\boldsymbol{A}$ 与 $\boldsymbol{C}=\boldsymbol{RQ}$ 有相同的特征值

2. 用乘幂法求矩阵 $\boldsymbol{A}$ 按模最大的特征值 λ_1 时,若

$$\boldsymbol{v}_7=(3.001,\quad 4.999,\quad 6.000)^{\mathrm{T}},\quad \boldsymbol{v}_8=(6.001,\quad 10.001,\quad 11.989)^{\mathrm{T}}$$

则 $\lambda_1\approx$____,对应于 λ_1 的特征向量可近似为____________.

3. 设 3 阶实矩阵 $\boldsymbol{A}$ 的特征值 $\lambda_1,\lambda_2,\lambda_3$ 满足 $-C<\lambda_1<\lambda_2<C<\lambda_3$(其中 $C>0$ 是一个常数). 任取非零向量 $\boldsymbol{v}_0\in\mathbf{R}^3$,构造如下迭代过程:

$$(\boldsymbol{A}+C\boldsymbol{I})\boldsymbol{u}_k=\boldsymbol{v}_{k-1},\quad \mu_k=\max(\boldsymbol{u}_k),\quad \boldsymbol{v}_k=\boldsymbol{u}_k/\mu_k$$

则产生的序列 $\{\mu_k\}$ 收敛于什么?

4. 设 $\boldsymbol{A}=\begin{pmatrix}1 & 1\\ -1 & 4\end{pmatrix}$,用乘幂法求 $\|\boldsymbol{A}\|_2$(精确到 3 位有效数字).

5. 设 $\boldsymbol{A}$ 是 $n\times n$ 实对称矩阵,其特征值满足 $\lambda_1\geqslant\lambda_2\geqslant\cdots\geqslant\lambda_n$. 证明对任意的 n 维非零实向量 $\boldsymbol{x}$,都有

$$\lambda_1\geqslant R(\boldsymbol{x})\geqslant\lambda_n$$

其中 $R(\boldsymbol{x})=\dfrac{(\boldsymbol{Ax},\boldsymbol{x})}{(\boldsymbol{x},\boldsymbol{x})}$称为矩阵 $\boldsymbol{A}$ 关于向量 $\boldsymbol{x}$ 的 Rayleigh 商.

8.5 实验指导

1. 用乘幂法求$\begin{pmatrix}6 & 2 & 1\\ 2 & 3 & 1\\ 1 & 1 & 1\end{pmatrix}$模最大的特征值及其对应特征向量的近似值.

C 语言程序清单:

```
#include "stdio.h"
#include "math.h"

//* * * * * * * * * * * * * * * * * * * * * * * * * * * * * * * * * * * * * * * * * * *
//* 程序名:  PowerMethod
//* 程序功能:利用乘幂法求矩阵模最大的特征值和对应的特征向量
//* * * * * * * * * * * * * * * * * * * * * * * * * * * * * * * * * * * * * * * * * * *

void main()
{  float A[3][3] = {{6,2,1},{2,3,1},{1,1,1}}, v[3] = {1,0,1}, u[3],
```

```
     mu, mu1, tmp, epsilon = 0.00001;
  int i,j,k = 0,mi,n = 3;
  printf("\n k  mu\n");
  while(1)
  {  k + +;
     for(i = 0;  i < n;  i + +)                                //求 u = Av
     {  tmp = 0;
        for(j = 0;  j < n;  j + +)
            tmp = tmp + A[i][j] * v[j];
        u[i] = tmp;
     }
     mu = fabs(u[0]); mi = 0;                                 //求μ = max(u)
     for(i = 1;  i < n;  i + +)
         if(fabs(u[i]) > mu)
         {  mu = fabs(u[i]); mi = i;    }
     mu = u[mi];
     for(i = 0;  i < n;  i + +)                                //v = u/μ
         v[i] = u[i]/mu;

     printf("\n%d    %f"  ,k  ,mu);
     if((k > 1)&&(fabs(mu - mu1) < epsilon) )
         break;
     mu1 = mu;
  }
  printf("\n\n模最大的特征值约为: %f\n",  mu);
  printf("\n对应的特征向量为: ");
  for(i = 0;i < n;i + +)
     printf(" %f  ",  v[i]);
  printf("\n");
}
```

Matlab 程序清单:

```
A = [6,2,1;  2,3,1;  1,1,1];  v = [1,0,1]'; epsilon = 0.00001;
k = 0;  n = 3;  mu1 = 0;
fprintf('\n k  mu\n');
while 1
    k = k + 1;
    u = A * v;
    mu = abs(u(1));   mi = 1;
    for i = 2:n                                        % 求μ = max(u)
       if abs(u(i)) > mu
          mu = abs(u(i));   mi = i;
       end
```

```
    end
    mu = u(mi);
    v = u/mu;

    fprintf('n%d    %f', k, mu);
    if ((k > 1)&(abs(mu - mu1) < epsilon))
        break;
    end
    mu1 = mu;
end
fprintf('\n\n模最大的特征值约为:%f\n', mu);
fprintf('\n对应的特征向量为:');
for i = 1:n
    fprintf(' %f ', v(i));
end
fprintf('\n');
```

运行结果：

```
 k     mu
 1  7.000000
 2  7.142857
 3  7.240000
 4  7.273481
 5  7.283707
 6  7.286735
 7  7.287624
 8  7.287884
 9  7.287961
10  7.287983
11  7.287989
模最大的特征值约为： 7.287989
对应的特征向量为： 1.000000  0.522900  0.242192
```

2. 用反幂法求$\begin{pmatrix} 3 & 2 & 5 \\ 12 & 1 & 3 \\ 10 & 4 & 5 \end{pmatrix}$最接近 14 的特征值及其对应特征向量的近似值.

C 语言程序清单：

```
#include "stdio.h"
#include "math.h"

//* * * * * * * * * * * * * * * * * * * * * * * * * * * * * * * * * * * * * * * * * * *
//* 程序名：   InversePower
//* 程序功能：利用反幂法求矩阵最接近某值的特征值和对应的特征向量
//* * * * * * * * * * * * * * * * * * * * * * * * * * * * * * * * * * * * * * * * * * *
```

```
void main()
{  float A[3][3] = {{3 -14,2,5},{12,1 -14,3},{10,4,5 -14}},
        v[3] = {1,1,1}, mu, mu1, epsilon = 0.001;
   int i,j,k = 0,mi,n = 3;
   for(k = 0;  k < n;  k + +)                 //Crout 分解
   {  for(i = k;  i < n;  i + +)              //求 l[i][k],i = k,…,n
         for(j = 0;  j < = k -1;  j + +)
            A[i][k] = A[i][k] - A[i][j] * A[j][k];

     if(A[k][k] = =0)
     {    printf("矩阵 A 是奇异矩阵,不能使用反幂法");
          return;
     }
     for(j = k +1;j < n;j + +)              //求 u[k][j],j =1,…,k -1
       { for(i = 0;i < = k -1;i + +)
            A[k][j] = A[k][j] - A[k][i] * A[i][j];
         A[k][j] = A[k][j]/A[k][k];
       }
                 }                           //分解结果:L 在 A 下三角,U 在上三角(对角线为 1)

   printf("\n k  1/mu\n");
   k = 0;
   while(1)
   {  k + +;
      for(i = 0;  i < n;  i + +)                //解方程组 Au = v,结果仍存放在 v 中
            for(j = 0;  j < i;  j + +)          //先解 Ly = v
            v[i] = v[i] - A[i][j] * v[j];
        v[i] = v[i]/A[i][i];
      }

      for(i = n -1;  i > =0;  i - -)            //再解 Uu = y
         for(j = n -1;  j > i;  j - -)
            v[i] = v[i] - A[i][j] * v[j];      //解方程组结束

      mu = fabs(v[0]);   mi = 0;              //求 μ = max(v)
      for(i = 1;  i < n;  i + +)
         if(fabs(v[i]) > mu)
         {     mu = fabs(v[i]);   mi = i;  }
      mu = v[mi];
      for(i = 0;  i < n;  i + +)
         v[i] = v[i]/mu;
      printf("\n%d  %f",  k  ,1/mu);
      if((k >1) &&(fabs(1/mu -1/mu1) < epsilon) )
```

```
        break;
    mu1 = mu;
    }
    printf("\n\n所求特征值约为: %f\n",  14 +1/mu);
    printf("\n对应的特征向量为: ");
    for(i =0;i <n;i + +)
        printf(" %f  ",  v[i]);
    printf("\n");
}
```

Matlab 程序清单:

```
A =[3 -14,2,5;  12,1 -14,3;  10,4,5 -14];
v =[1,1,1];  epsilon =0.001;   n =3;
for k =1:n                                  % Crout 分解
    for i  =k:n                             %  求 l[i][k],i =k,…,n
        for  j =1:k -1
            A(i,k)  = A(i,k)  - A(i,j) * A(j,k);
        end
    end
    if A(k,k) = =0
        fprintf('矩阵 A 是奇异矩阵,不能使用反幂法');
        return;
    end
    for j  =k +1:n
        for i =1:k -1                       %  求 u[k][j],j =1,…,k -1
            A(k,j)  = A(k,j)  - A(k,i) * A(i,j);
        end
        A(k,j)  = A(k,j)/A(k,k);
    end
end    % LU 分解结果: L 在 A 下三角, U 在上三角(对角线为 1)

fprintf('\n k1/mu\n');
k =0;
while 1
    k =k +1;
    for i =1:n                                  % 解方程组 Au =v,结果仍存放在 v 中
        for j =1:i -1                           %  先解 Ly =v
            v(i) =v(i) -A(i,j) * v(j);
        end
        v(i) =v(i)/A(i,i);
    end

    for i =n: -1:1                              %  再解 Uu =y
```

```
        for  j = n: -1:i +1
            v(i) = v(i) - A(i,j) * v(j);
        end
    end                                   % 解方程组结束

    mu = abs(v(1));  mi = 1;              % 求μ = max(v)
    for i = 2:n
        if(abs(v(i)) > mu)
            mu = abs(v(i));  mi = i;
        end
    end
    mu = v(mi);
    v = v / mu;

    fprintf('\n%d    %f',  k,  1/mu);
    if((k > 1)&(abs(1/mu -1/mu1) < epsilon) )
        break;
    end
    mu1 = mu;
end
fprintf('\n\n所求特征值约为: %f\n',  14 +1/mu);
fprintf('\n对应的特征向量为:');
for i = 1:n
    fprintf('%f  ',  v(i));
end
```

运行结果:

```
k    1/mu
1  0.030471
2  0.040123
3  0.040098
4  0.040098
所求特征值约为: 14.040098
对应的特征向量为: 0.593516   0.776236   1.000000
```

3. 求矩阵$\begin{pmatrix}1 & 1 & -1\\ 2 & 1 & 0\\ 1 & -1 & 0\end{pmatrix}$的 QR 分解.

C 语言程序清单:

```
#include <stdio.h>
#include <math.h>
```

```
//* * * * * * * * * * * * * * * * * * * * * * * * * * * * * * * * * * * * * * * * * * * * *
//* 程序名:QR
//* 程序功能:求矩阵的 QR 分解
//* * * * * * * * * * * * * * * * * * * * * * * * * * * * * * * * * * * * * * * * * * * * *

void main()
{   float A[3][3] = {{1,1,-1},{2,1,0},{1,-1,0}}, x[3], tmp,
      H[3][3], R[3][3], Q[3][3] = {{1,0,0},{0,1,0},{0,0,1}};
    int i,j,k,m,n = 3;

    for(i = 0;  i < n - 1;  i + +)
      { tmp = 0;
        for(j = 0;  j < = n - 1;  j + +)      //向量 x 为 A 子矩阵的第 i 列
          { if(j < i)
                 x[j] = 0;
            else
                 x[j] = A[j][i];
            tmp = tmp + x[j] * x[j];
          }
         tmp = sqrt(tmp);                    //x 的 2 范数
         if(x[i] < 0)                        //向量 x - ke
             x[i] = x[i] - tmp;
         else
            x[i] = x[i] + tmp;
         tmp = 0;
         for(j = i;  j < = n - 1;  j + +)
             tmp = tmp + x[j] * x[j];
         tmp = sqrt(tmp);                    //x - ke 的 2 范数
         for(j = i;  j < = n - 1;  j + +)
             x[j] = x[j] / tmp;              //向量 u
         for(k = 0;  k < = n - 1;  k + +)    //生成 H_i
             for(j = 0;j < = n - 1;j + +)
               { if(j = = k)
                       H[k][j] = 1;
                 else
                       H[k][j] = 0;
                 H[k][j] = H[k][j] - 2 * x[k] * x[j];
               }
         for(k = 0;  k < = n - 1;  k + +)        //借用矩阵变量 R 计算 H_i A_i
             for(j = 0;  j < = n - 1;  j + +)
               { R[k][j] = 0;
                 for(m = 0;  m < = n - 1;  m + +)
                      R[k][j] = R[k][j] + H[k][m] * A[m][j];
               }
         for(k = 0;k < = n - 1;k + +)
```

```
        for(j = 0;j < = n - 1;j + + )
            A[k][j] = R[k][j];              //A(i) = H A(i - 1)
    for(k = 0;  k < = n - 1;  k + + )       //借用矩阵变量 R 计算 H_i Q_i
        for(j = 0;  j < = n - 1;  j + + )
          { R[k][j] = 0;
            for(m = 0;  m < = n - 1;  m + + )
                R[k][j] = R[k][j]  + H[k][m] * Q[m][j];
          }
    for(k = 0;  k < = n - 1;  k + + )
        for(j = 0;  j < = n - 1;  j + + )
        Q[k][j] = R[k][j];
        {
        R[k][j] = A[k][j];
        }
  }
  printf("\nQ = \n");                       //按 Q ^T 输出 Q
  for(i = 0;  i < = n - 1;  i + + )
  {    for(j = 0;  j < = n - 1;  j + + )
           printf("    %8.4f",  Q[j][i]);
       printf("\n");
  }
  printf("\nR = \n");         //输出 R
  for(i = 0;  i < = n - 1;  i + + )
  {    for(j = 0;  j < = n - 1;  j + + )
           printf("    %8.4f",R[i][j]);
       printf("\n");
  }
}
```

Matlab 程序清单:

```
A = [1,1, -1;  2,1,0;  1, -1,0];
n = 3;
Q = eye(n);                    % Q 初始时取单位矩阵

for i = 1:n - 1
    x = zeros(1,n);
    x(i:n) = A(i:n,i);         % x 由 A 的第 i 列的后 n - i + 1 个元素构成
    tmp = 0;
    for j = i:n
        tmp = tmp + x(j) * x(j);
    end
    tmp = sqrt(tmp);           % x 的 2 范数
    if(x(i) < 0)               % x - ke
```

```
        x(i) = x(i) - tmp;
    else
        x(i) = x(i) + tmp;
    end
    tmp = 0;
    for j = i:n
        tmp = tmp + x(j) * x(j);
    end
    tmp = sqrt(tmp);             % x - ke 的 2 范数
    x = x/tmp;                   % u

    H = eye(n);
    H = H - 2 * x' * x;

    A = H * A;                   % A(i) = H A(i -1)
    Q = H * Q;                   % Q = H(i) Q
end
Q = Q'
R = A
```

运行结果：

```
Q =
 -0.4082     0.4364     0.8018
 -0.8165     0.2182    -0.5345
 -0.4082    -0.8729     0.2673
R =
 -2.4495    -0.8165     0.4082
  0.0000     1.5275    -0.4364
  0.0000     0.0000    -0.8018
```

附录 A　综合练习参考解答

第 1 章

1. 舍入误差.
2. 绝对误差的绝对值；第一个非零数字.
3. 绝对误差的绝对值；　k.
4. 舍入误差；计算过程中的舍入误差.
5. 1%；　2.01%.
6. $\dfrac{((((16x+17)x+19)x-14)x-13)x+1}{((x^2+16)x+8)x+1}$；　$\dfrac{2}{\sqrt{2011}+\sqrt{2009}}$.
7. **解**　因为

$$\int_N^{N+1}\frac{1}{1+t^2}\mathrm{d}t = \arctan(N+1) - \arctan N$$

若 N 充分大,则两个相近的数将相减. 为避免有效数字的损失. 应将计算公式变形

$$\begin{aligned}\int_N^{N+1}\frac{1}{1+t^2}\mathrm{d}t &= \arctan(N+1) - \arctan N \\ &= \arctan\frac{(N+1)-N}{1+(N+1)N} = \arctan\frac{1}{1+(N+1)N}\end{aligned}$$

8. **证**　由 $x_{k+1}-\sqrt{7}=\dfrac{1}{2}\left(x_k+\dfrac{7}{x_k}\right)-\sqrt{7}=\dfrac{1}{2x_k}(x_k-\sqrt{7})^2\ (k=0,1,2,\cdots)$,以及 $x_0=2$ 得

$$x_k \geqslant \sqrt{7} \quad (k=1,2,\cdots)$$

根据题意有

$$|x_k-\sqrt{7}| \leqslant \frac{1}{2}\times 10^{1-n}$$

于是

$$|x_{k+1}-\sqrt{7}| = \left|\frac{1}{2x_k}(x_k-\sqrt{7})^2\right| \leqslant \frac{1}{2\sqrt{7}}(x_k-\sqrt{7})^2 \leqslant \frac{1}{2\sqrt{7}}\times\frac{1}{4}\times 10^{2-2n} \leqslant \frac{1}{2}\times 10^{1-2n}$$

所以 x_{k+1}是$\sqrt{7}$具有 $2n$ 位有效数字的近似值.

9. $x_1=20+\sqrt{399}\approx 39.975$；　$x_2=\dfrac{1}{x_1}\approx 0.025016$.

10. **解**

$$\mathrm{e}^x+\cos x = 1+x+\frac{1}{2!}x^2+\frac{1}{3!}x^3+O(x^4)+1-\frac{1}{2!}x^2+\frac{1}{4!}x^4+O(x^6)$$

$$= 2 + x + \frac{1}{3!}x^3 + O(x^4) + \frac{1}{4!}x^4 + O(x^6)$$

而 $O(x^4) + \frac{1}{4!}x^4 = O(x^4)$，$O(x^4) + O(x^6) = O(x^4)$，于是

$$e^x + \cos x = 2 + x + \frac{1}{2!}x^2 + \frac{1}{3!}x^3 + O(x^4)$$

所以，$e^x + \cos x$ 的逼近的阶为 $O(x^4)$.

$$\begin{aligned} e^x\cos x &= \left(1 + x + \frac{1}{2!}x^2 + \frac{1}{3!}x^3 + O(x^4)\right)\left(1 - \frac{1}{2!}x^2 + \frac{1}{4!}x^4 + O(x^6)\right) \\ &= \left(1 + x + \frac{1}{2!}x^2 + \frac{1}{3!}x^3\right)\left(1 - \frac{1}{2!}x^2 + \frac{1}{4!}x^4\right) \\ &\quad + \left(1 + x + \frac{1}{2!}x^2 + \frac{1}{3!}x^3\right)O(x^6) + \left(1 - \frac{1}{2!}x^2 + \frac{1}{4!}x^4\right)O(x^4) + O(x^4)O(x^6) \\ &= 1 + x - \frac{1}{3}x^3 - \frac{5}{24}x^4 - \frac{1}{24}x^5 + \frac{1}{48}x^6 + \frac{1}{144}x^7 + O(x^4) + O(x^6) + O(x^4)O(x^6) \end{aligned}$$

而 $O(x^4)O(x^6) = O(x^{10})$，且

$$-\frac{5}{24}x^4 - \frac{1}{24}x^5 + \frac{1}{48}x^6 + \frac{1}{144}x^7 + O(x^4) + O(x^6) + O(x^{10}) = O(x^4)$$

于是

$$e^x\cos x = 1 + x - \frac{1}{3}x^3 + O(x^4)$$

所以，$e^x\cos x$ 的逼近的阶为 $O(x^4)$.

第2章

1. **解** A 收敛到0.　B 收敛到0.　C 收敛到2.　D 收敛到 −2.

2. $x_{n+1} = x_n - \frac{x_n - \cos x_n}{1 + \sin x_n}$.

3. 前者.

4. **解** 由

$$f(0) = -1 < 0,\quad f(1) = 1 - \cos 1 > 0$$

又 $f'(x) = \frac{1}{2\sqrt{x}} + \sin x > 0$，$\forall x \in (0,1)$，即 $f(x)$ 在 $[0,1]$ 上递增，因此 $f(x) = 0$ 在 $[0,1]$ 上有且仅有一根. 采用二分法迭代计算，精度 10^{-3}，结果如下：

k	0	1	2	3	4	5	6	7	8	9
x_k	0.5000	0.7500	0.6250	0.6875	0.6563	0.6406	0.6484	0.6445	0.6426	0.6416

因此 $x^* = 0.642$.

5. **解** 将原方程等价表示为 $x = \varphi(x) = \sqrt[3]{x+1}$，则当 $x \in [1,2]$ 时满足

$$1 < \sqrt[3]{2} \leqslant \varphi(x) \leqslant \sqrt[3]{3} < 2$$

$$|\varphi'(x)| = \frac{1}{3} \cdot (x+1)^{-\frac{2}{3}} \leqslant \frac{1}{3 \cdot \sqrt[3]{4}} < 1$$

故对任意 $x_0 \in [1,2]$，迭代公式

$$x_{k+1} = \sqrt[3]{x_k + 1} \qquad (k = 0,1,\cdots)$$

收敛于方程的根. 取 $x_0 = 1$，精度 10^{-3}，迭代计算可得

k	1	2	3	4	5
x_k	1.2599	1.3123	1.3224	1.3243	1.3246

因此 $x^* \approx 1.325$.

6. **解** 记 $\varphi(x) = 0.5\sin x + 1$，在 $[1,\pi]$ 上求解. 易知

$$1 \leqslant \varphi(x) \leqslant 1.5 < \pi$$

$$|\varphi'(x)| = |0.5\cos x| \leqslant 0.5 < 1$$

由不动点定理，迭代公式

$$x_{k+1} = 0.5\sin x_k + 1 \qquad (k = 0,1\cdots)$$

收敛于方程的根. 取 $x_0 = 1.5$，精度 10^{-5}，迭代计算可得 $x^* \approx x_3 \approx 1.498701$.

7. **解** 取迭代公式

$$x_{n+1} = \frac{18 - x_n^2}{10} \qquad (n = 0,1,\cdots)$$

由于 $|\varphi'(x)| = \frac{|x|}{5}$，当 $x \in (1,2)$ 时，$|\varphi'(x)| < \frac{2}{5} < 1$，故所构造的迭代公式局部收敛.

取 $x_0 = 1.5$

$$y_0 = \varphi(x_0) = 1.5750$$

$$z_0 = \varphi(y_0) = 1.5519$$

则

$$x_1 = z_0 - \frac{(z_0 - y_0)^2}{z_0 - 2y_0 + x_0}$$

$$= 1.5519 - \frac{(1.5519 - 1.5750)^2}{1.5519 - 2 \times 1.5750 + 1.5000} \approx 1.557$$

8. **解** 易知

$$\frac{1}{3} < 2^{-1} \leqslant \varphi(x) \leqslant 2^{-1/3} < 1$$

$$|\varphi'(x)| = |-\ln 2 \times 2^{-x}| \leqslant \ln 2 \times 2^{-1/3} < 1$$

由不动点定理 $\varphi(x)$ 在 $\left[\frac{1}{3},1\right]$ 有唯一的不动点，且对任意的 $x_0 \in \left[\frac{1}{3},1\right]$，由迭代公式

$$x_{k+1} = 2^{-x_k} \qquad (k = 0,1,\cdots)$$

产生的序列收敛. 取 $x_0 = 0.5$，精度 10^{-4}，迭代计算可得 $x^* \approx x_{11} \approx 0.6412$.

9. **解** (1) 计算 I 的迭代公式为

$$I_{k+1} = \frac{a}{a + I_k} \qquad (k = 0,1,2,\cdots)$$

（2）上述迭代公式的迭代函数为

$$\varphi(x) = \frac{a}{a + x} \qquad (x > 0)$$

则 $\varphi(x)>0 \quad (\forall x>0)$，且由 $\varphi'(x) = -\frac{a}{(a+x)^2}$ 及 $a>1$ 可知 $|\varphi'(x)| = \frac{a}{(a+x)^2} < \frac{1}{a} < 1$，因此迭代过程对任意初值 $x_0>0$ 收敛.

（3）令 $\lim\limits_{k\to\infty} I_k = I$，则有

$$I = \frac{a}{a + I}$$

即

$$I^2 + aI - a = 0$$

注意到 $I>0$，解以上方程可得 $I = \frac{-a+\sqrt{a^2+4a}}{2}$.

10. **解** 由 $x=\varphi(x)$ 可得 $x-3x=\varphi(x)-3x$，即有等价方程 $x=\frac{1}{2}[3x-\varphi(x)]$. 令

$$\psi(x) = \frac{1}{2}[3x - \varphi(x)]$$

则有 $|\psi'(x)| = \frac{1}{2}|3-\varphi'(x)| < \frac{1}{2}$，因此迭代法 $x_{k+1}=\psi(x_k)\ (k=0,1,\cdots)$ 收敛.

第3章

1. **解** 由 $\begin{vmatrix} 2 & 1 & 0 \\ 1 & 2 & a \\ 0 & a & 2 \end{vmatrix} > 0$，得 $a^2<3$，故 a 的取值范围 $-\sqrt{3}<a<\sqrt{3}$，取 $a=1$ 时，$\boldsymbol{L} = \begin{pmatrix} \sqrt{2} & 0 & 0 \\ \frac{1}{\sqrt{2}} & \sqrt{\frac{3}{2}} & 0 \\ 0 & \sqrt{\frac{2}{3}} & \frac{2}{\sqrt{3}} \end{pmatrix}$.

2. A

3. **解** $\boldsymbol{A}$ 中 $D_2=0$，若 $\boldsymbol{A}$ 能分解，一步分解后，$a_{22}=2\times2+u_{22}\Rightarrow u_{22}=0$，$a_{32}=4\times2+0+0$，相互矛盾，故 $\boldsymbol{A}$ 不能分解. 但 $\det\boldsymbol{A}\neq0$，若 $\boldsymbol{A}$ 中第 1 行与第 3 行交换，则可分解为 $\boldsymbol{LU}$.

对 $\boldsymbol{B}$，显然 $D_2=D_3=0$，但它仍可分解为

$$
B=\begin{pmatrix}1 & & \\ 2 & 1 & \\ 3 & l_{32} & 1\end{pmatrix}\begin{pmatrix}1 & 1 & 1 \\ 0 & 0 & -1 \\ 0 & 0 & l_{32}-2\end{pmatrix}
$$

其中 l_{32} 为一任意常数,分解不唯一,且 $\boldsymbol{U}$ 奇异.

$\boldsymbol{C}$ 可分解,且唯一,有

$$
C=\begin{pmatrix}1 & & \\ 2 & 1 & \\ 6 & 3 & 1\end{pmatrix}\begin{pmatrix}1 & 2 & 6 \\ & 1 & 3 \\ & & 1\end{pmatrix}
$$

4. **解** 直接用消元—回代过程计算即可. 消元过程得到三角方程组

$$
\begin{cases}\dfrac{1}{4}x_1+\dfrac{1}{5}x_2+\dfrac{1}{6}x_3=9 \\ -\dfrac{1}{60}x_2-\dfrac{1}{45}x_3=-4 \\ \dfrac{13}{15}x_3=-154\end{cases}
$$

故

$$
\begin{aligned}
x_3&=-154\times\frac{15}{13}=-\frac{2310}{13}\\
x_2&=-60\left(-4+\frac{1}{45}x_3\right)=\frac{6200}{13}\\
x_1&=4\left(9-\frac{1}{6}x_3-\frac{1}{5}x_2\right)=-\frac{2952}{13}
\end{aligned}
$$

5. **解** 用 $\boldsymbol{A}=\boldsymbol{LL}^{\mathrm{T}}$ 分解直接算得

$$
L=\begin{pmatrix}4 & & \\ 1 & 2 & \\ 2 & -3 & 3\end{pmatrix}
$$

由 $\boldsymbol{Ly}=\boldsymbol{b}$ 及 $\boldsymbol{L}^{\mathrm{T}}\boldsymbol{x}=\boldsymbol{y}$ 求得

$$
\boldsymbol{y}=(-1,2,6)^{\mathrm{T}},\quad \boldsymbol{x}=(-9/4,4,2)^{\mathrm{T}}
$$

6. **解** 对系数矩阵进行 Doolittle 分解,得

$$
A=\begin{pmatrix}1 & 0 & 2 & 0 \\ 0 & 1 & 0 & 1 \\ 1 & 2 & 4 & 3 \\ 0 & 1 & 0 & 3\end{pmatrix}=\begin{pmatrix}1 & & & \\ 0 & 1 & & \\ 1 & 2 & 1 & \\ 0 & 1 & 0 & 1\end{pmatrix}\begin{pmatrix}1 & 0 & 2 & 0 \\ & 1 & 0 & 1 \\ & & 2 & 1 \\ & & & 2\end{pmatrix}=\boldsymbol{LU}
$$

求解

$$
\begin{aligned}
\boldsymbol{Ly}&=(5,3,17,7)^{\mathrm{T}},\quad 得\ \boldsymbol{y}=(5,3,6,4)^{\mathrm{T}}\\
\boldsymbol{Ux}&=(5,3,6,4)^{\mathrm{T}},\quad 得\ \boldsymbol{x}=(1,1,2,2)^{\mathrm{T}}
\end{aligned}
$$

7. **解** 方程组系数矩阵 $\boldsymbol{A}$ 可分解为

$$
A = LU = \begin{pmatrix} -2 & & & \\ 1 & \frac{3}{2} & & \\ & 3 & 5 & \\ & & -2 & \frac{33}{5} \end{pmatrix} \begin{pmatrix} 1 & \frac{1}{2} & & \\ & 1 & \frac{2}{3} & \\ & & 1 & \frac{4}{5} \\ & & & 1 \end{pmatrix}
$$

故原方程组等价于方程组

$$
\begin{aligned}
Ly &= (-3,1,4,-2)^{\mathrm{T}} \\
Ux &= y
\end{aligned}
$$

求解可得 $x=(2,-1,1,0)^{\mathrm{T}}$.

7. $x=(0.5,\ 1,\ -0.5)^{\mathrm{T}}$

第 4 章

1. $\begin{pmatrix} 0 & 1/2 \\ -2/3 & 0 \end{pmatrix}$, $\begin{pmatrix} 0 & 1/2 \\ 0 & -1/3 \end{pmatrix}$.

2. C.

3. A. 错,A 严格对角占优只是充分条件.

   B. 错,不能保证 Jacobi 迭代法一定收敛.

   C. 错,$\omega \in (0,2)$ 是必要条件.

   D. 对,当 $\omega=1$ 时 SOR 方法即是 Gauss-Seidel 迭代法.

4. $a \in (-0.5, 0.5)$.

5. $|a|<1$.

6. **解**

$$
\begin{aligned}
\|x\|_1 &= |2|+|-4|+|-1| = 7 \\
\|A\|_1 &= \max(|4|+|-1|+0,\quad |-3|+6+0,\quad 0+0+2) = 9
\end{aligned}
$$

因为 $Ax=(20,-26,-2)^{\mathrm{T}}$,所以

$$
\begin{aligned}
\|Ax\|_2 &= \sqrt{20^2+(-26)^2+(-2)^2} = 6\sqrt{30} \\
\|Ax\|_\infty &= \max(20,|-26|,|-2|) = 26
\end{aligned}
$$

7. **解** 采用 Jacobi 迭代法时,有

$$
\begin{aligned}
x_1^{(k+1)} &= -\frac{2}{7}x_2^{(k)} - \frac{1}{7}x_3^{(k)} + \frac{2}{7}x_4^{(k)} + \frac{4}{7} \\
x_2^{(k+1)} &= -\frac{9}{15}x_1^{(k)} - \frac{1}{5}x_3^{(k)} + \frac{2}{15}x_4^{(k)} + \frac{7}{15} \\
x_3^{(k+1)} &= \frac{2}{11}x_1^{(k)} + \frac{2}{11}x_2^{(k)} - \frac{5}{11}x_4^{(k)} - \frac{1}{11} \\
x_4^{(k+1)} &= -\frac{1}{13}x_1^{(k)} - \frac{3}{13}x_2^{(k)} - \frac{2}{13}x_3^{(k)}
\end{aligned}
$$

设 $\boldsymbol{x}^{(0)}=(0,0,0,0)^{\mathrm{T}}$,计算可得以下结果:

k	$x_1^{(k)}$	$x_2^{(k)}$	$x_3^{(k)}$	$x_4^{(k)}$
1	0.5714286	0.4666667	-0.0909091	0.0000000
2	0.4510823	0.1419913	0.0978355	-0.1376623
3	0.4775510	0.1580952	0.0794963	-0.0825175
4	0.4913255	0.1532345	0.0621709	-0.0854484
5	0.4943519	0.1480441	0.0651238	-0.0827208
6	0.4961923	0.1460013	0.0634906	-0.0822101
7	0.4971552	0.1452918	0.0632216	-0.0816290
8	0.4975624	0.1448453	0.0630036	-0.0814980
9	0.4977585	0.1446621	0.0629369	-0.0813927
10	0.4978505	0.1445718	0.0628914	-0.0813553
11	0.4978935	0.1445307	0.0628746	-0.0813345
12	0.4979136	0.1445110	0.0628655	-0.0813258
13	0.4979230	0.1445020	0.0628616	-0.0813214
14	0.4979274	0.1444977	0.0628597	-0.0813194
15	0.4979294	0.1444957	0.0628588	-0.0813185
16	0.4979304	0.1444948	0.0628584	-0.0813180

经过 16 次迭代可得方程的近似解 $\boldsymbol{x}^{(16)}=(0.497930, 0.144495, 0.062858, -0.081318)^{\mathrm{T}}$.

采用 Gauss - Seidel 迭代法时,有

$$
\begin{aligned}
x_1^{(k+1)} &= -\frac{2}{7}x_2^{(k)} - \frac{1}{7}x_3^{(k)} + \frac{2}{7}x_4^{(k)} + \frac{4}{7} \\
x_2^{(k+1)} &= -\frac{9}{15}x_1^{(k+1)} - \frac{1}{5}x_3^{(k)} + \frac{2}{15}x_4^{(k)} + \frac{7}{15} \\
x_3^{(k+1)} &= \frac{2}{11}x_1^{(k+1)} + \frac{2}{11}x_2^{(k+1)} - \frac{5}{11}x_4^{(k)} - \frac{1}{11} \\
x_4^{(k+1)} &= -\frac{1}{13}x_1^{(k+1)} - \frac{3}{13}x_2^{(k+1)} - \frac{2}{13}x_3^{(k+1)}
\end{aligned}
$$

设 $\boldsymbol{x}^{(0)}=(0,0,0,0)^{\mathrm{T}}$,计算可得以下结果:

k	$x_1^{(k)}$	$x_2^{(k)}$	$x_3^{(k)}$	$x_4^{(k)}$
1	0.5714286	0.1238095	0.0354978	-0.0779887
2	0.5087008	0.1439481	0.0632038	-0.0820733
3	0.4978219	0.1443897	0.0631627	-0.0813320
4	0.4979134	0.1444418	0.0628519	-0.0813033
5	0.4979511	0.1444852	0.0628535	-0.0813164
6	0.4979347	0.1444929	0.0628580	-0.0813176
7	0.4979316	0.1444938	0.0628581	-0.0813176
8	0.4979313	0.1444939	0.0628581	-0.0813176

经过 8 次迭代即可得近似解 $\boldsymbol{x}^{(8)}=(0.497931,0.144494,0.062858,-0.081318)^{\mathrm{T}}$.

8. **解** 对 Jacobi 迭代法,易得其迭代矩阵

$$\boldsymbol{B}_J=\begin{pmatrix}0 & 1/2 & -1/2\\ -1 & 0 & -1\\ 1/2 & 1/2 & 0\end{pmatrix}$$

令 $|\lambda\boldsymbol{I}-\boldsymbol{B}_J|=\lambda^3+\dfrac{5}{4}\lambda=0$,可得矩阵 $\boldsymbol{B}_J$ 特征值 $\lambda_1=0,\lambda_{2,3}=\pm\dfrac{\sqrt{5}}{2}\mathrm{i}$,显然 $\rho(\boldsymbol{B}_J)=\dfrac{\sqrt{5}}{2}>1$,因此 Jacobi 迭代法发散. 对 Gauss - Seidel 迭代法,其迭代矩阵为

$$\boldsymbol{B}_G=(\boldsymbol{D}-\boldsymbol{L})^{-1}\boldsymbol{U}=\begin{pmatrix}2 & & \\ 1 & 1 & \\ 1 & 1 & -2\end{pmatrix}^{-1}\begin{pmatrix}0 & 1 & -1\\ & 0 & -1\\ & & 0\end{pmatrix}$$

$$=\begin{pmatrix}1/2 & & \\ -1/2 & 1 & \\ 0 & 1/2 & -1/2\end{pmatrix}\begin{pmatrix}0 & 1 & -1\\ & 0 & -1\\ & & 0\end{pmatrix}=\begin{pmatrix}0 & 1/2 & -1/2\\ 0 & -1/2 & -1/2\\ 0 & 0 & -1/2\end{pmatrix}$$

再由 $|\lambda\boldsymbol{I}-\boldsymbol{B}_G|=0$ 可得特征值 $\lambda_1=0,\lambda_{2,3}=-\dfrac{1}{2}$,于是 $\rho(\boldsymbol{B}_G)=\dfrac{1}{2}<1$,故 Gauss - Seidel 迭代法收敛.

9. **解** 将系数矩阵每行中绝对值最大的元素调整到对角线上,得

$$\begin{pmatrix}9 & -1 & -1\\ -1 & 8 & 0\\ -1 & 0 & 9\end{pmatrix}\begin{pmatrix}x_1\\ x_2\\ x_3\end{pmatrix}=\begin{pmatrix}7\\ 7\\ 8\end{pmatrix}$$

此时方程组的系数矩阵为严格对角占优矩阵,所以使用 Gauss - Seidel 迭代法,有

$$\begin{cases}x_1^{(k+1)}=(7+x_2^{(k)}+x_3^{(k)})/9\\ x_2^{(k+1)}=(7+x_1^{(k)})/8\\ x_3^{(k+1)}=(8+x_1^{(k)})/9\end{cases}$$

求解该方程组的迭代收敛. 取 $\boldsymbol{x}^{(0)}=(0,0,0)^{\mathrm{T}}$,得到的迭代结果为

$$\boldsymbol{x}^{(1)}=\left(\frac{7}{9},\frac{35}{36},\frac{79}{81}\right)^{\mathrm{T}}\approx(0.777778,0.972222,0.975309)^{\mathrm{T}}$$

$$\boldsymbol{x}^{(2)}\approx(0.994170,0.999271,0.999352)^{\mathrm{T}}$$

$$\boldsymbol{x}^{(3)}\approx(0.999847,0.999981,0.999983)^{\mathrm{T}}$$

$$\boldsymbol{x}^{(4)}\approx(0.999996,0.999999,1.000000)^{\mathrm{T}}$$

由于 $\|\boldsymbol{x}^{(4)}-\boldsymbol{x}^{(3)}\|_\infty\approx0.000149<10^{-3}$,所以方程组的近似解为

$$\boldsymbol{x}^*\approx(0.999996,0.999999,1.000000)^{\mathrm{T}}$$

10. **解** (1) 可验证系数矩阵 $\boldsymbol{A}$ 对称正定,因此 SOR 方法收敛.

(2) 采用 SOR 方法时,有以下迭代公式:

$$x_1^{(k+1)} = x_1^{(k)} + \frac{\omega}{4}(24 - 4x_1^{(k)} - 3x_2^{(k)})$$

$$x_2^{(k+1)} = x_2^{(k)} + \frac{\omega}{4}(30 - 3x_1^{(k+1)} - 4x_2^{(k)} + x_3^{(k)})$$

$$x_3^{(k+1)} = x_3^{(k)} + \frac{\omega}{4}(-24 + x_2^{(k+1)} - 4x_3^{(k)})$$

将 $\omega = 1.25$ 代入并整理,得

$$x_1^{(k+1)} = 7.5 - 0.25x_1^{(k)} - 0.9375x_2^{(k)}$$
$$x_2^{(k+1)} = 9.375 - 0.9375x_1^{(k+1)} - 0.25x_2^{(k)} + 0.3125x_3^{(k)}$$
$$x_3^{(k+1)} = -7.5 + 0.3125x_2^{(k+1)} - 0.25x_3^{(k)}$$

(3) 将 $\boldsymbol{x}^{(0)} = (1,1,1)^{\mathrm{T}}$ 代入并计算,得

$$\boldsymbol{x}^{(1)} = (6.3125000,\quad 3.5195313,\ -6.6501465)^{\mathrm{T}},$$
$$\boldsymbol{x}^{(2)} = (2.6223145,\quad 3.9585266,\ -4.6004238).$$

11. **解** 由迭代公式

$$\boldsymbol{x}^{(k+1)} = (\boldsymbol{I} + \alpha\boldsymbol{A})\boldsymbol{x}^{(k)} - \alpha\boldsymbol{b} \qquad (k = 0,1,\cdots)$$

知迭代矩阵 $\boldsymbol{B} = \boldsymbol{I} + \alpha\boldsymbol{A}$,其中 $\boldsymbol{A}$ 的特征值 λ_A 可由

$$\det\begin{pmatrix} \lambda - 1 & -2 \\ -0.3 & \lambda - 1 \end{pmatrix} = (\lambda - 1)^2 - 0.6 = 0$$

得到 $\lambda_A = 1 \pm \sqrt{0.6}$,于是 $\boldsymbol{B}$ 的特征值 $\lambda_B = 1 + \alpha(1 \pm \sqrt{0.6})$. 令 $\rho(\boldsymbol{B}) = |1 + \alpha(1 \pm \sqrt{0.6})| < 1$,求解可得 $\alpha \in (-5(1 - \sqrt{0.6}), 0)$.

第 5 章

1. 对给定的一组数据点 $(x_i, y_i)(i = 0,1,\cdots,n)$,插值是求一个简单函数 $p(x)$ 使 $p(x_i) = y_i (i = 0,1,\cdots,n)$; 拟合则是求一个函数 $\varphi(x)$ 使 $\sum_{i=0}^{n}(\varphi(x_i) - y_i)^2$ 尽可能小. 二者都是过这些点的函数的一个近似函数;插值要求近似函数也必须经过所有给定的点,因此需求 x_i 互不相同,拟合不需要近似函数经过给定的点,对样本点无要求.

2. 不一定. 如例 5 - 1 给出的,过节点 $(0,1)$,$(1,2)$ 和 $(2,3)$ 的插值多项式是 $p_2(x) = x + 1$.

3. 不矛盾. 给定 3 个节点,只能保证次数不超过 2 的插值多项式唯一,而第一个是 3 次的.

4. 对给定的 5 个节点,不超过 4 次的插值多项式是唯一的. 由于 $f(x)$ 本身是一个 4 次多项式,所以 $f(x)$ 就是自己的不超过 4 次的插值多项式.

再增加一个节点后,次数不超过 5 次的插值多项式是唯一的,而 $f(x)$ 的次数没超过 5,因此所得插值多项式仍是 $f(x)$ 自身.

5. $L_x(x) = \dfrac{(x - x_0)\cdots(x - x_{k-1})(x - x_{k+1})\cdots(x - x_n)}{(x_k - x_0)\cdots(x_k - x_{k-1})(x_k - x_{k+1})\cdots(x_k - x_n)}$ 或 $\prod\limits_{\substack{j=0 \\ j \neq k}}^{n} \dfrac{x - x_j}{x_k - x_j}$;

$$L_k(x_i)=\delta_{ki}\text{或}\begin{cases}1, i=k\\0, i\neq k\end{cases}.$$

6. B. 因 $f[0,1]=\dfrac{f(1)-f(0)}{1-0}=2.$

7. $f[x_0,x_1,x_2]=\dfrac{f[x_1,x_2]-f[x_0,x_1]}{x_2-x_0}.$

8. C. 这由差商的对称性(即差商与节点的顺序无关)直接可得.

9. $p_1(x)=-(x-2)+3(x-1)=2x-1;\quad p_1(x)=1+\dfrac{3-1}{2-1}(x-1)=2x-1.$

10. 由差商的递推定义公式(或差商表)知,此时所有的 $k+1$ 阶差商均为0. 进而,其 $k+1$ 阶以上的差商也都是0. 再由 Newton 插值公式的构造知,此时的 Newton 插值多项式不会超过 k 次.

11. 不是,Runge 现象说明了这一点.

12. $\sum\limits_{i=0}^{n}[\varphi(x_i)-y_i]^2$ 或 $\sum\limits_{i=0}^{n}(a_2x_i^2+a_1x_i+a_0-y_i)^2.$

13. Lagrange 插值多项式为

$$3\times\frac{(x+1)(x-2)}{(1+1)(1-2)}$$

Newton 型插值多项式为

$$\frac{3}{2}(x+1)-\frac{3}{2}(x+1)(x-1)$$

2 次拟合多项式为

$$-\frac{3}{2}x^2+\frac{3}{2}x+3$$

注 实际上它们是同一个多项式. 具体原因请自己分析.

14. $a=3,\quad b=3,\quad c=1.$

这由 $S(x)$ 及其1,2阶导数在 $x=1$ 点都连续,可以得到 a,b,c 满足

$$\begin{cases}1^3=\dfrac{1}{2}(1-1)^3+a(1-1)^2+b(1-1)+c\\3\times1^2=\dfrac{3}{2}(1-1)^2+2a(1-1)+b\\3\times2\times1=\dfrac{3\times2}{2}(1-1)+2a\end{cases}$$

直接解得.

15. **证** 定义函数 $f(x)$,设它在 $x=i$ 点的值为 $f(i)=1^2+2^2+\cdots+i^2(i=1,2,\cdots,n)$. 构造差商表

x_i	$f(x_i)$	$f[x_{i-1},x_i]$	$f[x_{i-2},x_{i-1},x_i]$	$f[x_{i-3},x_{i-2},x_{i-1},x_i]$
1	1^2			
2	$\sum\limits_{i=1}^{2}i^2$	2^2		

（续）

x_i	$f(x_i)$	$f[x_{i-1},x_i]$	$f[x_{i-2},x_{i-1},x_i]$	$f[x_{i-3},x_{i-2},x_{i-1},x_i]$
3	$\sum_{i=1}^{3} i^2$	3^2	5/2	
4	$\sum_{i=1}^{4} i^2$	4^2	7/2	1/3
5	$\sum_{i=1}^{5} i^2$	5^2	9/2	1/3
⋮				
$n-2$	$\sum_{i=1}^{n-2} i^2$	$(n-2)^2$	$(2n-5)/2$	1/3
$n-1$	$\sum_{i=1}^{n-1} i^2$	$(n-1)^2$	$(2n-3)/2$	1/3
n	$\sum_{i=1}^{n} i^2$	n^2	$(2n-1)/2$	1/3

由于其3阶差商均相等,由本章综合练习第10题的结论可知,其4阶及以上的差商均为0,故$f(x)$关于节点$1,2,\cdots,n$的Newton插值多项式为

$$\begin{aligned}p_3(x) &= 1+4(x-1)+\frac{5}{2}(x-1)(x-2)+\frac{1}{3}(x-1)(x-2)(x-3)\\ &= \frac{1}{6}(2x^3+3x^2+x)\\ &= \frac{1}{6}x(x+1)(2x+1)\end{aligned}$$

再由插值条件$f(n)=p_3(n)$即得所证结论.

16. **解** 考虑一元函数$g_1(x)=f(x,0)$和$g_2(x)=f(x,1)$. 则由$g_1(0)=f(0,0)$和$g_1(1)=f(1,0)$可得$g_1(x)$的Lagrange插值多项式在$x=\frac{1}{2}$处的值

$$p_1\left(\frac{1}{2}\right)=g_1(0)\frac{\frac{1}{2}-1}{0-1}+g_1(1)\frac{\frac{1}{2}-0}{1-0}=\frac{1}{2}[g_1(0)+g_1(1)]=\frac{1}{2}[f(0,0)+f(1,0)]$$

且插值余项为

$$R_1=\frac{1}{2}g''_1(\xi_1)\left(\frac{1}{2}-0\right)\left(\frac{1}{2}-1\right)=-\frac{1}{8}g''_1(\xi_1)=-\frac{1}{8}\frac{\partial^2 f(\xi_1,0)}{\partial x^2}$$

其中$\xi_1\in(0,1)$. 于是有

$$f\left(\frac{1}{2},0\right)=g_1\left(\frac{1}{2}\right)=p_1\left(\frac{1}{2}\right)+R_1=\frac{1}{2}f(0,0)+\frac{1}{2}f(1,0)-\frac{1}{8}\frac{\partial^2 f(\xi_1,0)}{\partial x^2}$$

同理可得

$$f\left(\frac{1}{2},1\right)=\frac{1}{2}f(0,1)+\frac{1}{2}f(1,1)-\frac{1}{8}\frac{\partial^2 f(\xi_2,1)}{\partial x^2}$$

其中 $\xi_2 \in (0,1)$.

再考虑一元函数 $h(y)=f\left(\frac{1}{2},y\right)$. 则由 $h(0)=f\left(\frac{1}{2},0\right)$ 和 $h(1)=f\left(\frac{1}{2},1\right)$ 可得 $h(y)$ 的 Lagrange插值多项式在 $y=\frac{1}{3}$ 处的值为

$$q_1\left(\frac{1}{3}\right)=h(0)\frac{\frac{1}{3}-1}{0-1}+h(1)\frac{\frac{1}{3}-0}{1-0}=\frac{2}{3}h(0)+\frac{1}{3}h(1)=\frac{2}{3}f\left(\frac{1}{2},0\right)+\frac{1}{3}f\left(\frac{1}{2},1\right)$$

且插值余项为

$$R_2=\frac{1}{2}h''(\eta)\left(\frac{1}{3}-0\right)\left(\frac{1}{3}-1\right)=-\frac{1}{9}h''(\eta)=-\frac{1}{9}\frac{\partial^2 f\left(\frac{1}{2},\eta\right)}{\partial y^2}$$

其中 $\eta \in (0,1)$.

因而

$$\begin{aligned}f\left(\frac{1}{2},\frac{1}{3}\right)&=h\left(\frac{1}{3}\right)=q_1\left(\frac{1}{3}\right)+R_2=\frac{2}{3}f\left(\frac{1}{2},0\right)+\frac{1}{3}f\left(\frac{1}{2},1\right)-\frac{1}{9}\frac{\partial^2 f\left(\frac{1}{2},\eta\right)}{\partial y^2}\\&=\frac{2}{3}\left[\frac{1}{2}f(0,0)+\frac{1}{2}f(1,0)-\frac{1}{8}\frac{\partial^2 f(\xi_1,0)}{\partial x^2}\right]+\\&\quad\frac{1}{3}\left[\frac{1}{2}f(0,1)+\frac{1}{2}f(1,1)-\frac{1}{8}\frac{\partial^2 f(\xi_2,1)}{\partial x^2}\right]-\frac{1}{9}\frac{\partial^2 f\left(\frac{1}{2},\eta\right)}{\partial y^2}\end{aligned}$$

故

$$f\left(\frac{1}{2},\frac{1}{3}\right)\approx\frac{1}{3}f(0,0)+\frac{1}{3}f(1,0)+\frac{1}{6}f(0,1)+\frac{1}{6}f(1,1)$$

而余项为

$$R=-\frac{1}{12}\frac{\partial^2 f(\xi_1,0)}{\partial x^2}-\frac{1}{24}\frac{\partial^2 f(\xi_2,1)}{\partial x^2}-\frac{1}{9}\frac{\partial^2 f\left(\frac{1}{2},\eta\right)}{\partial y^2}$$

其中 $\xi_1,\xi_2,\eta \in (0,1)$.

第 6 章

1. 任意不高于 m 次.
2. 插值型求积公式.
3. 2.
4. 是. 容易验证求积公式对 $f(x)=1$ 和 $f(x)=x$ 都精确成立,所以它的代数精度至少为 1. 含 2 个求积节点而代数精度至少为 1的求积公式一定是插值型求积公式.

注 也可对插值节点为 $x_0=0$ 和 $x_1=\frac{2}{3}$ 的 Lagrange 基函数 $L_0(x)$ 和 $L_1(x)$ 积分求得求积

系数来验证.

5. 求积公式的系数仅与求积节点有关系,与求积节点处的函数值无关.

6. 梯形公式是

$$I \approx T = \frac{b-a}{2}[f(a)+f(b)]$$

其余项估计式

$$R_T = I - T = -\frac{(b-a)^3}{12}f''(\xi) \qquad (\xi \in [a, b])$$

Simpson 公式是

$$I \approx S = \frac{b-a}{6}\left[f(a)+4f\left(\frac{a+b}{2}\right)+f(b)\right]$$

其余项估计式

$$R_S = I - S = -\frac{1}{90}\left(\frac{b-a}{2}\right)^5 f^{(4)}(\xi)$$

或 $R_S = -\frac{(b-a)^5}{2880}f^{(4)}(\xi)$.

Cotes 公式是

$$I \approx C = \frac{b-a}{90}\left[7f(a)+32f\left(\frac{3a+b}{4}\right)+12f\left(\frac{a+b}{2}\right)+32f\left(\frac{a+3b}{4}\right)+7f(b)\right]$$

7. 1; 3; 5.

8. 错. 梯形公式是插值型求积公式,而复化梯形公式不是插值型求积公式,它的求积系数由分段线性插值函数得到,而不是由高次插值多项式得到.

9. 它们分别是用过 a,b 两点的直线、过 $a,b,\frac{a+b}{2}$ 三点的抛物线和分段低次插值多项式对应曲线得到的曲边梯形的面积.

10. 不是. 由 Runge 现象可知,当节点增多时,在端点附近某些点插值多项式得到的积分与原来函数的积分相差会很大.

11. 逐步将区间二等分,每次分割后只需计算新增节点处的函数值,再与前步的积分近似值加权求和,就可以得到节点增加后复化梯形公式的求积结果.

12. 具有 $n+1$ 个求积节点而代数精度至少为 $2n+1$ 的机械求积公式叫 Gauss 求积公式. 它的求积节点不是任意给的,它们是 Legendre 多项式的零点,但不是等距分布的.

13. A.

14. 不是. 由于当步长很小时,$f(x \pm h)$ 与 $f(x)$ 很接近,所以计算发生的舍入误差,反而会造成有效数字的严重损失,从而使计算结果失真.

15. **证** 记 $h=\frac{b-a}{n}, x_i = a + ih (i=0,1,\cdots,n)$. 由定积分的定义可知,任取 $\xi_i \in [x_i, x_{i+1}]$ $(i=0,1,\cdots,n-1)$,都有

$$\lim_{n\to\infty} h\sum_{i=0}^{n-1} f(\xi_i) = I$$

特别地,有

$$\lim_{n\to\infty} h\sum_{i=0}^{n-1} f(x_i) = I \quad 及 \quad \lim_{n\to\infty} h\sum_{i=0}^{n-1} f(x_{i+1}) = I$$

又由复化梯形公式的定义知

$$T_n = \sum_{i=0}^{n-1} \frac{1}{2}h[f(x_i) + f(x_{i+1})] = \frac{1}{2}h\sum_{i=0}^{n-1} f(x_i) + \frac{1}{2}h\sum_{i=0}^{n-1} f(x_{i+1})$$

所以

$$\lim_{n\to\infty} T_n = \frac{1}{2}[\lim_{n\to\infty} h\sum_{i=0}^{n-1} f(x_i) + \lim_{n\to\infty} h\sum_{i=0}^{n-1} f(x_{i+1})] = \frac{1}{2}[I + I] = I$$

得证.

16. **解** (1) 记 $h = \frac{b-a}{n}$, $x_i = a + ih(i = 0,1,\cdots,n)$,则

$$\int_a^b f(x)\mathrm{d}x = \sum_{i=0}^{n-1} \int_{x_i}^{x_{i+1}} f(x)\mathrm{d}x \approx \sum_{i=0}^{n-1} \frac{x_{i+1} - x_i}{2}[f(x_i) + f(x_{i+1})]$$

即有复化梯形公式

$$T_n = \frac{h}{2}\sum_{i=0}^{n-1} [f(x_i) + f(x_{i+1})]$$

(2)

$$R_T^{[n]} = I - T_n = \sum_{i=0}^{n-1} \left\{\int_{x_i}^{x_{i+1}} f(x)\mathrm{d}x - \frac{h}{2}[f(x_i) + f(x_{i+1})]\right\} = -\sum_{i=0}^{n-1} \frac{h^3}{12}f''(\xi_i)$$

其中 $\xi_i \in (x_i, x_{i+1})(i = 0,1,\cdots,n-1)$. 于是

$$R_T^{[n]} = -\frac{h^3}{12}\sum_{i=0}^{n-1} f''(\xi_i) = -\frac{b-a}{12}h^2 \cdot \frac{1}{n}\sum_{i=0}^{n-1} f''(\xi_i)$$

又由 $f(x) \in C^2[a,b]$,即 $f''(\xi_i)$ 在 $[a,b]$ 上连续,知存在 $\eta \in (a,b)$,使得

$$\frac{1}{n}\sum_{i=0}^{n-1} f''(\xi_i) = f''(\eta)$$

故

$$R_T^{[n]} = -\frac{b-a}{12}h^2 f''(\eta)$$

(3) 记 $h = \frac{b-a}{n}$, $k = \frac{d-c}{m}$, $x_i = a + ih(i = 0,1,\cdots,n)$, $y_j = c + jk(j = 0,1,\cdots,m)$.

令 $F(x) = \int_c^d g(x,y)\mathrm{d}y$,则 $J = \int_a^b F(x)\mathrm{d}x$. 由(1)和(2)的结果知

$$J = \int_a^b F(x)\mathrm{d}x = \frac{h}{2}\sum_{i=0}^{n-1} [F(x_i) + F(x_{i+1})] - \frac{b-a}{12}h^2 F''(\xi_1)$$

其中 $\xi_1 \in (a,b)$. 而 $g(x,y) \in C^2(D)$,故由积分中值定理知存在 $\eta_1 \in (c,d)$,使得

$$F''(\xi_1) = \frac{\mathrm{d}^2}{\mathrm{d}x^2}\int_c^d g(\xi_1,y)\mathrm{d}y = \int_c^d \frac{\partial^2 g(\xi_1,y)}{\partial x^2}\mathrm{d}y = \frac{\partial^2 g(\xi_1,\eta_1)}{\partial x^2}(d-c)$$

因此

$$J = \frac{h}{2}\sum_{i=0}^{n-1}[F(x_i) + F(x_{i+1})] - \frac{(b-a)(d-c)}{12}h^2\frac{\partial^2 g(\xi_1,\eta_1)}{\partial x^2}$$

对任意固定的 $x \in [a,b]$，再次利用(1)和(2)的结果可得

$$F(x) = \int_c^d g(x,y)\,\mathrm{d}y = \frac{k}{2}\sum_{j=0}^{m-1}[g(x,y_j) + g(x,y_{j+1})] - \frac{d-c}{12}k^2\frac{\partial^2 g(x,\zeta)}{\partial y^2}$$

其中 $\zeta \in (c,d)$. 于是有

$$F(x_i) = \frac{k}{2}\sum_{j=0}^{m-1}[g(x_i,y_j) + g(x_i,y_{j+1})] - \frac{d-c}{12}k^2\frac{\partial^2 g(x_i,\zeta_i)}{\partial y^2}$$

$$F(x_{i+1}) = \frac{k}{2}\sum_{j=0}^{m-1}[g(x_{i+1},y_j) + g(x_{i+1},y_{j+1})] - \frac{d-c}{12}k^2\frac{\partial^2 g(x_{i+1},\zeta_{i+1})}{\partial y^2}$$

其中 $\zeta_i \in (c,d)(i=0,1,\cdots,n)$. 这样

$$J = \frac{hk}{4}\sum_{i=0}^{n-1}\sum_{j=0}^{m-1}[g(x_i,y_j) + g(x_i,y_{j+1}) + g(x_{i+1},y_j) + g(x_{i+1},y_{j+1})] -$$

$$\frac{d-c}{24}k^2 h\sum_{i=0}^{n-1}\left[\frac{\partial^2 g(x_i,\zeta_i)}{\partial y^2} + \frac{\partial^2 g(x_{i+1},\zeta_{i+1})}{\partial y^2}\right] - \frac{(b-a)(d-c)}{12}h^2\frac{\partial^2 g(\xi_1,\eta_1)}{\partial x^2}$$

再由 $g(x,y) \in C^2(D)$ 可知存在 $\xi_2 \in (a,b)$ 和 $\eta_2 \in (c,d)$，使得

$$h\sum_{i=0}^{n-1}\left[\frac{\partial^2 g(x_i,\zeta_i)}{\partial y^2} + \frac{\partial^2 g(x_{i+1},\zeta_{i+1})}{\partial y^2}\right] = 2(b-a)\cdot\frac{1}{2n}\sum_{i=0}^{n-1}\left[\frac{\partial^2 g(x_i,\zeta_i)}{\partial y^2} + \frac{\partial^2 g(x_{i+1},\zeta_{i+1})}{\partial y^2}\right]$$

$$= 2(b-a)\frac{\partial^2 g(\xi_2,\eta_2)}{\partial y^2}$$

因而就得到二重积分的复化梯形公式

$$T_{n,m} = \frac{hk}{4}\sum_{i=0}^{n-1}\sum_{j=0}^{m-1}[g(x_i,y_j) + g(x_i,y_{j+1}) + g(x_{i+1},y_j) + g(x_{i+1},y_{j+1})]$$

及其余项

$$R_T^{[n,m]} = -\frac{(b-a)(d-c)}{12}\left[h^2\frac{\partial^2 g(\xi_1,\eta_1)}{\partial x^2} + k^2\frac{\partial^2 g(\xi_2,\eta_2)}{\partial y^2}\right]$$

其中 $\xi_1,\xi_2 \in (a,b)$，$\eta_1,\eta_2 \in (c,d)$.

第 7 章

1. (1)不对；　(2)不对.
2. $y(0.4) \approx y_4 = 0.407251$.
3. $y(0.5) \approx 0.143528$.
4. **解**　本题有 $f(x,y) = \frac{2}{3}xy^{-2}$. 采用 4 阶 Runge – Kutta 方法

$$\begin{cases} y_{n+1} = y_n + \dfrac{h}{6}(k_1 + 2k_2 + 2k_3 + k_4) \\ k_1 = f(x_n, y_n) \\ k_2 = f\left(x_n + \dfrac{h}{2}, y_n + \dfrac{h}{2}k_1\right) \\ k_3 = f\left(x_n + \dfrac{h}{2}, y_n + \dfrac{h}{2}k_2\right) \\ k_4 = f(x_n + h, y_n + hk_3) \end{cases}$$

计算结果如下：

x_n	y_n	$y(x_n)$
0.200000	1.013160	1.013159
0.400000	1.050719	1.050718
0.600000	1.107934	1.107932
0.800000	1.179277	1.179274
1.000000	1.259924	1.259921
1.200000	1.346266	1.346263

5. **证**　梯形公式为

$$y_{n+1} = y_n + \frac{h}{2}[f(x_n,\ y_n) + f(x_{n+1},\ y_{n+1})]$$

而$f(x,y) = -y$ 代入上式后有

$$y_{n+1} = y_n + \frac{h}{2}(-y_n - y_{n+1})$$

解出

$$y_{n+1} = \frac{2-h}{2+h}y_n = \left(\frac{2-h}{2+h}\right)^2 y_{n-1} = \cdots = \left(\frac{2-h}{2+h}\right)^{n+1} y_0$$

因为 $y_0 = 1$，于是 $y_n = \left(\dfrac{2-h}{2+h}\right)^n$.

对任意的 $x > 0$，为求 $y(x)$ 的数值解，令 $x = nh$，$n = \dfrac{x}{h}$，于是有

$$\lim_{n\to\infty} y_n = \lim_{n\to\infty}\left(\frac{2-h}{2+h}\right)^n = \lim_{n\to\infty}\left(\frac{2-h}{2+h}\right)^{\frac{x}{h}} = \left[\lim_{\frac{1}{h}\to\infty}\left(1 - \frac{1}{\frac{1}{h}+\frac{1}{2}}\right)^{\frac{1}{h}}\right]^x = e^{-x}$$

6. **证**　根据局部截断误差定义，利用 Taylor 展开，注意

$$\begin{aligned} k_2 &= f(x_n + th, y_n + thk_1) = y'(x_n) + thy''(x_n) + O(h^2) \\ k_3 &= f(x_n + (1-t)h, y_n + (1-t)hk_1) \\ &= y'(x_n) + (1-t)hy''(x_n) + O(h^2) \end{aligned}$$

于是局部截断误差

$$T_{n+1} = y(x_{n+1}) - \Big[y(x_n) + \frac{h}{2}(f(x_n + th, y(x_n) + thy'(x_n)) +$$

$$f(x_n+(1-t)h, y(x_n)+(1-t)hy'(x_n))\Big]$$

$$= hy'(x_n) + \frac{h^2}{2}y''(x_n) + O(h^3) -$$

$$\frac{h}{2}[y'(x_n) + thy''(x_n) + y'(x_n) + (1-t)hy''(x_n) + O(h^2)]$$

$$= O(h^3)$$

故对任意参数 t,方法是 2 阶的.

第 8 章

1. D.

2. 2, $(6.001, 10.001, 11.989)^{\mathrm{T}}$ 或 $\boldsymbol{v}_8$.

3. 收敛于$\dfrac{1}{\lambda_1+C}$.

易见,所构造的迭代过程是对 $\boldsymbol{A}+C\boldsymbol{I}$ 的反幂法的过程,所以$\{1/\mu_k\}$收敛到 $\boldsymbol{A}+C\boldsymbol{I}$ 的模最小的特征值. 又由已知条件可知 $\boldsymbol{A}+C\boldsymbol{I}$ 的特征值 $\lambda_1+C, \lambda_2+C, \lambda_3+C$ 满足 $0<\lambda_1+C<\lambda_2+C<\lambda_3+C$,因此其模最小的特征值是 λ_1+C.

4. **解** 令

$$\boldsymbol{B} = \boldsymbol{A}^{\mathrm{T}}\boldsymbol{A} = \begin{pmatrix} 1 & -1 \\ 1 & 4 \end{pmatrix}\begin{pmatrix} 1 & 1 \\ -1 & 4 \end{pmatrix} = \begin{pmatrix} 2 & -3 \\ -3 & 17 \end{pmatrix}$$

则

$$\|\boldsymbol{A}\|_2 = \sqrt{\rho(\boldsymbol{A}^{\mathrm{T}}\boldsymbol{A})} = \sqrt{\rho(\boldsymbol{B})}$$

其中 $\rho(\boldsymbol{B})$ 是对称正定矩阵 $\boldsymbol{B}$ 的谱半径,即

$$\rho(\boldsymbol{B}) = \max_{1\leqslant i\leqslant n}\{\lambda_i(\boldsymbol{B})\}$$

故仅需计算 $\boldsymbol{B}$ 的模最大的特征值. 取 $v_0=(1,1)^{\mathrm{T}}$,利用乘幂法计算过程如下:

k	$\boldsymbol{u}_k$		μ_k	$\boldsymbol{v}_k$		$\lvert\mu_k-\mu_{k-1}\rvert$
0				1	1	
1	-1	14	14	-0.071429	1	
2	-3.142857	17.214286	17.214286	-0.182573	1	3.214286
3	-3.365145	17.547718	17.547718	-0.191771	1	0.333432
4	-3.383542	17.575313	17.575313	-0.192517	1	0.027595
5	-3.385034	17.577550	17.577550	-0.192577	1	0.002237
6	-3.385154	17.577731	17.577731	-0.192582	1	0.000181
7	-3.385164	17.577746	17.577746	-0.192582	1	0.000015
8	-3.385165	17.577747	17.577747	-0.192582	1	0.000001
9	-3.385165	17.577747	17.577747	-0.192582	1	0.000000

所以 $\boldsymbol{B}$ 的模最大的特征值约为 17.577747，因而

$$\|\boldsymbol{A}\|_2 = \sqrt{\rho(\boldsymbol{B})} \approx 4.19$$

5. **证**　因 $\boldsymbol{A}$ 是 $n \times n$ 实对称矩阵，所以它有 n 个相互正交的特征向量，设 $\boldsymbol{x}_1, \boldsymbol{x}_2, \cdots, \boldsymbol{x}_n$ 分别是对应于特征值 $\lambda_1, \lambda_2, \cdots, \lambda_n$ 的特征向量，且满足

$$(\boldsymbol{x}_i, \boldsymbol{x}_j) = \delta_{ij} = \begin{cases} 1, & i = j \\ 0, & i \neq j \end{cases}$$

于是它们构成 $\mathbf{R}^n$ 的一组基. 设非零向量 $\boldsymbol{x}$ 可表示为

$$\boldsymbol{x} = C_1\boldsymbol{x}_1 + C_2\boldsymbol{x}_2 + \cdots + C_n\boldsymbol{x}_n$$

则 $C_1, C_2, \cdots, C_n$ 不全为零，且

$$\boldsymbol{A}\boldsymbol{x} = C_1\lambda_1\boldsymbol{x}_1 + C_2\lambda_2\boldsymbol{x}_2 + \cdots + C_n\lambda_n\boldsymbol{x}_n$$

于是

$$(\boldsymbol{A}\boldsymbol{x}, \boldsymbol{x}) = \sum_{i=1}^{n} C_i^2\lambda_i$$

注意到 $\lambda_1 \geqslant \lambda_i \geqslant \lambda_n (i = 1, 2, \cdots, n)$，有

$$\lambda_1\left(\sum_{i=1}^{n} C_i^2\right) \geqslant (\boldsymbol{A}\boldsymbol{x}, \boldsymbol{x}) \geqslant \lambda_n\left(\sum_{i=1}^{n} C_i^2\right)$$

又 $(\boldsymbol{x}, \boldsymbol{x}) = \sum_{i=1}^{n} C_i^2 > 0$，所以

$$\lambda_1 \geqslant R(\boldsymbol{x}) \geqslant \lambda_n$$

得证.

附录 B　模 拟 试 卷

模拟试卷 A

一、填空题(每空 2 分,共 30 分)

1. 设 $x^* = 1.40345$ 是真值 $x = 1.40128$ 的近似值,则 x 有________位有效数字,相对误差为________.

2. 为了使计算 $y = 4 + \frac{5}{x} + \frac{1}{x^2} - \frac{3}{x^3}$ 的乘除法运算次数尽量地少,应将该表达式改写为________.

3. 用对分区间法求方程 $f(x) = 2x^3 - 5x - 1 = 0$ 在区间[1,3]内的根,进行一步后根所在的区间为________,进行两步后根所在的区间为________.

4. 已知 $\boldsymbol{A} = \begin{pmatrix} 1 & 2 \\ 0 & 1 \end{pmatrix}$,则 $\|\boldsymbol{A}\|_\infty \cdot \|\boldsymbol{A}^{-1}\|_\infty =$________.

5. 给定线性方程组 $\begin{cases} 9x_1 - x_2 = 8 \\ x_1 - 5x_2 = -4 \end{cases}$,则解此线性方程组的 Gauss - Seidel 迭代公式为________.

6. 用 Gauss 列主元消去法解 n 元线性方程组 $\boldsymbol{Ax} = \boldsymbol{b}$ 时,在第 k 步消元时,在增广矩阵的第 k 列选取主元 $a_{rk}^{(k-1)}$,使得 $|a_{rk}^{(k-1)}| =$________.

7. 设 $f(x) = -1 + x + x^3$,则差商 $f[0,1,2,3] =$________,　$f[0,1,2,3,4] =$________.

8. 已知函数 $f(1) = 1$, $f(4) = 2$, $f(9) = 3$,用此函数表作 2 次插值多项式,那么插值多项式中 x^2 的系数是________.

9. 参数 $a =$________时,求积公式 $\int_0^h f(x)\,\mathrm{d}x \approx \frac{h}{2}[f(0) + f(h)] + ah^2[f'(0) - f'(h)]$ 的代数精度达到最高,此时代数精度为________次.

10. 解常微分方程初值问题的改进的 Euler 公式是预报值:$\bar{y}_{k+1} = y_k + hf(x_k, y_k)$,校正值:$y_{k+1} =$________.

11. 乘幂法可求出实方阵 $\boldsymbol{A}$ 的________特征值及其相应的特征向量.

二、(10 分)用 Gauss 列主元消去法解线性方程组

$$\begin{cases} 12x_1 - 3x_2 + 3x_3 = 15 \\ -18x_1 + 3x_2 - x_3 = -15 \\ x_1 + x_2 + x_3 = 6 \end{cases}$$

要求计算过程保留 4 位小数.

三、(10 分)取节点 $x_0 = 0$, $x_1 = 0.5$, $x_2 = 1$,求函数 $y = \mathrm{e}^{-x}$ 在区间[0,1]上的 2 次插值多项式 $p_2(x)$,并估计误差.

四、(10分)将积分区间8等分,用复化梯形求积公式计算定积分 $\int_1^3 \sqrt{1+x^2}\,\mathrm{d}x$,要求计算过程保留4位小数.

五、(10分)已知方程 $x^3-x-1=0$ 在 $x=1.5$ 附近有根,把方程写成三种不同的等价形式

(1) $x=\sqrt[3]{x+1}$ 对应迭代公式为 $x_{n+1}=\sqrt[3]{x_n+1}$;

(2) $x=\sqrt{1+\frac{1}{x}}$ 对应迭代公式为 $x_{n+1}=\sqrt{1+\frac{1}{x_n}}$;

(3) $x=x^3-1$ 对应迭代公式为 $x_{n+1}=x_n^3-1$.

选取迭代初值 $x_0=1.5$,判断上述三种迭代公式的敛散性;选一种收敛的迭代公式计算 $x=1.5$ 附近的根,要求精确到小数点后第3位;选一种迭代公式建立 Aitken - Steffensen 迭代法,进行计算并与前一种结果比较,说明是否有加速效果.

六、(10分)取定步长 $h=0.1$,用改进的 Euler 预测—校正公式求解初值问题

$$\begin{cases} y' = 1+x+y^2 \\ y(0)=1 \end{cases}$$

在 $x=0.1, 0.2$ 处的近似值,要求计算过程保留3位小数.

七、(10分)已知方程组 $\boldsymbol{Ax}=\boldsymbol{b}$,其中

$$\boldsymbol{A}=\begin{pmatrix}1&0&0\\1&2&-1\\2&2&2\end{pmatrix},\ \boldsymbol{b}=\begin{pmatrix}1\\2\\3\end{pmatrix}$$

(1) 讨论 Jacobi 迭代法求解上述方程组的敛散性;

(2) 选取迭代初值 $\boldsymbol{x}^{(0)}=(0,0,0)^{\mathrm{T}}$,求 Jacobi 迭代3次后的近似解.

八、(10分)设 a 是方程 $f(x)=0$ 的一个单根,考虑区间 $I=(a-\delta,a+\delta)$(δ 充分小). 证明:如果 $f(x)$ 在区间 I 上具有二阶连续的导数,且 $f'(x)\neq 0$,那么适当选取初值 $x_0\in I$,Newton 迭代公式 $x_{i+1}=x_i-\frac{f(x_i)}{f'(x_i)}$ $(i=0,1,2,\cdots)$ 收敛,且 $\lim\limits_{i\to\infty}\frac{a-x_{i+1}}{(a-x_i)^2}=-\frac{f''(a)}{2f'(a)}$.

模拟试卷 B

一、填空题(每空2分,共30分)

1. 反幂法可以求非奇异矩阵模最小的特征值和矩阵__________的特征值.

2. 取 $\sqrt{99}$ 的7位有效数字为9.949874,那么算法 $\sqrt{99}-9.9\approx 0.049874$ 具有________位有效数字.

3. 函数 $f(x)$ 在 $[a,b]$ 上的线性插值函数 $p_1(x)=$______________,其余项 $R_1(x)=$__________.

4. 按最小二乘原则拟合三点 $A(0,1)$,$B(1,3)$,$C(2,2)$ 的直线是________.

5. 形如 $\int_a^b f(x)\mathrm{d}x\approx\sum\limits_{k=0}^{n}w_k f(x_k)$ 的插值型求积公式,其代数精度至少可达________次,至多只能达到________次.

6. 如果常微分方程数值解法的局部截断误差 $e(h)=O(h^{p+1})$,则称该求解公式具有

________阶精度;Euler 方法具有________阶精度.

7. 迭代法 $x_{k+1}=\frac{2}{3}x_k+\frac{1}{x_k^2}$ 收敛于 $x^*=$________,此迭代公式是________阶收敛的.

8. 求方程 $x=g(x)$ 根的 Newton 迭代公式是________.

9. 设 $A=\begin{pmatrix}2&1&0\\1&2&a\\0&a&2\end{pmatrix}$,若 A 可分解为 $A=LL^{\mathrm{T}}$,其中 L 为对角线元素全为正数的下三角矩阵,那么参数 a 的取值范围为________.

10. 对于求解线性方程组的迭代公式 $x^{(k+1)}=Bx^{(k)}+f\ (k=0,1,2,\cdots)$,其中矩阵 B 称为________,而该迭代公式收敛的充分必要条件是谱半径 $\rho(B)$ 满足________.

二、(10 分)用 Doolittle 分解方法求解方程组

$$\begin{pmatrix}2&2&3\\4&7&7\\-2&4&5\end{pmatrix}\begin{pmatrix}x_1\\x_2\\x_3\end{pmatrix}=\begin{pmatrix}3\\1\\-7\end{pmatrix}$$

三、(10 分)已知函数 $f(x)$ 在三个点处的函数值如下:

x	1.3	1.6	1.9
y	0.6201	0.4554	0.2818

构造 2 次 Lagrange 插值函数,并求 $f(1.5)$.

四、(10 分)给定求积公式

$$\int_0^1 f(x)\mathrm{d}x\approx af(0)+bf(1)+cf'(0)$$

确定参数 a,b,c,使它的代数精度尽可能地高,并指明其代数精度的次数.

五、(10 分)设初值问题为

$$\begin{cases}y'=x+y, & x\geqslant 0\\ y(0)=1\end{cases}$$

用改进的 Euler 方法计算 $y(0.1)$ 和 $y(0.2)$ 的近似值,其中要求步长 $h=0.1$.

六、(10 分)按乘幂法求下列矩阵 A 的按模最大特征值的近似值,这里取初始向量 $x^{(0)}=(1,0,0)^{\mathrm{T}}$,迭代两步求得近似值 $\lambda^{(2)}$ 即可,其中

$$A=\begin{pmatrix}4&-1&1\\-1&3&-2\\1&-2&3\end{pmatrix}$$

七、(10 分)已知方程组为

$$\begin{pmatrix}1&-2&2\\-1&1&-1\\-2&-2&1\end{pmatrix}\begin{pmatrix}x_1\\x_2\\x_3\end{pmatrix}=\begin{pmatrix}-8\\5\\0\end{pmatrix}$$

请建立 Gauss-Seidel 迭代法求解的迭代公式,并讨论其收敛性.

八、(10 分)用 Newton 迭代法解方程 $x-\mathrm{e}^{-x}=0$ 在 $x=0.5$ 附近的近似根,这里要求

$|x_{n+1}-x_n|<0.001$,计算过程保留5位小数.

模拟试卷 C

一、填空题(每空2分,共30分)

1. 若 $x=0.020100$ 是按"四舍五入"原则得到的近似数,则它有________位有效数字.

2. 为了减少舍入误差的影响,应将表达式 $\sqrt{1351}-\sqrt{1349}$ 改写为________.

3. 用迭代格式 $x_0=2, x_{k+1}=\sqrt[3]{3x_k+1}\ (k=0,1,2,\cdots)$ 求方程 $x^3-3x-1=0$ 在 $[1.8,2]$ 内的实根是________(收敛或发散)的.

4. 求 $x^3-x^2=1$ 在 $[1.3,1.6]$ 内的根时,迭代法 $x_{n+1}=1+\dfrac{1}{x_n^2}$ 和 $x_{n+1}=\sqrt[3]{1+x_n^2}$ 相比,收敛较快的是________.

5. 已知 $\boldsymbol{A}=\begin{pmatrix}2 & 1\\ 1 & 2\end{pmatrix}$,则谱半径 $\rho(\boldsymbol{A})=$________.

6. 设 $\boldsymbol{A}=\begin{pmatrix}1 & 0 & c\\ 0 & 1 & c\\ c & c & 1\end{pmatrix}$,则当 $c\in$________时,必有分解式 $\boldsymbol{A}=\boldsymbol{L}\boldsymbol{L}^{\mathrm{T}}$,其中 $\boldsymbol{L}$ 为下三角阵;进而当 $\boldsymbol{L}$ 的对角线元素 $l_{ii}(i=1,2,3)$ 满足条件________时,这种分解是唯一的.

7. 给定方程组 $\begin{cases}x_1-ax_2=b_1\\ -ax_1+x_2=b_2\end{cases}$,其中 a 为实数,则当 a 满足________,且 $0<\omega<2$ 时,SOR 迭代法收敛.

8. 如果 $S(x)=\begin{cases}x^3, & 0\leqslant x\leqslant 1\\ 2(x-1)^3+a(x-1)^2+b(x-1)+c, & 1\leqslant x\leqslant 3\end{cases}$ 是三次样条函数,那么 $a=$________,$b=$________,$c=$________.

9. n 个求积节点的插值型求积公式的代数精度至少为________次,这里求积公式 $\int_0^1 f(x)\,\mathrm{d}x\approx\dfrac{3}{4}f\left(\dfrac{1}{3}\right)+\dfrac{1}{4}f(1)$ 的代数精度为________次.

10. 已知 Newton - Cotes 求积公式为 $\int_a^b f(x)\,\mathrm{d}x\approx\sum\limits_{k=0}^{n}A_k f(x_k)$,则 $\sum\limits_{k=0}^{n}A_k=$________.

11. 解常微分方程初值问题的改进的 Euler 方法

$$\begin{cases}\bar{y}_{k+1}=y_k+hf(x_k,y_k)\\ y_{k+1}=y_k+\dfrac{h}{2}[f(x_k,y_k)+f(x_{k+1},\bar{y}_{k+1})]\end{cases}$$

具有________阶精度.

二、(10分)已知线性方程组 $\boldsymbol{A}\boldsymbol{x}=\boldsymbol{b}$,其中

$$\boldsymbol{A}=\begin{pmatrix}1 & 1 & -1\\ 1 & 2 & -2\\ -2 & 1 & 1\end{pmatrix},\ \boldsymbol{b}=\begin{pmatrix}1\\ 0\\ 1\end{pmatrix}$$

请用 Gauss 消去法求解,并给出系数矩阵 $\boldsymbol{A}$ 的 $\boldsymbol{LU}$ 分解,其中 $\boldsymbol{L}$ 为单位下三角矩阵,$\boldsymbol{U}$ 为上三角矩阵.

三、(10 分)给定如下数据:

x_i	1	2	4	6	7
$f(x_i)$	4	1	0	1	1

求 4 次 Newton 插值多项式,给出插值余项并求 $f(5)$ 的近似值.

四、(10 分)已知如下数据:

x	1.8	2.0	2.2	2.4	2.6
$f(x)$	3.12014	4.42569	6.04241	8.03014	10.46675

(1) 用复化梯形公式计算积分 $I=\int_{1.8}^{2.6}f(x)\,\mathrm{d}x$ 的近似值(这里均要求计算结果保留 6 位小数);

(2) 用复化 Simpson 公式计算积分 $I=\int_{1.8}^{2.6}f(x)\,\mathrm{d}x$ 的近似值.

五、(10 分)已知一组试验数据如下:

x_k	2	2.5	3	4	5	5.5
y_k	4	4.5	6	8	8.5	9

用直线拟合这组数据,要求计算过程保留 3 位小数.

六、(10 分)已知常微分方程初值问题为 $\begin{cases} y'=x-y & (0\leqslant x\leqslant 0.4) \\ y(0)=1 \end{cases}$,取定步长 $h=0.1$.

(1) 用(显式的)Euler 方法求解上述初值问题的数值解;

(2) 用改进的 Euler 方法求上述初值问题的数值解.

七、(10 分)用 Jacobi 迭代法求线性方程组

$$\begin{cases} 8x_1 - 3x_2 + 2x_3 = 20 \\ 4x_1 + 11x_2 - x_3 = 33 \\ 6x_1 + 3x_2 + 12x_3 = 36 \end{cases}$$

的第 3 次迭代的结果 $\boldsymbol{x}^{(3)}$,其中选取迭代初值为 $\boldsymbol{x}^{(0)}=(0,0,0)^{\mathrm{T}}$,并要求计算过程保留 4 位小数.

八、(10 分)应用 Newton 法求解方程 $x^3-a=0$,请导出求立方根 $\sqrt[3]{a}$ 的迭代公式,并讨论其收敛阶.

模拟试卷 D

一、填空题(每空 2 分,共 30 分)

1. 近似值 $x=0.3261$ 关于真值 $x^*=0.3259$ 有__________位有效数字.

2. 为了使计算 $y=4x^3-3x^2+2x-1$ 的乘除法运算次数尽量少，应该将表达式改写为________.

3. 非线性方程求根的 Newton 法在单根附近具有________阶收敛性，在重根附近具有________阶收敛性.

4. 区间$[a,b]$上的三次样条插值函数 $S(x)$ 在$[a,b]$上具有直到________阶的连续导数.

5. 设$f(1)=1$, $f(2)=5$, $f(3)=15$，则差商$f[1,2,3]=$________，2 次 Newton 插值多项式$p_2(x)=$________.

6. 对于 Newton – Cotes 求积公式 $\int_a^b f(x)\mathrm{d}x \approx (b-a)\sum_{k=0}^{n} C_k^{(n)} f(x_k)$，当 n 为奇数时，至少具有________次代数精度；当 n 为偶数时，至少具有________次代数精度.

7. 对于 $n=4$ 的 Newton – Cotes 求积公式有 5 个 Cotes 系数，其和为________.

8. 解初值问题 $y'(x)=f(x,y)$, $y(x_0)=y_0$ 的向后 Euler 方法 $y_{n+1}=y_n+hf(x_{n+1},y_{n+1})$ 是________阶方法.

9. 用 4 阶经典 Runge – Kutta 公式求解初值问题 $\begin{cases} y'=f(x,y) \\ y|_{x=0}=y_0 \end{cases}$ $(x\in[0,1])$ 时，取 $h=0.1$ 得$y|_{x=1}$的近似值为 0. 63452，而取 $h=0.05$ 得$y|_{x=1}$的近似值为 0. 64331. 在不考虑舍入误差的情况下，那么$y|_{x=1}$的比较理想的近似值是________.

10. 设 $\boldsymbol{x}=\begin{pmatrix}1\\3\end{pmatrix}$, $\boldsymbol{A}=\begin{pmatrix}4 & -1\\0 & 2\end{pmatrix}$，则 $\|\boldsymbol{Ax}\|_2=$________.

11. 对于线性方程组 $\begin{cases} x_1+ax_2=-5 \\ ax_1+x_2=2 \end{cases}$，其中 a 为实数. 用 Jacobi 迭代法求解收敛的充分必要条件是 a 满足________，而用 Gauss – Seidel 迭代法求解收敛的充分必要条件是 a 满足________.

二、(10 分)用 Gauss 列主元消去法求解线性方程组

$$\begin{cases} x+2y+3z=-4 \\ 2x+4y+5z=-7 \\ x-y+4z=-2 \end{cases}$$

三、(10 分)某种合成纤维的强度与其拉伸倍数存在某种关系，下表是实际测定的 5 个纤维样品的强度与相应拉伸倍数的记录：

n	拉伸倍数 x	强度 y
1	1.9	1.4
2	2	1.3
3	2.1	1.8
4	2.5	2.5
5	2.7	2.8

据散点图可知 y 与 x 有近似线性关系 $y=a+bx$，用最小二乘法求 a,b 的值.

四、(10 分)已知两点求积公式

$$\int_{-1}^{1} f(x)\,\mathrm{d}x \approx f\left(-\frac{1}{\sqrt{3}}\right)+f\left(\frac{1}{\sqrt{3}}\right)$$

求它的代数精度.

五、(10 分)用乘幂法求下列矩阵 $\boldsymbol{A}$ 的按模最大特征值的近似值,取初始向量 $\boldsymbol{x}^{(0)}=(1,1,1)^T$,迭代两次求得近似值 $\lambda^{(2)}$ 即可,其中

$$\boldsymbol{A}=\begin{pmatrix}4&3&0\\5&2&0\\3&0&1\end{pmatrix}$$

六、(10 分)用 Euler 方法求解初值问题

$$\begin{cases}y'=x^2+y^2\\y(1)=0\end{cases}\quad (x\in[1,2])$$

其中要求步长 $h=0.1$, 试计算 $y(1.2)$ 的近似值.

七、(10 分)已知方程组为

$$\begin{pmatrix}1&-2&2\\-1&1&-1\\-2&-2&1\end{pmatrix}\begin{pmatrix}x_1\\x_2\\x_3\end{pmatrix}=\begin{pmatrix}1\\-2\\-9\end{pmatrix}$$

请建立 Jacobi 迭代法求解的迭代公式,并讨论其收敛性.

八、(10 分)用 Newton 迭代法求$\sqrt[3]{6}$,这里选定迭代初值为 1,计算迭代 4 次的结果,计算过程要求保留小数点后 6 位数字.

模拟试卷 E

一、填空题(每空 2 分,共 30 分)

1. 已知近似值 $x=0.80500$ 的绝对误差限为 0.5×10^{-4},那么它有__________位有效数字.

2. 为了提高数值计算精度,当正数 x 充分大时,在计算 $\ln(\sqrt{x^2+1}-x)$ 时应改写为__________.

3. 求方程 $x=\cos x$ 根的 Newton 迭代公式是__________.

4. 解方程 $f(x)=0$ 的简单迭代法的迭代函数 $\varphi(x)$ 在有根区间 $[a,b]$ 内如果满足 $\varphi(x)$ 在 $[a,b]$ 上连续,在 (a,b) 内可导,当 $x\in[a,b]$ 时 $\varphi(x)\in[a,b]$,以及条件__________,那么在有根区间内任意选取一点作为迭代初值,迭代结果都收敛.

5. 设 $\boldsymbol{A}=\begin{pmatrix}6&5&-2\\4&-3&5\\-1&9&10\end{pmatrix}$,则 $\|\boldsymbol{A}\|_1=$__________.

6. 用 Gauss 列主元素消去法求解线性方程组 $\begin{cases}4x_1-x_2+x_3=5\\-18x_1+3x_2-x_3=-15\\x_1+x_2+x_3=6\end{cases}$,第 2 次所选

择的主元素的值为______.

7. 求解方程组$\begin{cases} x_1+1.6x_2=1 \\ -0.4x_1+x_2=2 \end{cases}$的 Gauss - Seidel 迭代法的迭代矩阵为______,该迭代法是______(收敛或发散)的.

8. 设 $x_i=i(i=0,1,2,\cdots,n)$,$L_i(x)$是相应的 n 次 Lagrange 插值基函数,则 $\sum_{i=0}^{n} L_i(x)=$ ______, $\sum_{i=0}^{n} x_i^n L_i(x)=$ ______.

9. 数值求积公式中梯形公式的代数精度为______次,而求积公式 $\int_0^2 f(x)\mathrm{d}x \approx \frac{1}{3}f(0)+\frac{4}{3}f(1)+\frac{1}{3}f(2)$ 的代数精度为______次.

10. 设用乘幂法求 3 阶矩阵 $\boldsymbol{A}$ 的按模最大的特征值 λ_1 时得迭代向量

$$\boldsymbol{v}^{(10)}=[327.615,\quad 423.123,\quad 8.128]^{\mathrm{T}}$$
$$\boldsymbol{v}^{(11)}=[399.035,\quad 515.361,\quad 9.900]^{\mathrm{T}}$$

则谱半径 $\rho(\boldsymbol{A})\approx$______,与 λ_1 相应的近似特征向量约为______.

11. 求解常微分方程初值问题$\begin{cases} y'=f(x,y),\ a\leqslant x\leqslant b \\ y(a)=y_0 \end{cases}$ Euler 方法(步长为 h)的局部截断误差的主项为______.

二、(10 分)用改进的平方根法求解线性方程组 $\boldsymbol{Ax}=\boldsymbol{b}$,其中

$$\boldsymbol{A}=\begin{pmatrix} 16 & 4 & 8 \\ 4 & 5 & -4 \\ 8 & -4 & 22 \end{pmatrix},\quad \boldsymbol{b}=\begin{pmatrix} -4 \\ 3 \\ 10 \end{pmatrix}$$

三、(10 分)设 $f(x)\in C^4[a,b]$,在$[a,b]$上求 3 次插值多项式 $H(x)$,使得 $H(a)=f(a)$,$H'(a)=f'(a)$,$H''(a)=f''(a)$,$H''(b)=f''(b)$.

四、(10 分)已知数值积分公式为

$$\int_0^1 xf(x)\mathrm{d}x \approx S=af(0)+bf(1)+cf'(0)+df'(1)$$

(1) 确定求积公式中的参数 a,b,c,d,使其代数精度尽量高;

(2) 设 $f(x)\in C^4[0,1]$,试推导余项表达式 $\int_0^1 xf(x)\mathrm{d}x-S$.

五、(10 分)用反幂法求矩阵 $\boldsymbol{A}=\begin{pmatrix} 3 & 2 \\ 4 & 5 \end{pmatrix}$的按模最小的特征值和相应的特征向量,这里取初始迭代向量为$(1,1)^{\mathrm{T}}$,迭代 4 步即可,要求保留小数点后 6 位数字.

六、(10 分)设求解初值问题$\begin{cases} y'=f(x,y) \\ y(x_0)=y_0 \end{cases}$ 的计算公式为

$$y_{n+1}=y_n+h[af(x_n,y_n)+bf(x_{n-1},y_{n-1})]$$

其中 $x_i=x_0+ih,i=0,1,2,\cdots$. 假设 $y(x_n)=y_n,y(x_{n-1})=y_{n-1}$,确定参数 a,b 的值,使该计算

公式具有 2 阶精度,即局部截断误差为 $O(h^3)$.

七、(10 分)已知线性方程组

$$\begin{cases} x_1 + 0.4x_2 + 0.4x_3 = 1 \\ 0.4x_1 + x_2 + 0.8x_3 = 2 \\ 0.4x_1 + 0.8x_2 + x_3 = 3 \end{cases}$$

(1) 判别用 Jacobi 迭代法求解是否收敛,若收敛则给出其迭代公式;

(2) 判别用 Gauss - Seidel 迭代法求解是否收敛,若收敛则给出其迭代公式.

八、(10 分)用正割法求方程 $x-\sin x-0.5=0$ 在[1.4,1.6]之间的一个近似根,要求满足 $|x_{k+1}-x_k|\leqslant 0.01$,且计算过程保留 4 位小数.

附录 C　模拟试卷参考解答

试卷 A 解答

一、填空题

1. 3， 0.00155

2. $t=\dfrac{1}{x}$，　$y=4+(5+(1-3t)t)t$

3. $[1,2]$，　$[1.5,2]$

4. 9

5. $\begin{cases} x_1^{(k+1)}=\dfrac{1}{9}(x_2^{(k)}+8) \\ x_2^{(k+1)}=\dfrac{1}{5}(x_1^{(k+1)}+4) \end{cases}$

6. $\max\limits_{k\leqslant i\leqslant n}|a_{ik}^{(k-1)}|$

7. 1，0

8. $-\dfrac{1}{60}$

9. $\dfrac{1}{12}$，　3

10. $y_k+\dfrac{h}{2}[f(x_k,y_k)+f(x_{k+1},\bar{y}_{k+1})]$

11. 按模最大

二、解　$(A,b)=\begin{bmatrix} 12 & -3 & 3 & 15 \\ -18 & 3 & -1 & -15 \\ 1 & 1 & 1 & 6 \end{bmatrix} \xrightarrow{r_1\leftrightarrow r_2} \begin{bmatrix} -18 & 3 & -1 & -15 \\ 12 & -3 & 3 & 15 \\ 1 & 1 & 1 & 6 \end{bmatrix}$

$$\xrightarrow[r_3+\frac{1}{18}r_1]{r_2+\frac{12}{18}r_1} \begin{bmatrix} -18 & 3 & -1 & -15 \\ 0 & -1 & \frac{7}{3} & 5 \\ 0 & \frac{7}{6} & \frac{17}{18} & \frac{31}{6} \end{bmatrix}$$

$$\xrightarrow{r_2\leftrightarrow r_3} \begin{pmatrix} -18 & 3 & -1 & -15 \\ 0 & \frac{7}{6} & \frac{17}{18} & \frac{31}{6} \\ 0 & -1 & \frac{7}{3} & 5 \end{pmatrix} \xrightarrow{r_3+\frac{6}{7}r_2} \begin{pmatrix} -18 & 3 & -1 & -15 \\ 0 & \frac{7}{6} & \frac{17}{18} & \frac{31}{6} \\ 0 & 0 & \frac{22}{7} & \frac{66}{7} \end{pmatrix}$$

回代解得

$$x_3 = \frac{66}{7} \div \frac{22}{7} = 3$$

$$x_2 = \left(\frac{31}{6} - \frac{17}{18} \times 3\right) \div \frac{7}{6} = 2$$

$$x_1 = (-15 + 3 - 3 \times 2) \div (-18) = 1$$

故原方程组的解为 $\boldsymbol{x} = (1,2,3)^{\mathrm{T}}$.

三、解 已知插值条件为 $p_2(0)=1, p_2(0.5)=\mathrm{e}^{-0.5}, p_2(1)=\mathrm{e}^{-1}$，故满足插值条件的 2 次 Lagrange 插值多项式为

$$p_2(x) = p_2(0)\frac{(x-0.5)(x-1)}{(0-0.5)(0-1)} + p_2(0.5)\frac{(x-0)(x-1)}{(0.5-0)(0.5-1)} +$$
$$p_2(1)\frac{(x-0)(x-0.5)}{(1-0)(1-0.5)}$$
$$= 2(x-0.5)(x-1) - 4\mathrm{e}^{-0.5}x(x-1) + 2\mathrm{e}^{-1}x(x-0.5)$$

故插值误差为

$$R_2(x) = y - p_2(x)$$
$$= \frac{y'''(\xi)}{3!}(x-0)(x-0.5)(x-1)$$
$$= -\frac{1}{6}\mathrm{e}^{-\xi}x(x-0.5)(x-1) \quad (\xi \in (0,1))$$

令 $g(x)=x(x-0.5)(x-1)$，由 $g'(x)=0$，解得它的两个驻点为

$$x_1 = \frac{1}{2}\left(1 + \frac{1}{\sqrt{3}}\right), \ x_2 = \frac{1}{2}\left(1 - \frac{1}{\sqrt{3}}\right)$$

故 $\max\limits_{0\leqslant x\leqslant 1}|g(x)| = \max\limits_{0\leqslant x\leqslant 1}\{|g(0)|,|g(x_1)|,|g(x_2)|,|g(1)|\} = \frac{1}{12\sqrt{3}}$，从而得

$$|R_2(x)| = |y - p_2(x)| \leqslant \frac{1}{6}\max_{0\leqslant x\leqslant 1}|g(x)| = \frac{1}{72\sqrt{3}} \approx 0.008019$$

四、解 令 $f(x) = \sqrt{1+x^2}$，选取步长 $h = \frac{2}{8} = 0.25$. 则等分点为 1.0, 1.25, 1.5, 1.75, 2.0, 2.25, 2.50, 2.75, 3.0. 对应的函数值分别为 $f(1.0)=1.4142$, $f(1.25)=1.6008$, $f(1.5)=1.8028$, $f(1.75)=2.0156$, $f(2.0)=2.2361$, $f(2.25)=2.4622$, $f(2.50)=2.6926$, $f(2.75)=2.9262$, $f(3.0)=3.1623$.

故所求的积分值为

$$\int_1^3 f(x)\mathrm{d}x \approx \frac{h}{2}[f(x_0) + f(x_8) +$$
$$2(f(x_1) + f(x_2) + f(x_3) + f(x_4) + f(x_5) + f(x_6) + f(x_7))]$$
$$= \frac{0.25}{2} \times [1.4142 + 3.1623 + 2 \times (1.6008 + 1.8028 + 2.0156 +$$
$$2.2361 + 2.4622 + 2.6926 + 2.9262)]$$

$$= 4.5061$$

五、解

(1) $\varphi'(x)=\frac{1}{3}(x+1)^{-\frac{2}{3}}$, $|\varphi'(1.5)|=0.18<1$,故收敛;

(2) $\varphi'(x)=-\frac{1}{2x^2}\left(1+\frac{1}{x}\right)^{-\frac{1}{2}}$, $|\varphi'(1.5)|=0.17<1$,故收敛;

(3) $\varphi'(x)=3x^2$, $|\varphi'(1.5)|=3\times1.5^2>1$,故发散.

选择(1) $x_{n+1}=\sqrt[3]{x_n+1}$进行计算,得

$$x_0=1.5,\quad x_1=1.35721,\quad x_2=1.33086,\quad x_3=1.32588,$$
$$x_4=1.32494,\quad x_5=1.32476,\quad x_6=1.32473$$

对(1) $x_{n+1}=\sqrt[3]{x_n+1}$建立 Aitken – Steffensen 迭代公式为

$$x_{k+1}=x_k-\frac{(\varphi(x_k)-x_k)^2}{\varphi(\varphi(x_k))-2\varphi(x_k)+x_k}$$

$$=x_k-\frac{(\sqrt[3]{x_k+1}-x_k)^2}{\sqrt[3]{\sqrt[3]{x_k+1}+1}-2\sqrt[3]{x_k+1}+x_k}$$

此时计算结果为 $x_0=1.5$, $x_1=1.324899$, $x_2=1.324718$,显然有加速效果.

六、解 Euler 预测—校正公式为

$$\begin{cases}\bar{y}_{k+1}=y_k+hf(x_k,y_k)=y_k+h(1+x_k+y_k^2)\\ y_{k+1}=y_k+\frac{h}{2}[f(x_k,y_k)+f(x_{k+1},\bar{y}_{k+1})]=y_k+\frac{h}{2}(2+x_k+y_k^2+x_{k+1}+\bar{y}_{k+1}^2)\end{cases}$$

已知 $h=0.1$, $x_0=0$, $y_0=1$, $x_1=0.1$,于是有

$$\begin{cases}\bar{y}_1=1+0.1(1+0+1^2)=1.2\\ y_1=1+\frac{0.1}{2}(2+0+1^2+0.1+1.2^2)=1.227\end{cases}$$

进而 $x_1=0.1$, $y_1=1.227$, $x_2=0.2$,于是得

$$\begin{cases}\bar{y}_2=1.227+0.1(1+0.1+1.227^2)=1.488\\ y_2=1.227+\frac{0.1}{2}(2+0.1+1.227^2+0.2+1.488^2)=1.528\end{cases}$$

故所求为 $y(0.1)\approx y_1=1.227$, $y(0.2)\approx y_2=1.528$.

七、解 (1) Jacobi 迭代的迭代矩阵为

$$\boldsymbol{J}=\boldsymbol{D}^{-1}(\boldsymbol{L}+\boldsymbol{U})=\begin{pmatrix}0&0&0\\-0.5&0&0.5\\-1&-1&0\end{pmatrix}$$

对应的特征方程为

$$|\lambda\boldsymbol{I}-\boldsymbol{J}|=\begin{vmatrix}\lambda&0&0\\0.5&\lambda&-0.5\\1&1&\lambda\end{vmatrix}=\lambda(\lambda^2+0.5)=0$$

解得

$$\lambda_1 = 0,\ \lambda_2 = \frac{\sqrt{2}}{2}i,\ \lambda_3 = -\frac{\sqrt{2}}{2}i$$

故 Jacobi 迭代法迭代矩阵的谱半径为 $\rho(\boldsymbol{J}) = \frac{\sqrt{2}}{2} < 1$,因而 Jacobi 迭代法求解是收敛的.

(2) 已知 Jacobi 迭代法的迭代公式为

$$\begin{cases} x_1^{(k+1)} = 1 \\ x_2^{(k+1)} = \frac{1}{2}(-x_1^{(k)} + x_3^{(k)}) + 1 \\ x_3^{(k+1)} = -x_1^{(k)} - x_2^{(k)} + \frac{3}{2} \end{cases}$$

将 $\boldsymbol{x}^{(0)} = (0,0,0)^{\mathrm{T}}$ 代入迭代得

$$x_1^{(1)} = 1,\quad x_2^{(1)} = 1,\quad x_3^{(1)} = 1.5$$

$$x_1^{(2)} = 1,\quad x_2^{(2)} = 1.25,\quad x_3^{(2)} = -0.5$$

$$x_1^{(3)} = 1,\quad x_2^{(3)} = 0.25,\quad x_3^{(3)} = -0.75$$

八、证 设 $x_i \in I$,将 $f(x)$ 在点 x_i 处展开

$$f(x) = f(x_i) + (x - x_i)f'(x_i) + \frac{1}{2}(x - x_i)^2 f''(\xi_i)$$

其中 ξ_i 介于 x 与 x_i 之间.

令 $x = a$ 得

$$f(a) = f(x_i) + (a - x_i)f'(x_i) + \frac{1}{2}(a - x_i)^2 f''(\xi'_i) = 0$$

整理得

$$\begin{aligned} a &= x_i - \frac{f(x_i)}{f'(x_i)} - \frac{f''(\xi'_i)}{2f'(x_i)}(a - x_i)^2 \\ &= x_{i+1} - \frac{f''(\xi'_i)}{2f'(x_i)}(a - x_i)^2 \end{aligned}$$

其中 ξ'_i 介于 a 与 x_i 之间.

令 $M = (\max\limits_{x \in I}|f''(x)|)/(2\min\limits_{x \in I}|f'(x)|)$,则

$$|a - x_{i+1}| \leqslant M|a - x_i|^2$$

从而 $M|a - x_{i+1}| \leqslant (M|a - x_i|)^2 \leqslant \cdots \leqslant (M|a - x_0|)^{2^{i+1}}$,故适当选取初值 $x_0 \in I$,使得 $M|a - x_0| < 1$,那么就有 $\lim\limits_{i \to \infty} x_i = a$,即 Newton 迭代法收敛.

由于 ξ'_i 介于 a 与 x_i 之间,且 $\lim\limits_{i \to \infty} x_i = a$,故 $\lim\limits_{i \to \infty} \xi'_i = a$,从而有

$$\lim_{i \to \infty} \frac{a - x_{i+1}}{(a - x_i)^2} = -\lim_{i \to \infty} \frac{f''(\xi'_i)}{2f'(x_i)} = -\frac{f''(a)}{2f'(a)}$$

试卷 B 解答

一、填空题

1. 最接近某个已知数

2. 5

3. $L_1(x)=\frac{x-b}{a-b}f(a)+\frac{x-a}{b-a}f(b)$，$R_1(x)=\frac{1}{2}f''(\xi)(x-a)(x-b)$ $(a\leqslant\xi\leqslant b)$

4. $y=\frac{1}{2}x+\frac{3}{2}$

5. n， $2n+1$

6. p， 1

7. $\sqrt[3]{3}$， 2

8. $x_{n+1}=x_n-\frac{x_n-g(x_n)}{1-g'(x_n)}$

9. $a\in(-\sqrt{3},\sqrt{3})$

10. 迭代矩阵， $\rho(\boldsymbol{B})<1$

二、解 对系数矩阵进行分解,得

$$\boldsymbol{A}=\begin{pmatrix}2&2&3\\4&7&7\\-2&4&5\end{pmatrix}=\begin{pmatrix}1&&\\2&1&\\-1&2&1\end{pmatrix}\begin{pmatrix}2&2&3\\&3&1\\&&6\end{pmatrix}=\boldsymbol{LU}$$

解 $\boldsymbol{Ly}=\boldsymbol{b}$ 得

$$y_1=3,\quad y_2=-5,\quad y_3=6$$

再解 $\boldsymbol{Ux}=\boldsymbol{y}$ 得

$$x_1=2,\quad x_2=-2,\quad x_3=1$$

三、解 已知 $x_0=1.3$，$x_1=1.6$，$x_2=1.9$，则 2 次插值基函数为

$$L_0(x)=\frac{(x-x_1)(x-x_2)}{(x_0-x_1)(x_0-x_2)},L_1(x)=\frac{(x-x_0)(x-x_2)}{(x_1-x_0)(x_1-x_2)},L_2(x)=\frac{(x-x_0)(x-x_1)}{(x_2-x_0)(x_2-x_1)}$$

即

$$L_0(x)=\frac{1}{0.18}(x-1.6)(x-1.9)$$

$$L_1(x)=-\frac{1}{0.09}(x-1.3)(x-1.9)$$

$$L_2(x)=\frac{1}{0.18}(x-1.3)(x-1.6)$$

故 2 次 Lagrange 插值多项式为

$$\begin{aligned}p_2(x)&=L_0(x)y_0+L_1(x)y_1+L_2(x)y_2\\&=3.4450(x-1.6)(x-1.9)-5.0600(x-1.3)(x-1.9)+\\&\quad 1.5656(x-1.3)(x-1.6)\end{aligned}$$

从而解得

$$f(1.5) \approx p_2(1.5) = 0.5113$$

四、解 令 $f(x)=1,x,x^2$，分别代入求积公式并使求积公式精确成立，得

$$a+b=1$$

$$b+c=\frac{1}{2}$$

$$b=\frac{1}{3}$$

联立上述三个方程，解得

$$a=\frac{2}{3},\quad b=\frac{1}{3},\quad c=\frac{1}{6}$$

故求积公式为

$$\int_0^1 f(x)\,\mathrm{d}x \approx \frac{2}{3}f(0)+\frac{1}{3}f(1)+\frac{1}{6}f'(0)$$

又取 $f(x)=x^3$，代入上面的求积公式，得

$$\text{左边}=\frac{1}{4},\quad \text{右边}=0+\frac{1}{3}+0=\frac{1}{3}$$

这样左边≠右边，故所得的求积公式具有 2 次代数精度.

五、解 已知改进的 Euler 公式为

$$\begin{cases}\bar{y}_{n+1}=y_n+h(x_n+y_n)\\ y_{n+1}=y_n+\dfrac{h}{2}[(x_n+y_n)+(x_{n+1}+\bar{y}_{n+1})]\end{cases}\quad (n=0,1,2,\cdots)$$

取定步长 $h=0.1$，那么求解给定初值问题的改进的 Euler 公式为

$$\begin{cases}\bar{y}_{n+1}=y_n+0.1\times(x_n+y_n)\\ y_{n+1}=y_n+\dfrac{0.1}{2}[x_n+y_n+x_{n+1}+\bar{y}_{n+1}]\end{cases}\quad (n=0,1,2,\cdots)$$

把 $y_0=1$ 代入计算可得

$$y_1=1.11,\quad y_2=1.24205$$

从而

$$y(0.1)\approx 1.11,\quad y(0.2)\approx 1.24205$$

六、解 由于 $\boldsymbol{x}^{(0)}=(1,0,0)^{\mathrm{T}}$，故有 $\|\boldsymbol{x}^{(0)}\|_\infty=1$，且

$$\boldsymbol{y}^{(1)}=\boldsymbol{A}\boldsymbol{x}^{(0)}=(4,-1,1)^{\mathrm{T}}$$

$$\lambda^{(1)}=\max(\boldsymbol{y}^{(1)})=4$$

从而得

$$\boldsymbol{x}^{(1)}=\boldsymbol{y}^{(1)}/\lambda^{(1)}=\left(1,-\frac{1}{4},\frac{1}{4}\right)^{\mathrm{T}}$$

$$\boldsymbol{y}^{(2)}=\boldsymbol{A}\boldsymbol{x}^{(1)}=\left(\frac{9}{2},-\frac{9}{4},\frac{9}{4}\right)^{\mathrm{T}}$$

$$\boldsymbol{\lambda}^{(2)}=\max(\boldsymbol{y}^{(2)})=\frac{9}{2}$$

七、解 所求的 Gauss－Seidel 迭代公式为

$$\begin{cases} x_1^{(k+1)} = -8 + 2x_2^{(k)} - 2x_3^{(k)} \\ x_2^{(k+1)} = 5 + x_1^{(k+1)} + x_3^{(k)} = -3 + 2x_2^{(k)} - x_3^{(k)} \\ x_3^{(k+1)} = 0 + 2x_1^{(k+1)} + 2x_2^{(k+1)} = -22 + 8x_2^{(k)} - 6x_3^{(k)} \end{cases}$$

此时迭代矩阵为

$$\boldsymbol{B}_G = \begin{pmatrix} 0 & 2 & -2 \\ 0 & 2 & -1 \\ 0 & 8 & -6 \end{pmatrix}$$

计算 $\boldsymbol{B}_G$ 的特征值

$$|\lambda \boldsymbol{I} - \boldsymbol{B}_G| = \lambda(\lambda^2 + 4\lambda - 4) = 0$$

得 $\lambda_{1,2} = -2 \pm 2\sqrt{2}$，于是

$$\rho(\boldsymbol{B}_G) = 2 + 2\sqrt{2} > 1$$

故对任意取定的初值，用 Gauss－Seidel 迭代法求解此方程组都不收敛.

八、解 令 $f(x) = x - e^{-x}$，对于 $x = 0.5$，由于

$$f(0.5)f''(0.5) = (0.5 - e^{-0.5})(-e^{-0.5}) = 0.06461 > 0$$

因此，可取迭代初值 $x_0 = 0.5$.

Newton 迭代公式为

$$x_{n+1} = x_n - \frac{f(x_n)}{f'(x_n)} = x_n - \frac{x_n - e^{-x_n}}{1 + e^{-x_n}} \qquad (n = 0,1,2,\cdots)$$

把 $x_0 = 0.5$ 代入上式，计算得

$$x_1 = 0.5 - \frac{0.5 - e^{-0.5}}{1 + e^{-0.5}} = 0.56631, \qquad |x_1 - x_0| = 0.06631$$

$$x_2 = 0.56631 - \frac{0.56631 - e^{-0.56631}}{1 + e^{-0.56631}} = 0.56714, \qquad |x_2 - x_1| = 0.00083 < 0.001$$

于是取 $x = 0.56714$ 为方程的近似根.

试卷 C 解答

一、填空题

1. 5

2. $\dfrac{2}{\sqrt{1351} + \sqrt{1349}}$

3. 收敛

4. $x_{n+1} = \sqrt[3]{1 + x_n^2}$

5. 3

6. $\left(-\dfrac{\sqrt{2}}{2}, \dfrac{\sqrt{2}}{2}\right)$，　$l_{ii} > 0$

7. $|a|<1$

8. $a=b=3$, $c=1$

9. $n-1$, 2

10. $b-a$

11. 2

二、解

$$(\boldsymbol{A},\boldsymbol{b})=\begin{pmatrix}1&1&-1&1\\1&2&-2&0\\-2&1&1&1\end{pmatrix}\xrightarrow[r_3+2r_1]{r_2-r_1}\begin{pmatrix}1&1&-1&1\\0&1&-1&-1\\0&3&-1&3\end{pmatrix}\xrightarrow{r_3-3r_2}\begin{pmatrix}1&1&-1&1\\0&1&-1&-1\\0&0&2&6\end{pmatrix}$$

由此解得

$$x_3=3,\quad x_2=2,\quad x_1=2$$

这时

$$\boldsymbol{L}=\begin{pmatrix}1&0&0\\1&1&0\\-2&3&1\end{pmatrix},\ \boldsymbol{U}=\begin{pmatrix}1&1&-1\\0&1&-1\\0&0&2\end{pmatrix}$$

三、解 计算各阶差商如下：

i	x_i	$f(x_i)$	1 阶差商	2 阶差商	3 阶差商	4 阶差商
0	1	4				
1	2	1	−3			
2	4	0	−1/2	5/6		
3	6	1	1/2	1/4	−7/60	
4	7	1	0	−1/6	−1/12	1/180

故所求的 4 次 Newton 插值多项式为

$$p_4(x)=4-3(x-1)+\frac{5}{6}(x-1)(x-2)-\frac{7}{60}(x-1)(x-2)(x-4)+\frac{1}{180}(x-1)(x-2)(x-4)(x-6)$$

其插值余项为

$$R_4(x)=f(x)-p_4(x)=\frac{f^{(5)}(\xi)}{5!}(x-1)(x-2)(x-4)(x-6)(x-7)$$

其中 $\xi\in(1,7)$. 这时求得

$$f(5)\approx p_4(5)=\frac{8}{15}$$

四、解 (1) 用复化梯形公式计算时，取 $n=4,h=\frac{2.6-1.8}{4}=0.2$，求得

$$T_4=\frac{h}{2}\left(f(a)+2\sum_{k=1}^{n-1}f(x_k)+f(b)\right)$$

$$= \frac{0.2}{2}(f(1.8) + 2f(2.0) + 2f(2.2) + 2f(2.4) + f(2.6))$$
$$= 5.058337$$

即为积分 $I = \int_{1.8}^{2.6} f(x)\,\mathrm{d}x$ 的近似值.

(2) 用复化 Simpson 公式计算时,取 $n=2, h=\frac{2.6-1.8}{2}=0.4$,求得

$$S_2 = \frac{h}{6}\left(f(a) + 4\sum_{k=0}^{n-1} f(x_{k+\frac{1}{2}}) + 2\sum_{k=1}^{n-1} f(x_k) + f(b)\right)$$
$$= \frac{0.4}{6}\{f(1.8) + 4[f(2.0) + f(2.4)] + 2f(2.2) + f(2.6)\}$$
$$= 5.033002$$

所以,积分 $I = \int_{1.8}^{2.6} f(x)\,\mathrm{d}x$ 的近似值为 5.033002.

五、解 设直线 $y = a_0 + a_1 x$,则 a_0 和 a_1 满足的法方程组为

$$\begin{cases} a_0(n+1) + a_1 \sum x_k = \sum y_k \\ a_0 \sum x_k + a_1 \sum x_k^2 = \sum x_k y_k \end{cases}$$

代入数据,经计算得到法方程组为

$$\begin{cases} 6a_0 + 22a_1 = 40 \\ 22a_0 + 90.5a_1 = 161.25 \end{cases}$$

解得

$$a_0 = 1.229, \quad a_1 = 1.483$$

故所求直线方程为

$$y = 1.229 + 1.483x$$

六、解 (1) 所建立的 Euler 公式为

$$y_{n+1} = y_n + hf(x_n, y_n) = y_n + 0.1(x_n - y_n) = 0.1x_n + 0.9y_n$$

已知 $y_0 = 1, x_n = 0.1n, n = 0,1,2,3,4$,计算即得数值解为

$$y_1 = 0.1x_0 + 0.9y_0 = 0.9$$
$$y_2 = 0.1x_1 + 0.9y_1 = 0.1 \times 0.1 + 0.9 \times 0.9 = 0.82$$
$$y_3 = 0.1x_2 + 0.9y_2 = 0.1 \times 0.2 + 0.9 \times 0.82 = 0.758$$
$$y_4 = 0.1x_3 + 0.9y_3 = 0.1 \times 0.3 + 0.9 \times 0.758 = 0.7122$$

(2) 所建立的改进的 Euler 公式为

$$\begin{cases} y_p = y_n + hf(x_n, y_n) = 0.1x_n + 0.9y_n \\ y_c = y_n + hf(x_{n+1}, y_p) = 0.09x_n + 0.91y_n + 0.01 \\ y_{n+1} = \frac{1}{2}(y_p + y_c) = 0.095x_n + 0.905y_n + 0.005 \end{cases}$$

已知 $y_0 = 1$, $x_n = 0.1n$, $n = 0,1,2,3,4$,计算即得数值解为

$$y_1 = 0.095x_0 + 0.905y_0 + 0.005 = 0.91$$

$$y_2 = 0.095x_1 + 0.905y_1 + 0.005$$
$$= 0.095 \times 0.1 + 0.905 \times 0.91 + 0.005 = 0.83805$$
$$y_3 = 0.095x_2 + 0.905y_2 + 0.005$$
$$= 0.095 \times 0.2 + 0.905 \times 0.83805 + 0.005 = 0.78243525$$
$$y_4 = 0.095x_3 + 0.905y_3 + 0.005$$
$$= 0.095 \times 0.3 + 0.905 \times 0.78243525 + 0.005$$
$$\approx 0.7416039$$

七、解 Jacobi 迭代法的迭代公式为

$$\begin{cases} x_1^{(k+1)} = 0.375x_2^{(k)} - 0.25x_3^{(k)} + 2.5 \\ x_2^{(k+1)} = -0.3636x_1^{(k)} + 0.0909x_3^{(k)} + 3 \\ x_3^{(k+1)} = -0.5x_1^{(k)} - 0.25x_2^{(k)} + 3 \end{cases}$$

选取迭代初值为 $\boldsymbol{x}^{(0)} = (0,0,0)^{\mathrm{T}}$，则

$$\begin{cases} x_1^{(1)} = 0.375 \times 0 - 0.25 \times 0 + 2.5 = 2.5 \\ x_2^{(1)} = -0.3636 \times 0 + 0.0909 \times 0 + 3 = 3 \\ x_3^{(1)} = -0.5 \times 0 - 0.25 \times 0 + 3 = 3 \end{cases}$$

得到 $\boldsymbol{x}^{(1)} = (2.5,\quad 3,\quad 3)^{\mathrm{T}}$，进而

$$\begin{cases} x_1^{(2)} = 0.375 \times 3 - 0.25 \times 3 + 2.5 = 2.875 \\ x_2^{(2)} = -0.3636 \times 2.5 + 0.0909 \times 3 + 3 = 2.3637 \\ x_3^{(2)} = -0.5 \times 2.5 - 0.25 \times 3 + 3 = 1.0000 \end{cases}$$

得到 $\boldsymbol{x}^{(2)} = (2.875,\quad 2.3637,\quad 1.0000)^{\mathrm{T}}$，

$$\begin{cases} x_1^{(3)} = 0.375 \times 2.3637 - 0.25 \times 1 + 2.5 = 3.1364 \\ x_2^{(3)} = -0.3636 \times 2.875 + 0.0909 \times 1 + 3 = 2.0456 \\ x_3^{(3)} = -0.5 \times 2.875 - 0.25 \times 2.3637 + 3 = 0.9716 \end{cases}$$

即得 $\boldsymbol{x}^{(3)} = (3.1364,\quad 2.0456,\quad 0.9716)^{\mathrm{T}}$.

八、解 方程 $f(x) = x^3 - a = 0$ 的根为 $x^* = \sqrt[3]{a}$，用 Newton 法求解的迭代公式为

$$x_{k+1} = x_k - \frac{f(x_k)}{f'(x_k)}$$
$$= x_k - \frac{x_k^3 - a}{3x_k^2} = \frac{2x_k}{3} + \frac{a}{3x_k^2} \quad (k = 0,1,2,\cdots)$$

此时迭代函数为

$$\varphi(x) = \frac{2x}{3} + \frac{a}{3x^2}$$

由于

$$\varphi'(x) = \frac{2}{3} - \frac{2a}{3x^3},\quad \varphi'(x^*) = 0$$

$$\varphi''(x) = \frac{2a}{x^4},\quad \varphi''(x^*) = \frac{2}{\sqrt[3]{a}} \neq 0$$

故所得的迭代公式是 2 阶收敛的.

试卷 D 解答

一、填空题

1. 3
2. $y=((4x-3)x+2)x-1$
3. 2, 1
4. 2
5. 3, $1+4(x-1)+3(x-1)(x-2)$
6. n, $n+1$
7. 1
8. 1
9. 0.64331
10. $\sqrt{37}$
11. $a\in(-1,1)$, $a\in(-1,1)$

二、解 对增广矩阵列选主元后进行消元得

$$\begin{pmatrix}1 & 2 & 3 & -4\\ 2 & 4 & 5 & -7\\ 1 & -1 & 4 & -2\end{pmatrix}\xrightarrow{r_1\leftrightarrow r_2}\begin{pmatrix}2 & 4 & 5 & -7\\ 1 & 2 & 3 & -4\\ 1 & -1 & 4 & -2\end{pmatrix}\xrightarrow[r_3-\frac{1}{2}r_1]{r_2-\frac{1}{2}r_1}$$

$$\begin{pmatrix}2 & 4 & 5 & -7\\ 0 & 0 & \frac{1}{2} & -\frac{1}{2}\\ 0 & -3 & \frac{3}{2} & \frac{3}{2}\end{pmatrix}\xrightarrow{r_2\leftrightarrow r_3}\begin{pmatrix}2 & 4 & 5 & -7\\ 0 & -3 & \frac{3}{2} & \frac{3}{2}\\ 0 & 0 & \frac{1}{2} & -\frac{1}{2}\end{pmatrix}$$

回代解得

$$z=-1,\quad y=-1,\quad x=1$$

三、解 令 $Q(a,b)=\sum_{i=1}^{5}(y_i-a-bx_i)^2$,选择 a 和 b 使得 $Q(a,b)$最小. 由

$$\frac{\partial Q}{\partial a}=\sum_{i=1}^{5}2(y_i-a-bx_i)\cdot(-1)=0$$

$$\frac{\partial Q}{\partial b}=\sum_{i=1}^{5}2(y_i-a-bx_i)\cdot(-x_i)=0$$

可得法方程组

$$\begin{cases}5a+b\sum_{i=1}^{5}x_i=\sum_{i=1}^{5}y_i\\ a\sum_{i=1}^{5}x_i+b\sum_{i=1}^{5}x_i^2=\sum_{i=1}^{5}x_iy_i\end{cases}$$

把 $\sum_{i=1}^{5}x_i=11.2$, $\sum_{i=1}^{5}y_i=9.8$, $\sum_{i=1}^{5}x_iy_i=22.85$, $\sum_{i=1}^{5}x_i^2=25.56$ 代入上面的方程组得

$$\begin{cases} 5a + 11.2b = 9.8 \\ 11.2a + 25.56b = 22.85 \end{cases}$$

求解即得

$$a \approx -2.3017,\ b \approx 1.9025$$

四、解 把$f(x)=1,x,x^2,x^3$分别代入求积公式得

$$\int_{-1}^{1} 1\mathrm{d}x = 2 = f\left(-\frac{1}{\sqrt{3}}\right) + f\left(\frac{1}{\sqrt{3}}\right)$$

$$\int_{-1}^{1} x\mathrm{d}x = 0 = -\frac{1}{\sqrt{3}} + \frac{1}{\sqrt{3}} = f\left(-\frac{1}{\sqrt{3}}\right) + f\left(\frac{1}{\sqrt{3}}\right)$$

$$\int_{-1}^{1} x^2\mathrm{d}x = \frac{2}{3} = \frac{1}{3} + \frac{1}{3} = f\left(-\frac{1}{\sqrt{3}}\right) + f\left(\frac{1}{\sqrt{3}}\right)$$

$$\int_{-1}^{1} x^3\mathrm{d}x = 0 = f\left(-\frac{1}{\sqrt{3}}\right) + f\left(\frac{1}{\sqrt{3}}\right)$$

而

$$\int_{-1}^{1} x^4\mathrm{d}x = \frac{2}{5} \neq \left(-\frac{1}{\sqrt{3}}\right)^4 + \left(\frac{1}{\sqrt{3}}\right)^4 = f\left(-\frac{1}{\sqrt{3}}\right) + f\left(\frac{1}{\sqrt{3}}\right)$$

故给定的两点求积公式具有3阶代数精度.

五、解 已知$\boldsymbol{x}^{(0)}=(1,1,1)^{\mathrm{T}}$,则

$$\boldsymbol{y}^{(1)} = \boldsymbol{A}\boldsymbol{x}^{(0)} = (7,7,4)^{\mathrm{T}}$$
$$\boldsymbol{\lambda}^{(1)} = \max(\boldsymbol{y}^{(1)}) = 7$$

从而得

$$\boldsymbol{x}^{(1)} = \boldsymbol{y}^{(1)}/\boldsymbol{\lambda}^{(1)} = \left(1,1,\frac{4}{7}\right)^{\mathrm{T}}$$

$$\boldsymbol{y}^{(2)} = \boldsymbol{A}\boldsymbol{x}^{(1)} = \left(7,7,\frac{25}{7}\right)^{\mathrm{T}}$$

$$\boldsymbol{\lambda}^{(2)} = \max(\boldsymbol{y}^{(2)}) = 7$$

六、解 已知Euler方法的计算公式为

$$\begin{cases} y_{n+1} = y_n + hf(x_n, y_n) \\ y(x_0) = y_0 \end{cases} \quad (n = 0,1,2,\cdots)$$

把$h=0.1$和$y(1)=0$代入计算得

$$y_1 = y_0 + hf(x_0,y_0) = 0 + 0.1(1^2 + 0^2) = 0.1$$

$$y_2 = y_1 + hf(x_1,y_1) = 0.1 + 0.1(1.1^2 + 0.1^2) = 0.222$$

故所求的近似值为

$$y(1.2) \approx y_2 = 0.222$$

七、解 所求的Jacobi迭代公式为

$$\begin{cases} x_1^{(k+1)} = 1 + 2x_2^{(k)} - 2x_3^{(k)} \\ x_2^{(k+1)} = -2 + x_1^{(k)} + x_3^{(k)} \\ x_3^{(k+1)} = -9 + 2x_1^{(k)} + 2x_2^{(k)} \end{cases}$$

此时迭代矩阵为

$$B_J = \begin{pmatrix} 0 & 2 & -2 \\ 1 & 0 & 1 \\ 2 & 2 & 0 \end{pmatrix}$$

计算 $\boldsymbol{B}_J$ 的特征值

$$|\lambda \boldsymbol{I} - \boldsymbol{B}_J| = \lambda^3 = 0$$

解得$\lambda_1 = \lambda_2 = \lambda_3 = 0$,于是

$$\rho(\boldsymbol{B}_J) = 0 < 1$$

故对任意选定的初值,用 Jacobi 迭代法求解此方程组都收敛.

八、解 令$f(x) = x^3 - 6 = 0$,根据 Newton 迭代公式可得

$$x_{k+1} = x_k - \frac{f(x_k)}{f'(x_k)} = x_k - \frac{x_k^3 - 6}{3x_k^2} = \frac{2x_k}{3} + \frac{2}{x_k^2} \quad (k = 0,1,2,\cdots)$$

将 $x_0 = 1$ 代入上式,得

$$x_1 = \frac{2}{3} + 2 \approx 2.666667$$

反复迭代,得

$$x_2 \approx 2.059028,\ x_3 \approx 1.844428,\ x_4 \approx 1.817523$$

试卷 E 解答

一、填空题

1. 4

2. $-\ln(\sqrt{x^2+1} + x)$

3. $x_{n+1} = x_n - \dfrac{x_n - \cos x_n}{1 + \sin x_n}$

4. $|\varphi'(x)| \leqslant r < 1$

5. 17

6. $\dfrac{7}{6}$

7. $\begin{pmatrix} 0 & -1.6 \\ 0 & -0.64 \end{pmatrix}$, 收敛

8. 1, x^n

9. 1, 3

10. 1.218, $\boldsymbol{v}^{(11)}$

11. $\dfrac{1}{2}h^2 y''(x_n)$

二、解 将系数矩阵按 $\boldsymbol{A}=\boldsymbol{LDL}^{\mathrm{T}}$ 形式分解，得

$$\begin{pmatrix}16 & 4 & 8\\ 4 & 5 & -4\\ 8 & -4 & 22\end{pmatrix}=\begin{pmatrix}1 & & \\ l_{21} & 1 & \\ l_{31} & l_{32} & 1\end{pmatrix}\begin{pmatrix}d_1 & & \\ & d_2 & \\ & & d_3\end{pmatrix}\begin{pmatrix}1 & l_{21} & l_{31}\\ & 1 & l_{32}\\ & & 1\end{pmatrix}$$

根据矩阵乘法解得

$$d_1=16,\quad l_{21}=\frac{1}{4},\quad l_{31}=\frac{1}{2}$$

$$d_2=4,\quad l_{32}=-\frac{3}{2}$$

$$d_3=9$$

由

$$\begin{pmatrix}1 & & \\ \frac{1}{4} & 1 & \\ \frac{1}{2} & -\frac{3}{2} & 1\end{pmatrix}\begin{pmatrix}y_1\\ y_2\\ y_3\end{pmatrix}=\begin{pmatrix}-4\\ 3\\ 10\end{pmatrix}$$

解得 $y_1=-4$，$y_2=4$， $y_3=18$；由此得

$$\begin{pmatrix}1 & \frac{1}{4} & \frac{1}{2}\\ & 1 & -\frac{3}{2}\\ & & 1\end{pmatrix}\begin{pmatrix}x_1\\ x_2\\ x_3\end{pmatrix}=\begin{pmatrix}-\frac{4}{16}\\ \frac{4}{4}\\ \frac{18}{9}\end{pmatrix}$$

求解得 $x_3=2$， $x_2=4$， $x_1=-\frac{9}{4}$，即原方程组的解为

$$\boldsymbol{x}=\left(-\frac{9}{4},\quad 4,\quad 2\right)^{\mathrm{T}}$$

三、解 利用 Newton 插值公式得

$$N(x)=f(a)+f'(a)(x-a)+\frac{1}{2}f''(a)(x-a)^2$$

则所求多项式可表示为

$$H(x)=N(x)+h(x)$$

即 $h(x)=H(x)-N(x)$，显然，$h(a)=0,h'(a)=0,h''(a)=0$，因而 a 是 $h(x)$ 的三重零点，于是可知 $h(x)=A(x-a)^3$，从而

$$H(x)=N(x)+A(x-a)^3$$

对上式两端关于 x 求两次导数，得

$$H''(x)=f''(a)+6A(x-a)$$

然后利用已知条件 $H''(b)=f''(b)$，得

$$A=\frac{1}{6}\frac{f''(b)-f''(a)}{b-a}$$

故所求的多项式为

$$H(x)=f(a)+f'(a)(x-a)+\frac{1}{2}f''(a)(x-a)^2+\frac{1}{6}\frac{f''(b)-f''(a)}{b-a}(x-a)^3$$

四、解 （1）令 $f(x)=1,x,x^2,x^3$，分别代入求积公式中，使求积公式精确成立，得

$$\begin{cases}a+b=\frac{1}{2}\\ b+c+d=\frac{1}{3}\\ b+2d=\frac{1}{4}\\ b+3d=\frac{1}{5}\end{cases}$$

求解，得

$$a=\frac{3}{20},\ b=\frac{7}{20},\ c=\frac{1}{30},\ d=-\frac{1}{20}$$

故求积公式为

$$\int_0^1 xf(x)\,dx\approx\frac{1}{60}[9f(0)+21f(1)+2f'(0)-3f'(1)]$$

又取 $f(x)=x^4$，代入上式得

$$左边=\frac{1}{6},\quad 右边=\frac{3}{20}$$

即左边≠右边，故所给求积公式具有3次代数精度.

（2）由于所给求积公式具有3次代数精度，可设

$$\int_0^1 xf(x)\,dx-S=kf^{(4)}(\xi)$$

其中 $\xi\in(0,1)$，而 k 为待定系数. 将 $f(x)=x^4$ 代入可得

$$\frac{1}{6}-\frac{3}{20}=4!k$$

解得 $k=\frac{1}{1440}$，从而余项表达式为

$$\int_0^1 xf(x)\,dx-S=\frac{1}{1440}f^{(4)}(\xi)\quad(\xi\in(0,1))$$

五、解 应用反幂法求矩阵 $\boldsymbol{A}$ 的按模最小的特征值和相应的特征向量的计算公式为

$$\boldsymbol{A}\boldsymbol{u}_k=\boldsymbol{v}_{k-1},\quad \boldsymbol{v}_k=\frac{\boldsymbol{u}_k}{\max(\boldsymbol{u}_k)}\quad(k=1,2,\cdots)$$

取定 $\boldsymbol{v}_0=(1,1)^{\mathrm{T}}$，反复迭代，得

$$\boldsymbol{u}_1=(0.428571,\quad -0.142857)^{\mathrm{T}},\quad \boldsymbol{v}_1=\frac{\boldsymbol{u}_1}{\max(\boldsymbol{u}_1)}=(1.000000,\quad -0.333333)^{\mathrm{T}}$$

$$\boldsymbol{u}_2=(0.809524,\quad -0.714286)^{\mathrm{T}},\quad \boldsymbol{v}_2=\frac{\boldsymbol{u}_2}{\max(\boldsymbol{u}_2)}=(1.000000,\quad -0.882353)^{\mathrm{T}}$$

$$\boldsymbol{u}_3=(0.966387,\quad -0.949580)^{\mathrm{T}},\quad \boldsymbol{v}_3=\frac{\boldsymbol{u}_3}{\max(\boldsymbol{u}_3)}=(1.000000,\quad -0.982608)^{\mathrm{T}}$$

$$\boldsymbol{u}_4=(0.995031,\quad -0.992546)^{\mathrm{T}},\quad \boldsymbol{v}_4=\frac{\boldsymbol{u}_4}{\max(\boldsymbol{u}_4)}=(1.000000,\quad -0.997503)^{\mathrm{T}}$$

故所求的特征值为 $\lambda\approx1/0.995031\approx1.004994$，相应特征向量为 $\boldsymbol{x}\approx(1.000000\quad -0.997503)^{\mathrm{T}}$.

六、解 所给公式的局部截断误差为

$$\begin{aligned}R_{n+1}&=y(x_{n+1})-y_{n+1}\\&=y(x_{n+1})-(y_n+h[af(x_n,y_n)+bf(x_{n-1},y_{n-1})])\\&=y(x_{n+1})-y(x_n)-ahf(x_n,y(x_n))-bhf(x_{n-1},y(x_{n-1}))\\&=y(x_{n+1})-y(x_n)-ahy'(x_n)-bhy'(x_{n-1})\end{aligned}$$

由于

$$y(x_{n+1})=y(x_n)+hy'(x_n)+\frac{1}{2}h^2y''(x_n)+\frac{1}{3!}h^3y'''(\xi_1)$$

$$y'(x_{n-1})=y'(x_n)-hy''(x_n)+\frac{1}{2}h^2y'''(\xi_2)$$

其中 ξ_1 介于 x_n 与 x_{n+1} 之间，而 ξ_2 介于 x_{n-1} 与 x_n 之间，故

$$\begin{aligned}R_{n+1}=&\left[y(x_n)+hy'(x_n)+\frac{1}{2}h^2y''(x_n)+\frac{1}{3!}h^3y'''(\xi_1)\right]-y(x_n)-\\&ahy'(x_n)-bh\left[y'(x_n)-hy''(x_n)+\frac{1}{2}h^2y'''(\xi_2)\right]\\=&(1-a-b)hy'(x_n)+\left(\frac{1}{2}+b\right)h^2y''(x_n)+\left[\frac{1}{3!}y'''(\xi_1)-\frac{1}{2}by'''(\xi_2)\right]h^3\end{aligned}$$

要使所给计算公式具有二阶精度，即 $R_{n+1}=O(h^3)$，那么必须满足

$$1-a-b=0\ 且\ \frac{1}{2}+b=0$$

从而解得 $a=\dfrac{3}{2}$，$\quad b=-\dfrac{1}{2}$.

七、解 （1）Jacobi 迭代法的迭代矩阵为

$$\boldsymbol{J}=\boldsymbol{D}^{-1}(\boldsymbol{L}+\boldsymbol{U})=\begin{pmatrix}0&-0.4&-0.4\\-0.4&0&-0.8\\-0.4&-0.8&0\end{pmatrix}$$

其特征方程为

$$f(\lambda)=|\lambda\boldsymbol{I}-\boldsymbol{J}|=\begin{vmatrix}\lambda&0.4&0.4\\0.4&\lambda&0.8\\0.4&0.8&\lambda\end{vmatrix}=\lambda^3-0.96\lambda+0.256=0$$

显然 $f(-1)>0$，$\quad f(-2)<0$，故迭代矩阵的谱半径 $\rho(\boldsymbol{J})>1$，从而 Jacobi 迭代法求解发散.

（2）Gauss – Seidel 迭代法：由于

$$1>0,\quad \begin{vmatrix} 1 & 0.4 \\ 0.4 & 1 \end{vmatrix} = 1-0.16>0,\quad \begin{vmatrix} 1 & 0.4 & 0.4 \\ 0.4 & 1 & 0.8 \\ 0.4 & 0.8 & 1 \end{vmatrix} = 0.296>0$$

故系数矩阵 $\boldsymbol{A}$ 对称正定,从而 Gauss – Seidel 迭代法求解是收敛的. 这时,用 Gauss – Seidel 迭代法求解的迭代公式为

$$\begin{cases} x_1^{(k+1)} = 1-0.4x_2^{(k)}-0.4x_3^{(k)} \\ x_2^{(k+1)} = 2-0.4x_1^{(k+1)}-0.8x_3^{(k)} \\ x_3^{(k+1)} = 3-0.4x_1^{(k+1)}-0.8x_2^{(k+1)} \end{cases}$$

八、解 设 $f(x)=x-\sin x-0.5$,取 $x_0=1.4$, $x_1=1.6$. 由于 $f(1.4)=-0.0855<0$, $f(1.6)=0.1004>0$,故 $f(x)=0$ 在 $[1.4,1.6]$ 内有根.

已知正割法的公式为

$$x_{n+1}=x_n-\frac{f(x_n)}{f(x_n)-f(x_{n-1})}(x_n-x_{n-1})\qquad (n=1,2,\cdots)$$

于是,代入函数 $f(x)=x-\sin x-0.5$,可得迭代公式

$$x_{n+1}=x_n-\frac{x_n-\sin x_n-0.5}{x_n-x_{n-1}-\sin x_n+\sin x_{n-1}}(x_n-x_{n-1})$$

从而当 $n=1$ 时,有

$$x_2=1.6-\frac{1.6-\sin 1.6-0.5}{1.6-1.4-\sin 1.6+\sin 1.4}(1.6-1.4)=1.4919,\ |x_2-x_1|=0.1081$$

不满足精度要求.

当 $n=2$ 时,有

$$\begin{aligned} x_3 &= 1.4919-\frac{1.4919-\sin 1.4919-0.5}{1.4919-1.6-\sin 1.4919+\sin 1.6}(1.4919-1.6) \\ &= 1.4970,\ |x_3-x_2|=0.0051 \end{aligned}$$

满足精度要求.

故所求方程的解为 $x^*\approx 1.4970$.

参考文献

[1] 令锋,傅守忠,陈树敏,等. 数值计算方法(第2版)[M]. 北京:国防工业出版社,2015.

[2] 孙志忠. 计算方法典型例题分析[M]. 2版. 北京:科学出版社,2001.

[3] 肖筱南,赵来军,党林立. 数值计算方法与上机实习指导[M]. 北京:北京大学出版社,2004.

[4] 高培旺,雷勇军. 计算方法典型例题与解法[M]. 长沙:国防科技大学出版社,2003.

[5] 车刚明,聂玉峰,封建湖,等. 数值分析典型题解析与自测试题[M]. 西安:西北工业大学出版社,2002.

[6] 蔡大用. 数值分析与实验学习指导[M]. 北京:清华大学出版社,2002.

[7] 同济大学计算数学教研室. 现代数值计算习题解答[M]. 北京:人民邮电出版社,2009.

[8] 徐士良. 数值分析算法描述与习题解答[M]. 北京:机械工业出版社,2003.

[9] 孙玉香. 计算方法学考指要[M]. 西安:西北工业大学出版社,2006.

[10] Mathews J H, Fink K D. Numerical Methods Using MATLAB. Third Edition. Beijing: Publishing House of Electronics Industry,2002.

[11] 姜健飞,胡良剑,唐剑. 数值分析及其 MATLAB 实验[M]. 北京:科学出版社,2004.

[12] 邹秀芬,陈绍林,胡宝清,等. 数值计算方法学习指导书[M]. 武汉:武汉大学出版社,2008.